# 嵌入式系统原理与应用

## ——基于ARM微处理器和Linux操作系统（修订版）

朱华生　吕莉　熊志文　徐晨光　编著

清华大学出版社
北京

## 内 容 简 介

本书以 ARM 微处理器为核心，以 Linux 操作系统为基础，以实际应用为主线，介绍嵌入式系统开发技术。

本书主要内容包括嵌入式系统基础、ARM9 处理器硬件平台、Linux 系统编程基础、嵌入式开发环境和系统裁剪、Linux 驱动程序设计、Qtopia Core 应用程序设计和嵌入式数据库应用等。

本书内容丰富，讲述深入浅出，既适合作为高等院校计算机、电子和通信等本科专业嵌入式系统课程的教材，也可作为嵌入式领域科研人员的技术参考书。



**图书在版编目(CIP)数据**

嵌入式系统原理与应用：基于 ARM 微处理器和 Linux 操作系统/朱华生等编著. 一修订本. 一北京：清华大学出版社，2018 (2022.2 重印)
(21 世纪高等学校嵌入式系统专业规划教材)
ISBN 978-7-302-50167-1

Ⅰ. ①嵌… Ⅱ. ①朱… Ⅲ. ①微处理器一系统设计一高等学校一教材 ②Linux 操作系统一系统设计一高等学校一教材 Ⅳ. ①TP332 ②TP316.89

中国版本图书馆 CIP 数据核字(2018)第 112342 号

**责任编辑**：刘向威
**封面设计**：常雪影
**责任校对**：徐俊伟
**责任印制**：曹婉颖

**出版发行**：清华大学出版社
**网　　址**：http://www.tup.com.cn，http://www.wqbook.com
**地　　址**：北京清华大学学研大厦 A 座　　**邮　　编**：100084
**社 总 机**：010-62770175　　**邮　　购**：010-83470235
**投稿与读者服务**：010-62776969，c-service@tup.tsinghua.edu.cn
**质量反馈**：010-62772015，zhiliang@tup.tsinghua.edu.cn
**课件下载**：http://www.tup.com.cn，010-83470236
**印 装 者**：北京嘉实印刷有限公司
**经　　销**：全国新华书店
**开　　本**：185mm×260mm　　**印　　张**：14.25　　**字　　数**：355 千字
**版　　次**：2012 年 7 月第 1 版　　2018 年 8 月第 2 版　　**印　　次**：2022 年 2 月第 5 次印刷
**印　　数**：6001～7200
**定　　价**：49.00 元

产品编号：079979-02

# 前　　言

近年来，随着嵌入式系统产品的迅猛发展，社会对嵌入式技术人才的需求也越来越多，学习嵌入式技术的人员数量也在迅速增加。由于嵌入式系统的多样性，增加了嵌入式系统学习和开发的难度。为了让初学者能较为全面地学习嵌入式系统的开发过程，为将来从事嵌入式领域的工作奠定基础，我们编写了本教材。

全书共分 7 章，第 1 章讲述嵌入式系统基础知识、嵌入式处理器和嵌入式操作系统等，便于读者对嵌入式系统有初步认识。第 2 章讲述 ARM 系列处理器、S3C2410X 控制器内部结构及外围电路等，让读者对嵌入式硬件平台有一个全面的认识。第 3 章讲述 GCC 编译工具的使用，以及 Linux 系统文件操作、时间获取和多线程编程等内容，为以后的嵌入式软件开发打基础。第 4 章讲述交叉编译环境的构建，以及 Linux 系统软件的裁剪和编译等。第 5 章讲述驱动程序基础，以及 Linux 系统字符设备驱动程序的设计，重点讲解了 A/D 驱动程序设计。第 6 章讲述 Qtopia Core 嵌入式图形界面应用程序设计。第 7 章讲述嵌入式数据库程序设计，并通过实例讲解了数据库在图形界面中的应用。书后附有 Linux 常用命令和 vi 的使用。

本书由朱华生、吕莉、熊志文和徐晨光共同编著。其中，朱华生编写了第 1 章，吕莉编写了第 2、3、4 章，熊志文编写了第 6、7 章，徐晨光编写了第 5 章、附录 A 和 B，全书由朱华生统稿。

在本书的编写过程中，得到了清华大学出版社和南昌工程学院的大力支持和帮助，在此表示衷心感谢。

鉴于作者水平有限，对于教材的内容及文字的不妥之处，望读者批评指正。编者希望在汲取大家意见和建议的基础上，不断修改和完善书中的有关内容，力争下一次改版后的内容更加充实正确。任何批评和建议请发到 zhuhuasheng@sohu.com，以便共同提高。

编　者

2018 年 3 月

# 前言

# 目　录

# 第1章 嵌入式系统基础

本章主要介绍嵌入式系统的定义，总结归纳嵌入式系统的发展历程和特点，探讨嵌入式系统的体系结构、嵌入式处理器的分类和常用的嵌入式操作系统，最后通过一个实例说明嵌入式系统的基本结构和应用。

## 1.1 嵌入式系统的定义

嵌入式系统(Embedded System)经过几十年的发展，已经渗透到生活中的每个角落，因此嵌入式系统也是当今最热门的概念之一。什么是嵌入式系统？目前还没有一个统一的定义，因为嵌入式系统涉及的范围比较广，从简单的MP3、PDA(个人数字助理)，到复杂的路由器、机器人；从小型的电子时钟、电视遥控器，到大型的飞机、轮船；从民用的汽车到军用的坦克等，都是嵌入式系统。

有人认为8位单片机不是嵌入式系统，只有使用了高性能的32位处理器的系统才能称为嵌入式系统。这个理解是错误的，单片机虽说处理能力不强，只能执行一些简单的程序，但它也可以称为嵌入式系统。

按照国际电气和电子工程师协会(Institute of Electrical & Electronic Engineers, IEEE)的定义，嵌入式系统是"用于控制、监视或者辅助操作机器和设备的装置"(原文为devices used to control, monitor, or assist the operation of equipment, machinery or plants)。从中可见嵌入式系统是软件和硬件的综合体，还可能涵盖机械装置等附属装置。这个定义比较宽泛，指出了目的，却没有规定用什么途径来实现，可以用微处理器、可编程逻辑器件、DSP(Digital Signal Processor)，也可以用PC(Personal Computer)甚至还可以用机械装置。

目前，国内对嵌入式系统普遍认同的定义是：以应用为中心，以计算机技术为基础，软硬件可裁剪，应用系统对功能、可靠性、成本、体积、功耗有严格要求的专用计算机系统。

简而言之，嵌入式系统是面向具体对象，嵌入到对象体系中实现数据采集、处理与控制等功能的专用计算机系统。

## 1.2 嵌入式系统的发展历程

### 1.2.1 嵌入式系统的由来

在计算机发展的早期，计算机技术一直是沿着满足高速数值计算的道路发展的，这一时期的计算机主要应用于科学研究、军事等领域。直到20世纪70年代，计算机在数值计算、逻辑运算与推理、信息处理以及实际控制方面表现出非凡能力后，开始应用于通信、测控、数据传输等领域。在这些领域的应用与单纯的高速海量计算要求不同,主要表现在:体积小,应用灵活;嵌入到具体的应用体中,而不以计算机的面貌出现;直接面向控制对象。通常把满足海量高速数值计算的计算机称为通用计算机系统。而把面向测控对象,嵌入到实际应用系统中,实现嵌入式应用的计算机称为嵌入式计算机系统,简称嵌入式系统。

当然,通用计算机系统和嵌入式系统的功能没有根本的区别,只是侧重不同。通用计算机系统主要应用于数值计算、信息处理,兼顾控制功能。嵌入式系统主要应用于控制领域,兼顾数据处理。

### 1.2.2　嵌入式系统发展的四个阶段

嵌入式系统发展到今天已有几十年的历史,可以将其历程大致划分为四个阶段。

第一阶段大致在20世纪70年代前后,可以看成是嵌入式系统的萌芽阶段。这一阶段的嵌入式系统是以单芯片为核心的可编程控制器形式的系统,同时具有与监测、伺服、指示设备相配合的功能。这种系统大部分应用于一些专业性极强的工业控制系统中,一般没有操作系统的支持,通过汇编语言编程对系统进行直接控制,运行结束后清除内存。这一阶段系统的主要特点是:系统结构和功能相对单一,处理效率较低,存储容量较小,只有很少的用户接口。由于这种嵌入式系统使用简单、价格低,以前在国内外工业领域应用非常普遍。即使到现在,在简单、低成本的嵌入式应用领域依然大量使用,但它已经远不能适应高效的、需要大容量存储的现代工业控制和新兴信息家电等领域的需求。

第二阶段是以嵌入式微处理器为基础,以简单操作系统为核心的嵌入式系统。此阶段系统的主要特点是微处理器种类繁多,通用性比较弱;系统开销小,效率高;高端应用所需的操作系统已经具有一定的实时性、兼容性和扩展性;应用软件较为专业化,但用户界面不够友好。

第三阶段是以嵌入式操作系统为标志的嵌入式系统,也是嵌入式应用开始普及的阶段。这一阶段系统的主要特点是嵌入式操作系统能运行于各种不同类型的微处理器上,兼容性好;操作系统内核精小、效率高,并且具有高度的模块化和扩展性;具备文件和目录管理、设备支持、多任务、网络支持、图形窗口以及用户界面等功能;具有大量的应用程序接口(API),开发应用程序简单;嵌入式应用软件丰富。

第四阶段是以基于Internet为标志的嵌入式系统,这是一个正在迅速发展的阶段。目前大多数嵌入式系统还孤立于Internet之外,但随着Internet的发展以及Internet技术与信息家电、工业控制技术等日益密切的结合,嵌入式设备与Internet的结合将代表着嵌入式技术的真正未来。

### 1.2.3　嵌入式系统的发展趋势

近年来,随着微电子技术的不断发展,嵌入式领域呈现出快速发展的势头,嵌入式系统的发展趋势主要表现在以下几方面。

1. *产品种类不断丰富,应用不断普及*

随着Internet作为"第四媒体"地位的确定,Internet对人类的生活方式已产生极大的影响,数字化生存已经成为社会普遍关心的热门话题,这种新的社会基础设施使人们获得了前所未有的信息交互能力,信息唾手可得的梦想将成为现实,Internet也不再是专业人士的专利，其应用范围开始扩大到整个社会。为了满足不同背景、不同应用场合对 Internet 的访问需求，PC 也不再是唯一的工具，将出现可以在不同环境下为不同知识背景的人使用的新型应用设备。这种发展趋势必将使嵌入式系统得到极大的发展。

2. 产品性能不断提高

随着芯片集成度的不断提高，其价格不断下降，嵌入式系统在适当价格下可以获得的性能越来越高，具体表现在两个方面：一是微处理器的位数会更高；二是多种媒体处理能力会更强。

3. 产品功耗不断降低，体积不断缩小

随着低功耗技术的不断发展，芯片集成度的不断提高，嵌入式系统的功耗将会不断降低，体积也会不断缩小。在未来的发展中，会继续追求更小、更省电这两个目标。

4. 网络化、智能化程度不断提高

人类对完美的追求总是无止境的，随着高性能芯片的使用，当嵌入式产品可能提供更多的功能时，人们对产品灵活性、智能化的需求就开始列入开发人员的议事日程。使产品具有更高的智能，方便人们的使用，提高工作者的效率本来就是业界提倡的"科技以人为本"的精髓。在技术允许的前提下，产品将越来越智能化。

与此同时，网络化也是嵌入式应用的一个主要发展方向，由于应用不断复杂化、智能化，相互密切协作的需求大大增加，在它们之间实现网络连接是必然之路，例如，在汽车电子中，就使用了越来越多的微处理器，目前每部汽车平均使用了十多个微控制器和微处理器，估计将来会增加到四十多个。这些处理器需要密切配合才能使汽车达到更好的安全性和舒适性。在工业自动化方面，为了实现生产效率的提高和精确生产，这种网络化的趋势也会更加明显。

网络化更为重要的动力是 Internet。随着 Internet 技术的不断普及，传统的生产、销售、娱乐、学习、生活方式都将围绕 Internet 这个新的媒体进行重新配置和改造，需要与网络连接的嵌入式系统会无处不在。

5. 软件成为影响价格的主要因素

在硬件性能不断提高，成本不断下降，应用智能化、复杂化程度不断加强，产品种类极大丰富，信息交流不断增加的情况下，软件将取代硬件而逐渐成为产品价格的主体。因此，以硬件为核心的成本控制思想会成为过去，未来的转变是以软件成本为核心来指导产品的设计和生产。

毫无疑问，嵌入式领域呈现出的发展趋势昭示了嵌入式系统美好的未来，同时也给它带来了新的巨大挑战。目前采用的专用平台、专用操作系统和专用软件的设计方法，不仅耗时、耗力，而且成本高，显然无法适应这一新的市场需求。如何在产品多样的环境中，满足智能化、网络化的需求，保证安全的网络访问，在平台设备的不断升级换代的情况下，保证软件的可用性，最大限度地降低开发成本，都是迫切需要解决的重要课题。

## 1.3 嵌入式系统的特点

通用计算机主要用于数值计算、信息处理等，而嵌入式系统是面向用户、面向产品、面向应用，主要应用于控制领域，兼顾数据处理。嵌入式产品的品种多，应用领域广，所以特点也有所不同。在实际应用中，一些嵌入式系统可能需要具有实时性和安全性；另一些嵌入式系统可能会淡化这些性能要求,更着重于可靠性和可配置性;还有一些嵌入式系统对性能要求不高,但对功耗及成本有严格要求。嵌入式系统和通用计算机相比主要有如下特点。

1. 专用性强

嵌入式系统通常是面向某个特定应用的,所以嵌入式系统的硬件和软件,尤其是软件,都是为特定用户群设计的,因此,它通常都具有某种专用性的特点。

2. 实时性好

嵌入式系统广泛应用于生产过程控制、数据采集、通信等领域,主要用来对宿主对象进行控制,所以对嵌入式系统有较强的实时性要求。例如,汽车刹车、火箭控制、工业控制等系统对实时性要求就极高。为了提高嵌入式系统的实时性,嵌入式硬件系统极少使用存取速度慢的磁盘作为存储器;在软件上要求更加精心的设计,从而使嵌入式系统能快速地响应外部事件。当然,随着嵌入式系统应用的扩展,有些系统对实时性要求也并不是很高,例如PDA、手机、MP3等。但总体来说,实时性是对嵌入式系统的普遍要求,是设计者和用户重点考虑的一个重要指标。

3. 可裁剪性好

从嵌入式系统专用性的特点来看,作为嵌入式系统的供应者,理应提供各式各样的硬件和软件让用户选用。但是,这样做势必会提高产品的成本。为了既不提高成本,又满足专用性的需要,嵌入式系统的供应者必须采取相应措施使产品在通用和专用之间进行某种平衡。目前的做法是把嵌入式系统硬件和操作系统设计成可裁剪的,以供嵌入式系统开发人员根据实际应用需要量体裁衣,去除冗余,从而使系统在满足应用要求的前提下达到最精简的配置。

4. 可靠性高

开发人员和用户都希望嵌入式系统可以不出错地连续运行,或者出现错误后系统也能自我修复,而不总是依赖人工干预,这对嵌入式系统的可靠性提出了极高的要求。为了提高嵌入式系统的可靠性,嵌入式系统中的软件通常都固化在单片机本身或者存储芯片上,而不是存储于磁盘等其他载体中。

5. 功耗低

随着嵌入式技术的飞速发展,出现了许多便于携带的小型嵌入式产品,例如移动电话、PDA、MP3、数码相机等,这些设备一般都需要采用体积较小的电池来供电,只有降低系统的功耗,才能让系统工作持续更长的时间。降低嵌入式系统功耗的技术有很多种,如降低工作电压、系统资源最小化、简化芯片结构等。

嵌入式系统和通用计算机系统相比有显著的区别,通过表1.1和表1.2可以进一步理解嵌入式系统的特点。

**表1.1 嵌入式系统和通用计算机硬件的比较**

| 比较项目 | 嵌入式系统 | 通用计算机 |
|---|---|---|
| CPU | 嵌入式处理器(ARM、MIPS等) | CPU(Intel、AMD等) |
| 内存 | 微控制器内部或外部SDRAM芯片 | SDRAM或DDR内存条 |
| 存储设备 | 微控制器内部或外部Flash芯片 | 硬盘 |
| 输入设备 | 按键、触摸屏等 | 键盘、鼠标 |
| 输出设备 | LCD、数码管等 | 显示器 |
| 接口 | 根据具体应用进行配置 | 标准配置 |

表1.2　嵌入式系统和通用计算机软件的比较

| 比较项目 | 嵌入式系统 | 通用计算机 |
| --- | --- | --- |
| 引导代码 | Bootloader引导，针对不同电路进行移植 | 主板上的BIOS引导 |
| 操作系统 | VxWorks、Linux等，需要移植 | Windows、Linux等，不移植 |
| 驱动程序 | 每个设备都必须针对具体电路进行开发 | OS中含有大多数，直接下载 |
| 协议栈 | 移植 | OS或第三方供应商提供 |
| 开发环境 | 借助服务器进行交叉编译 | 在本机开发调试 |
| 仿真器 | 需要 | 不需要 |

# 1.4　嵌入式系统的结构

嵌入式系统是一种完成某一特定功能的专用计算机系统，虽然它可能不以计算机的形式出现，但它的结构与普通的计算机结构非常相似。嵌入式系统也是由硬件和软件两大部分组成的。硬件是整个系统的物理基础，它提供软件运行平台和通信接口；软件用于控制系统的运行。

嵌入式系统的硬件可以分为三部分，即微处理器、外围电路和外部设备，如图1.1所示。微处理器是嵌入式硬件系统的核心部件，它负责控制整个嵌入式系统的执行。外围电路的功能是与微处理器一起组成一个最小系统。外围电路包括嵌入式系统的内存、I/O端口、复位电路、时钟电路和电源等。外部设备是指必须通过接口电路才能与微处理器进行通信的设备。它也是嵌入式系统与真实环境交互的接口，它包括USB(通用串行总线)、扩展存储(如Flash Card)、键盘、鼠标、LCD(液晶显示)等。

嵌入式系统的软件结构可分为四个层次，即板级支持包(Board Support Packet，BSP)、实时操作系统(Real Time Operation System，RTOS)、应用编程接口(Application Programmable Interface，API)和应用程序，如图1.2所示。

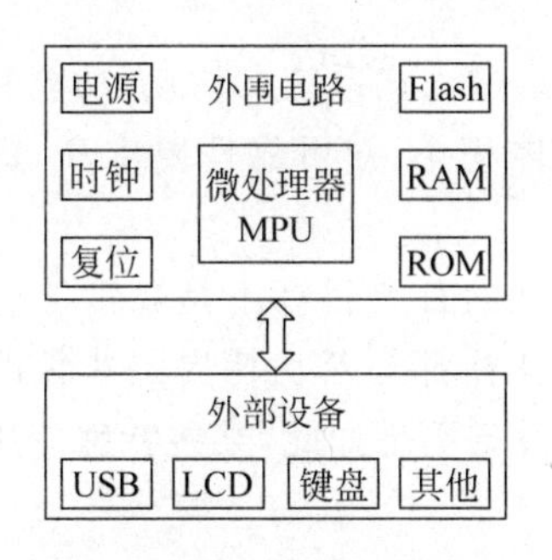


图1.1　嵌入式系统硬件结构

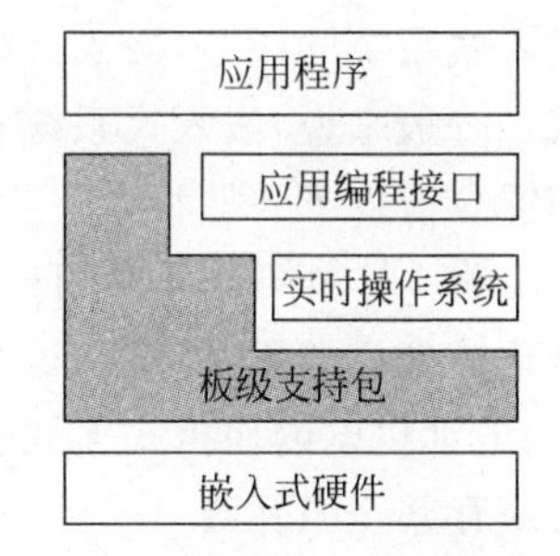


图1.2　嵌入式系统软件体系结构

1. 板级支持包

它是介于嵌入式硬件和上层软件之间的一个底层软件开发包，主要目的是屏蔽下层硬件。该层有两部分功能：一是系统引导功能，包括嵌入式微处理器和基本芯片的初始化；二是提供设备的驱动接口(Device Driver Interface，DDI)，负责嵌入式系统与外部设备的信息交互。

2. 实时操作系统

这是对多任务嵌入式系统进行有效管理的核心部分,可以分成基本内核和扩展内核两部分。前者提供操作系统的核心功能,负责整个系统的任务调度、存储分配、时钟管理、中断管理,也可以提供文件、GUI、网络等通用服务;后者则是根据应用领域的需要,为用户提供面向领域或面向具体行业的操作系统扩展功能,如图形图像处理、汽车电子、信息家电等领域的专用扩展服务。

3. 应用编程接口

应用编程接口也可以称为嵌入式应用编程中间件,由嵌入式应用程序提供的各种编程接口库(Lib)或组件(Component)组成,可以针对不同应用领域(如网络设备、PDA、机顶盒等)、不同安全要求分别构建,从而减轻应用开发者的负担。

4. 应用程序

这是最终运行在目标机上的应用软件,如嵌入式文本编辑、游戏、家电控制、多媒体播放等软件。

并不是所有嵌入式系统的软件都包括以上四个层次。有些嵌入式系统只有板级支持包和应用程序两个层次,而没有使用RTOS和API这两个层次。所以在实际使用中,要根据具体应用需求来进行配置和剪裁。

## 1.5 嵌入式处理器

嵌入式处理器是嵌入式系统的核心部件。由于嵌入式系统是为了具体应用而设计的,因此不同的应用领域往往需要不同结构和性能指标的处理器,所以嵌入式处理器的品种非常多。下面介绍嵌入式处理器的共同特点、分类,以及几种典型的嵌入式处理器。

### 1.5.1 嵌入式处理器的特点

作为嵌入式系统的核心,嵌入式处理器必须首先满足嵌入式系统在功耗、功能和速度等方面的要求。一般来说,嵌入式系统实时性强、功耗低、体积小、对可靠性要求高,这决定了嵌入式处理器具有以下一些特点。

(1) 功耗低。与通用处理器相比,嵌入式处理器设计的首要目标不是高性能而是低功耗。至于处理速度,“够用”即可。这是因为嵌入式系统往往都会对功耗提出非常严格的要求,那些采用电池供电的便携式无线及移动计算和通信设备更是如此,某些特殊应用甚至要求功耗只有毫瓦甚至微瓦级。

(2) 集成丰富的外围设备接口。嵌入式处理器中往往会集成丰富的外围设备接口,这样不仅满足了系统的功能要求,还可以大大提高产品的集成度,从而达到缩小体积、提高可靠性的目的。随着生产工艺水平的提高,越来越多的部件,甚至整个嵌入式系统的硬件模块,都可以被集成到一块芯片之中,这就是现在SoC越来越流行的原因之一。

(3) 对实时多任务有很强的支持能力。很多嵌入式系统的应用,如监测、控制、通信等方面的工作,都对响应时间有很高的要求,一旦出现有关情况,系统能够及时响应。目前实时多任务操作系统已经广泛应用在嵌入式系统之中，嵌入式处理器必须为其提供有效的支持。

相对于通用处理器，嵌入式处理器的生命周期很长。例如 Intel 公司 1980 年推出的 8 位控制器 8051，直到今天仍然是全世界普遍流行的产品。

### 1.5.2 嵌入式处理器的分类

嵌入式处理器有多种不同的分类方法。按照嵌入式处理器的字长分类，可以分为 4 位、8 位、16 位、32 位和 64 位等字长的嵌入式处理器。根据嵌入式处理器的组织结构和功能特点来分类，可以将嵌入式处理器分成嵌入式微处理器（Embedded Micro Processor Unit，EMPU）、微控制器（Micro Controller Unit，MCU）和数字信号处理器（Digital Single Processor）三类。

1. 嵌入式微处理器

嵌入式微处理器是由通用计算机中的 CPU 演变而来的。与计算机处理器不同的是，在实际嵌入式应用中，只保留和嵌入式应用紧密相关的功能硬件，去除其他的冗余功能部分，这样就以最低的功耗和资源实现嵌入式应用的特殊要求。目前市场上主流的嵌入式微处理器产品包括 ARM、PowerPC、MIPS 等系列。

在以嵌入式微处理器为核心的嵌入式系统中，RAM、ROM、总线结构和其他外设是由专门的芯片提供的，它们与嵌入式微处理器芯片一起安装在一块或多块 PCB（印制电路板）上。因此，虽然嵌入式微处理器具有体积小、重量轻、成本低、可靠性高的优点，但由于 PCB 上还必须包括 ROM、RAM、总线接口、各种外设等器件，从而降低了系统的可靠性，技术保密性也较差。

2. 微控制器

微控制器又称单片机，顾名思义，就是将整个计算机系统集成到一块芯片中。微控制器一般以某一种微处理器内核为核心，芯片内部集成 ROM/EPROM、RAM、Flash、总线、总线逻辑、定时/计数器、WatchDog、I/O、串行口、脉宽调制输出、A/D、D/A 等各种必要的功能和外设。为适应不同的应用需求，一般一个系列的单片机具有多种衍生产品，每种衍生产品的处理器内核都是一样的，不同的是存储器和外设的配置及封装。这样可以使单片机最大限度地和应用需求相匹配，功能不多不少，从而减少功耗和成本。

和嵌入式微处理器相比，微控制器的最大特点是单片化，体积大大减小，从而使功耗和成本下降、可靠性提高。微控制器是目前嵌入式系统工业中的主流。微控制器的片上外设资源一般比较丰富，适用于控制，因此称为微控制器。

嵌入式微控制器目前的品种和数量最多，比较有代表性的通用系列包括 MCS-51 系列、MCS-96/196/296、P51XA、C166/167、MC68HC05/11/12/16、68K 系列等。

3. 数字信号处理器

信号处理的实质是对信号进行变换以获取信号中包含的有用信息，数字信号处理则是对数字信号，如声音、影像等，进行变换以获取有用的信息。快速傅里叶变换（FFT）、离散余弦变换（DCT）和离散小波变换（DWT）等都是常用的数字信号处理算法。DSP 是面向数字信号处理领域的应用，通过对通用处理器的系统结构和指令集进行改进而得到的专用芯片，它的编译效率较高，指令执行速度也较快。

数字信号处理器中比较有代表性的产品是Texas Instruments的TMS320系列和Motorola的DSP56000系列。

### 1.5.3　典型的嵌入式处理器

本节列举一些极具代表性的嵌入式处理器产品,并进行简要介绍。

1. Intel公司8051系列微控制器

MCS-51是Intel公司1980年推出的8位微控制器。由于Intel公司后来将工作重心转移到PC及高性能通用微处理器上,它就将8051内核的使用权以专利互换或出售等不同方式转给许多世界著名的半导体制造厂商,如Philips、Atmel、Dallas、Infineon和ADI等公司,使8051逐渐发展为众多厂商支持的具有上百个品种的大家族。

MCS-51微控制器的总线结构是冯·诺依曼结构,主要应用于家用电器控制的经济型微控制器产品。

按功能强弱,MCS-51系列可以分为基本型和增强型两大类,8031/8051/8751、80C31/80C51/87C51等为基本型,8032/8052/8752、80C32/80C52/87C52等为增强型。

80C51是MCS-51系列中采用CHMOS工艺生产的一个典型品种,与其他厂商以8051为基础开发的CMOS微控制器一起统称为80C51系列。目前,常见的80C51系列产品包括Intel公司的80C31/80C51/87C51、80C32/80C52/87C52,Atmel公司的89C51、89C52、89C2051,以及Philips、Dallas、Infineon等公司的一些产品。

2. Microchip公司PIC系列微控制器

美国Microchip公司生产的PIC系列8位微控制器,从全面覆盖市场出发,强调节约成本的最优化设计,是目前世界上最有影响力的嵌入式微控制器之一。它最先使用精简指令集计算机(Reduced Instruction Set Computer,RISC)结构的CPU,采用双总线哈佛结构,具有运行速度快、工作电压低、功耗低、输入/输出直接驱动能力强、价格低、一次性编程、体积小等众多优点,已广泛地应用于包括办公自动化设备、电子产品、电信通信、智能仪器仪表、汽车电子、工业控制、智能监控等领域。

为了满足不同领域应用的需求,Microchip公司将其产品划分为三种不同的层次,即基本级、中级和高级产品,它们最主要的区别在于指令字长不同。

(1) 基本级产品指令字长为8位,其特点是价格低,如PIC16C5xx系列,它非常适应于各种对产品成本要求严格的家电产品。

(2) 中级产品指令字长为12位,它在基本级产品的基础上进行改进,如其内部可以集成A/D转换器、EEPROM、PWM、IIC、SPI和UART等,如PIC12C6xx系列。目前这类产品广泛应用于各种高、中、低档电子设备。

(3) 高级产品指令字长为16位,是目前所有8位微控制器中运行速度最快的,如PIC17Cxxx和PIC18Cxxx两个系列。目前这类产品广泛应用于各种高、中档电子设备。

3. Freescale公司08系列微控制器

Freescale(飞思卡尔)公司是将原Motorola(摩托罗拉)公司的半导体部剥离出来,而成立的一家半导体公司,主要为汽车、消费、工业、网络和无线市场设计并制造嵌入式半导体产品。公司目前在微控制器方面的产品有8位、16位和32位等系列微控制器与处理器。

Freescale的08系列微控制器由于其稳定性高、开发周期短、成本低、型号多种多样、兼容性好而被广泛应用。

Freescale 的 08 系列微控制器是 8 位微控制器，主要有 HC08、HCS08 和 RS08 共三种类型，一百多个型号。HC08 是 1999 年开始推出的产品，种类也比较多，针对不同场合的应用都可以选到合适的型号。HCS08 是 2004 年左右推出的 8 位 MCU，资源丰富，功耗低，性价比很高。HC08 和 HCS08 的最大区别是调试方法和最高频率的变化。RS08 是 HCS08 架构的简化版本，于 2006 年推出，其内核体积比传统的内核小 30%，带有精简指令集，满足用户对体积更小、更加经济高效的解决方案的需求。因为 RAM 及 Flash 空间大小的差异、封装形式不同、温度范围不同、频率不同、I/O 资源的差异等形成了不同型号，为嵌入式应用产品的开发提供了丰富的选型。

Freescale HC08 芯片在以前的命名中包含“68HC”部分，现在的命名不需要这个部分。例如，以前型号为 MC68HC908GP32 的芯片，现在的型号是 MC908GP32。Freescale 的 08 系列微控制器的型号非常多，代表性型号有 MC68HC08AB16A、MC9S08GB32A 和 MC9RS08KA1 等。

4. TI 公司 TMS320 系列 DSP

德州仪器(Texas Instruments，TI)，是全球领先的半导体公司，为现实世界的信号处理提供创新的数字信号处理(DSP)及模拟器件技术。除半导体业务外，还提供包括教育产品和数字光源处理解决方案(DLP)。TI 总部位于美国得克萨斯州的达拉斯，并在二十多个国家设有制造、设计或销售机构。

TI 公司的 DSP 产品主要包括 TMS320C2000、TMS320C5000 和 TMS320C6000 等三大系列。

5. ARM 公司 ARM 系列微处理器

ARM(Advanced RISC Machines)公司成立于 1991 年，主要从事基于 RISC 技术的芯片设计开发。ARM 公司不生产芯片，而是采取出售芯片 IP 核授权的方式扩大其影响力。目前，许多大的半导体生产厂商从 ARM 公司购买 ARM 核，然后根据各自不同的需要，针对不同的应用领域添加适当的外围电路，从而生产出自己的微控制器芯片。

ARM 微处理器主要包括 ARM7、ARM9、ARM9E、ARM10E、ARM11、SecurCore 和 StrongARM/Xscale 等系列。

## 1.6 嵌入式操作系统

在嵌入式系统发展的初期，嵌入式软件的开发基于微处理器直接编程，不需要操作系统的支持。这时，简单的软件就是一个单循环轮询系统(或者更简单)，稍微复杂一些的则是带监控的前后台系统。直到 20 世纪 80 年代，这种软件开发方式对于嵌入式系统来说已经足够了。即使到现在，在大量的家用电器、数控机床等控制板设计中，还是采用这类方式。但是，随着嵌入式系统在复杂性上的增长，系统中需要管理的资源越来越多，如存储器、外设、网络协议栈、多任务、多处理器等。这时，仅用控制循环来实现嵌入式系统已经非常困难，于是就出现了嵌入式操作系统(Embedded Operating System，EOS)。由于嵌入式操作系统及其应用程序往往被嵌入到特定的控制设备中，用于实时响应并处理外部事件，所以嵌入式操作系统又可称为嵌入式实时操作系统(Embedded Real-Time OperatingSystem,ERTOS)。

从20世纪80年代开始,市场上出现了许多嵌入式操作系统。有些操作系统开始是为专用系统开发的,然后逐步演化成了现在的商用嵌入式操作系统。目前常见的嵌入式系统有VxWorks、Windows CE、μC/OS-Ⅱ、Linux、PalmOS、Symbian、pSOS、Nucleus、ThreadX、Rtems、QNX、INTEGRITY等。

嵌入式操作系统是嵌入式系统的重要组成部分,是嵌入式硬件设备和嵌入式应用软件之间通信的桥梁。EOS负责嵌入系统的全部软、硬件资源的分配、调度工作,控制协调并发活动;它必须体现其所在系统的特征,能够通过装卸某些模块来达到系统所要求的功能。下面介绍几种主流的嵌入式操作系统,读者可以通过性能比较加深对嵌入式操作系统的理解。

1. VxWorks

VxWorks是美国WindRiver公司于1983年开发的一种32位嵌入式实时操作系统。它具有高性能的内核、卓越的实时性、良好的可靠性以及友好的用户开发环境,被广泛地应用在通信、军事、航空、航天等高精尖技术及实时性要求极高的领域中,如卫星通信、军事演习、弹道制导、飞机导航等。在美国的F-16、FA-18战斗机、B-2隐形轰炸机和爱国者导弹上,甚至连1997年在火星表面登陆的火星探测器上也使用到了VxWorks。

VxWorks是一款商用嵌入式操作系统,价格一般都很高,对每一个应用还要另外收取版税,而且只提供二进制代码,不提供源代码,所以软件的开发和维护成本比较高。

VxWorks具备的主要特点如下。

(1) 实时性强。VxWorks作为专门配合硬实时系统的操作系统,在启动后,系统进程只有3～4个,进程调度、进程间通信、中断处理等系统公共程序精简有效,使得内核保证任务间的切换时间被严格地限制在毫秒量级。例如在68000处理器上,切换时间仅需3.8μs,中断等待时间少于3μs。只要经过一次运行参数测试,以后任何时刻系统的状态都是可预测的。

(2) 支持多任务。VxWorks引入多任务机制,VxWorks通过多个任务来控制和响应多重的、随机的现实环境中的事件。

(3) 简洁、紧凑、高效的内核。和大多数嵌入式操作系统一样,VxWorks可以根据不同的使用目的,针对所用硬件,通过选择和配置内核初始化函数和器件的驱动组件,最小化内核配置,节约硬件资源。

(4) 较好的兼容性和对多种硬件环境的支持。VxWorks是最早兼容POSIX1003.1b标准的嵌入式实时操作系统之一,也是POSIX组织的主要会员。它支持ANSI C标准,并通过ISO9001认证。同时VxWorks支持PowerPC、68K、x86、MIPS等众多处理器。

(5) 良好的网络通信和串口通信支持。VxWorks提供多种网卡和网络芯片驱动,支持TCP/IP协议,完全支持BSD socket,提供了串口硬件驱动和PPP通信协议。

(6) 良好的开发、调试环境。Tornado为使用VxWorks的用户提供了一个良好的开发环境,多种主机平台的适用性,强大的交叉开发工具和实用程序,以及连接目标机和主机的多种通信方式为开发VxWorks嵌入式实时操作系统和应用程序提供了强大的支持。

然而VxWorks也存在一些缺点:PPP协议有一定的局限性,任务间通信机制缺少事件和邮箱手段。

2. Windows CE

Windows CE是美国微软公司于1996年开始发布的一款嵌入式操作系统。它是一个抢先式多任务、多线程的并具有强大通信能力的32位嵌入式操作系统，是微软专门为信息设备、移动应用、消费类电子产品、嵌入式应用等非PC领域设计的战略性操作系统产品。它不是桌面Windows系统的削减版本，而是从整体上为有限资源的平台设计的操作系统。

Windows CE由许多离散模块构成，每一模块都提供特定的功能。这些模块中的一部分被划分成组件。组件化使得Windows CE变得相对紧凑，基本内核可以减少到不足200KB。

Windows CE是商用嵌入式操作系统，使用时也需要支付版权费用。

Windows CE具备的主要特点如下。

(1) 具有灵活的电源管理功能，包括休眠和唤醒模式。

(2) 使用了对象存储技术，包括文件系统、注册表及数据库。它还具有很多高性能、高效率的操作系统特性，包括按需换页、共享存储、交叉处理同步、支持大容量堆等。

(3) 拥有良好的通信能力。广泛支持各种通信硬件，也支持直接的局域网连接以及拨号连接，并提供与PC、内部网以及Internet的连接，还提供Windows 9x/NT的最佳集成和通信。

(4) 支持嵌套中断。允许更高优先级别的中断首先得到响应，而不是等待低级别的中断服务线程完成。这使得该操作系统具有嵌入式操作系统所要求的实时性。

(5) 更好的线程响应能力。对高级别中断服务线程的响应时间上限的要求更加严格。在线程响应能力方面的改进帮助开发人员掌握线程转换的具体时间，并通过增强的监控能力和对硬件的控制能力帮助开发人员创建新的嵌入式应用程序。

(6) 256个优先级别。可以使开发人员在控制嵌入式系统的时序安排方面有更大的灵活性。

(7) Windows CE的API是Win32 API的一个子集，支持近1500个Win32 API。有了这些API，可以编写任意复杂的应用程序。

3. μC/OS-Ⅱ

μC/OS是由美国人Jean J. Labrosse于1992年开发的。目前流行的是第2个版本，即μC/OS-Ⅱ。μC/OS-Ⅱ来源于术语微控制器操作系统(MicroController Operating System)。由于μC/OS-Ⅱ的稳定性和实时性非常好，所以被广泛应用于便携式电话、运动控制卡、自动支付终端、交换机等产品。

μC/OS-Ⅱ由于开放源代码和强大而稳定的功能，曾经一度在嵌入式系统领域引起强烈反响。不管是对于初学者，还是有经验的工程师，μC/OS开放源代码的方式使其不但知其然，还知其所以然。通过对于系统内部结构的深入了解，能更加方便地进行开发和调试；并且在这种条件下，完全可以按照设计要求进行合理的裁剪、扩充、配置和移植。通常，购买RTOS往往需要一大笔资金，使得一般的学习者望而却步；而μC/OS对于学校教学和研究完全免费，只有在应用于盈利项目时才需要支付少量的版权费。

μC/OS-Ⅱ具备的主要特点如下。

(1) 公开源代码。μC/OS-Ⅱ全部以源代码的方式提供给使用者(约5500行)。该源码清晰易读,结构协调,且注解详尽,组织有序。这样方便开发人员把操作系统移植到各个不同的平台。

(2) 可移植(portable)。μC/OS-Ⅱ的源代码绝大部分是用移植性很强的ANSI C写的,与微处理器硬件相关的部分是用汇编语言写的。μC/OS-Ⅱ可以移植到许多不同的微处理器上。

(3) 可固化(ROMable)。μC/OS-Ⅱ是为嵌入式应用而设计的,意味着只要具备合适的系列软件工具(C编译、汇编、链接以及下载和固化)就可以将μC/OS-Ⅱ嵌入到产品中作为产品的一部分。μC/OS-Ⅱ最小内核可编译至2KB。

(4) 可裁剪(scalable),可以有选择地使用需要的系统服务,以减少所需要的存储空间。

(5) 可抢占性(preemptive)。μC/OS-Ⅱ是完全可抢占型的实时内核,即μC/OS-Ⅱ总是运行就绪条件下优先级最高的任务。

(6) 多任务。μC/OS-Ⅱ可以管理64个任务。赋予每个任务的优先级必须是不相同的,这就是说μC/OS-Ⅱ不支持时间片轮转调度法。

(7) 可确定性。绝大多数μC/OS-Ⅱ的函数调用和服务的执行时间具有可确定性。也就是说,用户能知道μC/OS-Ⅱ的函数调用与服务执行需要多长时间。

(8) 稳定性和可靠性。μC/OS-Ⅱ的每一种功能、每一个函数以及每一行代码都经过了考验和测试,具有足够的安全性与稳定性,能用于人命攸关、安全性条件极为苛刻的系统中。

4. 嵌入式Linux

Linux是由芬兰赫尔辛基大学的学生Linus Torvalds于1991年开发的。后来,Linus Torvalds将Linux源代码发布到网上,很快引起了许多软件开发人员的兴趣,来自世界各地的许多软件开发人员自愿通过Internet加入了Linux内核的开发。由于一批高水平软件开发人员的加入,使得Linux得到了迅猛发展。

嵌入式Linux(Embedded Linux)是指对Linux经过小型化裁剪后,能够固化在容量为几百千字节到几十兆字节的存储芯片或单片机中,应用于特定嵌入式系统的专业Linux操作系统。

嵌入式Linux是一款自由软件,并具有良好的网络功能,所以被广泛应用于网络、电信、信息家电和工业控制等领域。

嵌入式Linux的主要特点如下。

(1) 互操作性强。Linux操作系统能够以不同方式与非Linux系统的不同层次进行互操作。

(2) 支持多任务和多用户。Linux支持完全独立的多个进程同时执行,同时支持多个用户同时工作。

(3) 支持多处理器。Linux从2.0版本开始就可以将任务分配到多个处理器上运行,即可以在多个处理器体系结构上运行。

(4) 支持多种硬件平台。Linux支持众多的硬件平台,从PC到Alpha工作站,Linux可以在几乎所有常见的硬件体系结构中运行。

(5) 支持多种文件系统。Linux除了支持自带的EXT2/EXT3文件系统外,还支持MS-DOS、VFAT、NTFS以及网络文件系统NFS等多种文件系统。

(6) 提供强大的网络功能。支持TCP/IP协议及其他协议,提供TCP/UDP/IP/PPP协议支持及统一的MAC访问层接口,为各种移动计算设备预留接口。

## 1.7 实例:网络温度采集系统

为了更好地理解嵌入式系统,下面来解剖一个具体的应用实例:网络温度采集系统。

网络温度采集系统的任务是利用互联网或局域网来采集不同场所的温度信息。该系统由服务器端和客户端两部分组成,其系统结构如图1.3所示。服务器是一台通用计算机,客户端是由若干个温度采集终端组成的。服务器主要用于接收客户端的数据,然后将数据保存在数据库中,以便用户对数据进行各种操作。客户端主要完成温度信息采集,本地数据保存,以及向服务器传输数据等任务,系统的软件框图如图1.4所示。

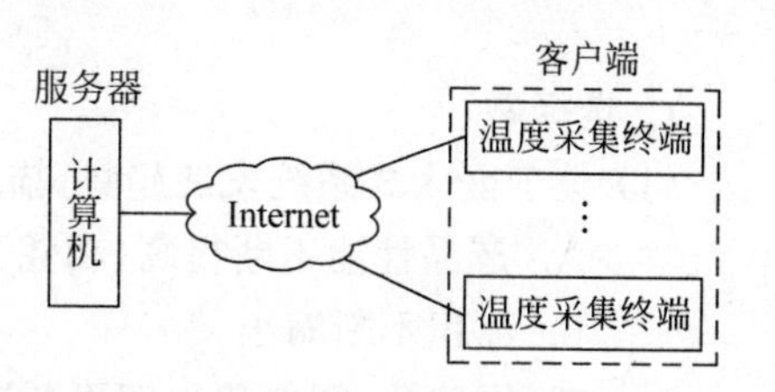


**图1.3　网络温度采集系统结构图**

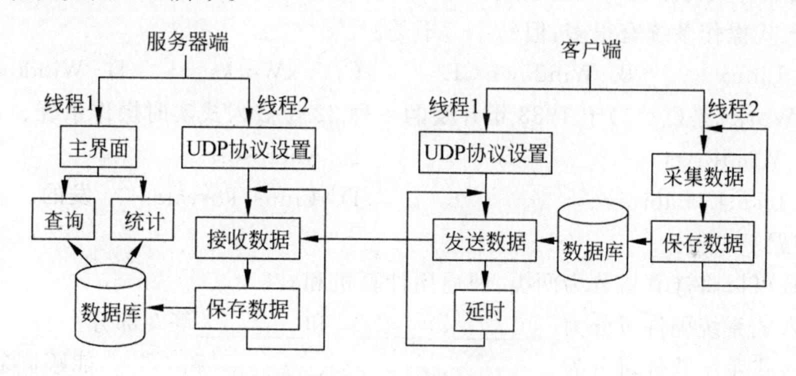


**图1.4　系统软件框图**

客户端中的每个温度采集终端都是一个独立的嵌入式系统。该系统主要完成温度采集和数据传输等任务。基于上述功能,结合性价比等因素,可以设计出该系统的硬件结构,如图1.5所示。系统采用S3C2410X处理器,温度传感器可选用TC1047芯片,然后将TC1047的输出端连接到S3C2410X内置A/D转换器的某一通道上,用于温度采集;Flash用于保存程序和数据;以太网可采用Ax88796芯片,用于网络连接,实现数据传输。

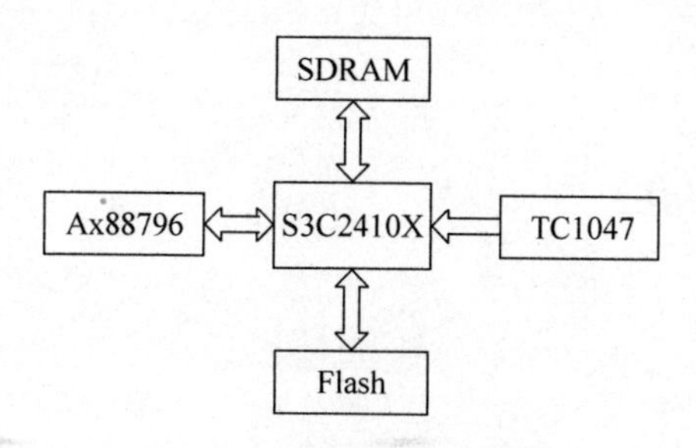


**图1.5　客户端硬件结构图**

温度采集终端上的软件可以分为引导程序、操作系统、驱动程序和应用程序 4 部分。引导程序和操作系统如何移植和裁剪,驱动程序和应用程序如何设计,这些内容将会在后面的章节中进行讲述。

系统硬件和软件设计好以后,还要通过工艺设计,配备合适的外壳,这时整个系统就可以作为产品出售了。

## 1.8 练 习 题

**1. 选择题**

(1) 关于嵌入式系统发展趋势,描述不正确的是(　　)。

A. 产品性能不断提高,功耗不断增加

B. 体积不断缩小

C. 网络化、智能化程度不断提高

D. 软件成为影响价格的主要因素

(2) 嵌入式操作系统有很多,但(　　)不是。

A. Linux　　B. Windows CE　　C. VxWorks　　D. Windows XP

(3) VxWorks 是(　　)于 1983 年开发的一种 32 位嵌入式实时操作系统。

A. WindRiver　　B. Microsoft

C. Jean J. Labrosse　　D. Linus Torvalds

**2. 填空题**

(1) 通常可以将计算机分为两类,即通用计算机和________。

(2) 嵌入式系统硬件可分为________、________和________等 3 部分。

(3) 嵌入式系统软件可分为________、________、________和________等 4 部分。

(4) 根据结构和功能特点不同,嵌入式处理器可分________、________和________等 3 类。

**3. 问答题**

(1) 简述嵌入式系统的定义和特点。

(2) 简述嵌入式系统的发展历程。

(3) 简述 MCU 和 DSP 的区别。

# 第2章　基于ARM9处理器的硬件平台

本章首先介绍ARM处理器核的体系结构、编程模式和指令集；然后介绍S3C2410X控制器内部的结构，并详细介绍控制器内部的存储控制器、NAND Flash控制器、时钟和电源管理等模块；最后介绍S3C2410X控制器外部的电源、时钟和复位等外围电路。

## 2.1　ARM处理器简介

在早期，ARM(Advanced RISC Machines)是一个公司的名字。随着ARM公司产品应用的普及，ARM又成了一类处理器的统称，同时也可以认为是一种技术的名字。下面简单介绍ARM的发展历史。

1978年12月5日，物理学家赫尔曼·豪泽(Hermann Hauser)和工程师Chris Curry，在英国剑桥创办了CPU(Cambridge Processing Unit)公司，主要业务是为当地市场供应电子设备。

1979年，CPU公司改名为Acorn计算机公司。

1985年，Roger Wilson和Steve Furber设计了自己的第一代32位、6MHz的处理器，用它做出了一台RISC指令集的计算机，为推广ARM技术，1990年由苹果、Acorn、VLSI、Technology合资组建成独立的公司。

目前，采用ARM技术知识产权(IP核)的微处理器，已经遍及工业控制、消费类电子、通信系统、网络系统等各类产品市场。基于ARM的应用，占手机处理器90%的市场份额；上网本处理器30%的市场份额；平板电脑处理器80%的市场份额。ARM公司只出售ARM核心技术授权，不生产芯片。目前，全世界有几十家著名的半导体公司都使用ARM公司的授权，其中包括Motorola、Intel、IBM、ATMEL、Sony、NEC、LG、SAMSUNG等。至于软件系统的合伙人，则包括微软、升阳和MRI等一系列知名公司。因为ARM技术获得了更多的第三方工具、制造和软件的支持，又使系统成本降低，从而产品更容易被消费者接受，更具有市场竞争力。

### 2.1.1　ARM处理器核的体系结构

目前，ARM体系结构共定义了6个版本(v1～v6)。

1. 版本1(v1)

该版本包括以下内容。

- 基本数据处理指令(不包括乘法)。
- 字节、字以及半字加载/存储指令。
- 分支(branch)指令，包括用于子程序调用的分支与链接(branch-and-link)指令。
- 软件中断指令，用于进行操作系统调用。

- 26位地址总线。

2. 版本2(v2)

与版本1相比,版本2增加了下列指令。

- 乘法和乘加指令(multiply & multiply-accumulate)。
- 支持协处理器。
- 原子性(atomic)加载/存储指令SWP和SWPB(稍后的版本称v2a)。
- FIQ中的两个以上的分组寄存器。

3. 版本3(v3)

版本3较以前的版本发生了大的变化,具体改进如下。

- 具备32位寻址能力。
- 分开的当前程序状态寄存器(Current Program Status Register,CPSR)和备份的程序状态寄存器(Saved Program Status Register,SPSR),当异常发生时,SPSR用于保存CPSR的当前值,从异常退出时则可由SPSR来恢复CPSR。
- 增加了两种异常模式,使操作系统代码可方便地使用数据访问中止异常、指令预取中止异常和未定义指令异常。
- 增加了MRS指令和MSR指令,用于完成对CPSR和SPSR寄存器的读/写;修改了原来的从异常中返回的指令。

4. 版本4(v4)

版本4在版本3的基础上增加了如下内容。

- 有符号、无符号的半字和有符号字节的load和store指令。
- 增加了T变种,处理器可工作于Thumb状态,在该状态下,指令集是16位压缩指令集(Thumb指令集)。
- 增加了处理器的特权模式。在该模式下,使用的是用户模式下的寄存器。

另外,在版本4中还清楚地指明了哪些指令会引起未定义指令异常。

5. 版本5(v5)

与版本4相比,版本5增加或修改了下列指令。

- 提高了T变种中ARM/Thumb指令混合使用的效率。
- 增加了前导零计数(CLZ)指令。
- 增加了软件断点(BKPT)指令。
- 为支持协处理器设计提供了更多的可选择的指令。
- 更加严格地定义了乘法指令对条件标志位的影响。

6. 版本6(v6)

ARM体系版本6是2001年发布的。该版本在降低功耗的同时,还强化了图形处理性能。通过追加有效多媒体处理的单指令多数据流(Single Instruction Multiple Datastream,SIMD)功能,将语音及图像的处理功能提高到了原机型的4倍。ARM体系版本6首先在2002年春季发布的ARM11处理器中使用。除此之外,v6还支持多微处理器内核。

表2.1给出了ARM处理器核使用ARM体系结构版本的情况。

表 2.1 ARM处理器核使用ARM体系结构版本的情况

| ARM处理器核 | 体系结构 |
|---|---|
| ARM1 | v1 |
| ARM2 | v2 |
| ARM2aS、ARM3 | v2a |
| ARM6、ARM600、ARM610 | v3 |
| ARM7、ARM700、ARM710 | v3 |
| ARM7TDMI、ARM710T、ARM720T、ARM740T | v4T |
| Strong ARM、ARM8、ARM810 | v4 |
| ARM9TDMI、ARM920T、ARM940T | v4T |
| ARM9E-S | v5TE |
| ARM10TDMI、ARM1020E | v5TE |
| ARM11、ARM1156T2-S、ARM1156T2F-S、ARM1176JZF-S、ARM11JZF-S | v6 |

### 2.1.2 ARM微处理器核

ARM微处理器在嵌入式领域取得了极大的成功。目前，主流ARM微处理器内核系列如下。

- ARM7系列；
- ARM9系列；
- ARM9E系列；
- ARM10E系列；
- ARM11系列；
- SecurCore系列；
- Intel的StrongARM/Xscale。

每个系列的ARM处理器都有各自的特点和应用领域。

1. ARM7系列微处理器

ARM7系列微处理器为低功耗的32位RISC处理器，适用于对价位和功耗要求较高的消费类应用。ARM7微处理器系列具有如下特点。

(1) 具有嵌入式ICE-RT逻辑，调试开发方便。

(2) 能够提供0.9MIPS/MHz的三级流水线结构。

(3) 代码密度高并兼容16位的Thumb指令集。

(4) 对操作系统的支持广泛，包括Windows CE、Linux、Palm OS等。

(5) 指令系统与ARM9系列、ARM9E系列和ARM10E系列兼容，便于用户的产品升级换代。

(6) 主频最高可达130MIPS，高速的运算处理能力能胜任绝大多数的复杂应用。

ARM7系列微处理器的主要应用领域为工业控制、Internet设备、网络和调制解调器设备、移动电话等多种多媒体和嵌入式应用。

ARM7采用冯·诺依曼体系结构，包括如下几种类型的核：ARM7TDMI、ARM7TDMI-S、ARM720T、ARM7EJ。其中，ARM7TDMI核是目前使用最广泛的32位嵌入式RISC处理器,属于低端ARM处理器核。使用单一32位数据总线传送指令和数据。

ARM核的命名格式为ARM[x][y][z][T][D][M][I][E][J][F][-S]。

格式中后缀的基本含义如下。

x：内核系列名。

y：存储管理和保护单元的支持信息。

z：内部Cache信息。

T：支持16位压缩指令集Thumb。

D：支持片上Debug。

M：内嵌硬件乘法器(multiplier)。

I：嵌入式ICE,支持片上断点和调试点。

E：支持增强型DSP指令。

J：支持Java加速器(Jazelle)。

F：支持向量浮点单元。

S：可综合版本。

2. ARM9系列微处理器

ARM9系列微处理器在高性能和低功耗特性方面提供了最佳的性能。具有以下特点。

(1) 5级流水线,指令执行效率更高。

(2) 提供1.1MIPS/MHz的哈佛结构。

(3) 支持32位ARM指令集和16位Thumb指令集。

(4) 支持32位的高速AMBA总线接口。

(5) 全性能的MMU,支持Windows CE、Linux、Palm OS等多种嵌入式操作系统。

(6) MPU支持实时操作系统。

(7) 支持数据Cache和指令Cache,具有更高的指令和数据处理能力。

ARM9系列微处理器主要应用于无线设备、仪器仪表、安全系统、机顶盒、高端打印机、数字照相机等。

ARM9系列微处理器包含ARM920T、ARM922T和ARM940T三种类型,以适用于不同的应用场合。S3C2410X内部集成的是ARM920T核。

3. ARM9E系列微处理器

ARM9E系列微处理器使用单一的处理器内核提供了微控制器、DSP、Java应用系统的解决方案,极大地减少了芯片的面积和系统的复杂程度。ARM9E系列微处理器提供了增强的DSP处理能力,适用于那些需要同时使用DSP和微控制器的应用场合。

ARM9E系列微处理器的主要特点如下。

(1) 支持DSP指令集,适用于需要高速数字信号处理的场合。

(2) 5级流水线,指令执行效率更高。

(3) 支持32位ARM指令集和16位Thumb指令集。

(4) 支持32位的高速AMBA总线接口。

(5) 支持VFP9浮点处理协处理器。

(6) 全性能的MMU,支持Windows CE、Linux、Palm OS等多种嵌入式操作系统。

(7) 支持数据Cache和指令Cache,具有更高的指令和数据处理能力。

(8) 主频最高可达300MIPS。

ARM9E系列微处理器主要应用于下一代无线设备、数字消费品、成像设备、工业控制、存储设备和网络设备等领域。

ARM9E系列微处理器包含ARM926EJ-S、ARM946E-S和ARM966E-S三种类型，以适用于不同的应用场合。

4. ARM10E系列微处理器

ARM10E系列微处理器具有高性能、低功耗的特点，由于采用了新的体系结构，与同等的ARM9器件相比较，在同样的时钟频率下，性能提高了近50%。

ARM10E系列微处理器的主要特点如下。

(1) 支持DSP指令集，适用于需要高速数字信号处理的场合。

(2) 6级流水线，指令执行效率更高。

(3) 支持32位ARM指令集和16位Thumb指令集。

(4) 支持32位的高速AMBA总线接口。

(5) 支持VFP10浮点处理协处理器。

(6) 全性能的MMU，支持Windows CE、Linux、Palm OS等多种嵌入式操作系统。

(7) 支持数据Cache和指令Cache，具有更高的指令和数据处理能力。

(8) 主频最高可达400MIPS。

(9) 内嵌并行读/写操作部件。

ARM10E系列微处理器主要应用于下一代无线设备、数字消费品、成像设备、工业控制、通信和信息系统等领域。

ARM10E系列微处理器包含ARM1020E、ARM1022E和ARM1026EJ-S三种类型，以适用于不同的应用场合。

5. ARM11系列微处理器

ARM11系列微处理器是ARM公司近年推出的新一代RISC处理器，它是ARM新指令架构——ARMv6的第一代设计实现。该系列主要有ARM1136J、ARM1156T2和ARM1176JZ三个内核型号。

ARMv6架构是根据下一代的消费类电子产品、无线设备、网络应用和汽车电子产品等需求而制定的。ARM11的媒体处理能力和低功耗特点，特别适用于无线设备和消费类电子产品；其高数据吞吐量和高性能的结合非常适合网络处理应用；另外，在实时性能和浮点处理等方面ARM11也可以满足汽车电子应用的需求。

ARM11处理器是为了有效地提供高性能处理能力而设计的。其特点如下。

(1) 由8级流水线组成。

(2) 跳转预测及管理，提供两种技术来对跳转做出预测——动态预测和静态预测。

(3) 增强的存储器访问，指令和数据可以更长时间地被保存在Cache中。

(4) 流水线的并行机制。尽管ARM11是单指令发射处理器，但是在流水线的后半部分允许了极大程度的并行性。

(5) 64位的数据通道。ARM11处理中，内核和Cache，及协处理器之间的数据通路是64位的。

(6) 支持浮点运算。

6. SecurCore 系列微处理器

SecurCore系列微处理器除了具有ARM体系结构的各种主要特点外,还在系统安全方面具有如下的特点。

(1) 带有灵活的保护单元,以确保操作系统和应用数据的安全。

(2) 采用软内核技术,防止外部对其进行扫描探测。

(3) 可集成用户自己的安全特性和其他协处理器。

SecurCore系列微处理器主要应用于一些对安全性要求较高的应用产品及应用系统,如电子商务、电子政务、电子银行业务、网络和认证系统等领域。

SecurCore系列微处理器包含SecurCore SC100、SecurCore SC110、SecurCore SC200和SecurCore SC210四种类型,以适用于不同的应用场合。

7. StrongARM /Xscale 系列微处理器

Intel StrongARM SA-1100处理器是采用ARM体系结构高度集成的32位RISC微处理器。它融合了Intel公司的设计和处理技术以及ARM体系结构的电源效率,采用在软件上兼容ARMv4体系结构,同时采用具有Intel技术优点的体系结构。

Intel StrongARM处理器是便携式通信产品和消费类电子产品的理想选择,已成功应用于多家公司的掌上电脑系列产品。

Xscale处理器是基于ARMv5TE体系结构的解决方案,是一款全性能、高性价比、低功耗的处理器。它支持16位的Thumb指令和DSP指令集,已使用在数字移动电话、个人数字助理和网络产品等场合。

Xscale处理器是Intel目前主要推广的一款ARM微处理器。

## 2.1.3　ARM编程模型

1. 数据类型及存储器格式

ARM处理器支持的数据类型如下。

(1) 字节(byte),各种处理器体系结构中,字节的长度均为8位。

(2) 半字(half-word),在ARM体系结构中,半字的长度位16位。

(3) 字(word),在ARM体系结构中,字的长度为32位。

其中字需要4字节对齐,半字需要2字节对齐。

从编程的角度看,ARM微处理器的工作状态一般有如下两种,可在两种状态之间切换。

(1) ARM状态,处理器执行32位的字对齐的ARM指令。

(2) Thumb状态,处理器执行16位的、半字对齐的Thumb指令。

当ARM微处理器执行32位的ARM指令集时,工作在ARM状态;执行16位的Thumb指令集时,工作在Thumb状态。在程序的执行过程中,微处理器可以随时在两种工作状态之间切换。

ARM指令集和Thumb指令集均有切换处理器状态的指令,并可在两种工作状态之间切换,但ARM微处理器在开始执行代码时,应处于ARM状态。

进入Thumb状态,当操作数寄存器的状态位(位0)为1时,可以采用执行BX指令的方法,使微处理器从ARM状态切换到Thumb状态。此外,当处理器处于Thumb状态时发生异常(如 IRQ、FIQ、Undef、Abort、SWI 等),则异常处理返回时,自动切换到 Thumb 状态。

进入 ARM 状态,当操作数寄存器的状态位为 0 时,执行 BX 指令时可以使微处理器从 Thumb 状态切换到 ARM 状态。此外,在处理器进行异常处理时,把 PC 指针放入异常模式链接寄存器中,并从异常向量地址开始执行程序,也可使处理器切换到 ARM 状态。

作为 32 位的微处理器,ARM 体系结构所支持的最大的寻址空间为 4GB,将存储器看做是从 0 地址开始的字节的线性组合。从 0 字节到 3 字节放置第一个存储的字数据,从第 4 个字节到第 7 个字节放置第二个存储的字数据,依次排列。ARM 体系结构可以用两种方法存储字数据,称为大端格式和小端格式。

(1) 大端格式。字数据的高字节存储在低地址中,而字数据的低字节则存放在高地址中,如图 2.1 所示。

| | 31　24 | 23　16 | 15　8 | 7　0 | 字地址 |
|---|---|---|---|---|---|
| 高地址 | 8 | 9 | 10 | 11 | 8 |
| ↑ | 4 | 5 | 6 | 7 | 4 |
| 低地址 | 0 | 1 | 2 | 3 | 0 |

**图 2.1　大端格式存储字数据**

(2) 小端格式。在小端存储格式中,低地址中存放的是字数据的低字节,高地址存放的是字数据的高字节,如图 2.2 所示。

| | 31　24 | 23　16 | 15　8 | 7　0 | 字地址 |
|---|---|---|---|---|---|
| 高地址 | 11 | 10 | 9 | 8 | 8 |
| ↑ | 7 | 6 | 5 | 4 | 4 |
| 低地址 | 3 | 2 | 1 | 0 | 0 |

**图 2.2　小端格式存储字数据**

2. 处理器模式

ARM 微处理器支持以下 7 种运行模式。

(1) 用户模式(USR):ARM 处理器正常的程序执行状态。

(2) 快速中断模式(FIQ):用于高速数据传输或通道处理。

(3) 外部中断模式(IRQ):用于通用的中断处理。

(4) 管理模式(SVC):操作系统使用的保护模式。

(5) 数据访问中止模式(ABT):当数据或指令预取中止时进入该模式,可用于虚拟存储及存储保护,简称中止模式。

(6) 系统模式(SYS):运行具有特权的操作系统任务。

(7) 未定义指令中止模式(UND):当未定义的指令执行时进入该模式,可用于支持硬件协处理器的软件仿真,简称未定义模式。

ARM 微处理器的运行模式可以通过软件改变,也可以通过外部中断或异常处理改变。大多数的应用程序运行在用户模式下,当处理器运行在用户模式下时,被保护的系统资源是不能被访问的。

除用户模式以外,其余的所有 6 种模式称为非用户模式,或特权模式(Privileged Modes);其中除去用户模式和系统模式以外的 5 种又称为异常模式(Exception Modes),常用于处理中断或异常,以及需要访问受保护的系统资源等情况。

3. 寄存器组织

ARM微处理器共有37个32位寄存器,其中31个为通用寄存器,6个为状态寄存器。但是这些寄存器不能被同时访问,具体哪些寄存器是可编程访问的,取决于微处理器的工作状态及具体的运行模式。但在任何时候,通用寄存器R14～R0、程序计数器PC、一个或两个状态寄存器都是可访问的。

1) 通用寄存器

通用寄存器包括R0～R15,分为未分组寄存器R0～R7,分组寄存器R8～R14,程序计数器PC(R15)。

(1) 未分组寄存器R0～R7。在所有的运行模式下,未分组寄存器都指向同一个物理寄存器,它们未被系统用做特殊的用途,因此,在中断或异常处理进行运行模式转换时,由于不同的处理器运行模式均使用相同的物理寄存器,可能会造成寄存器中数据破坏,这一点在进行程序设计时应引起注意。

(2) 分组寄存器R8～R14。对于分组寄存器,每一次所访问的物理寄存器与处理器当前的运行模式有关。对于R8～R12来说,每个寄存器对应两个不同的物理寄存器,当使用FIQ模式时,访问寄存器R8_fiq～R12_fiq;当使用除FIQ模式以外的其他模式时,访问寄存器R8_usr～R12_usr。对于R13、R14来说,每个寄存器对应6个不同的物理寄存器,其中的一个是用户模式与系统模式共用,另外5个物理寄存器对应于其他5种不同的运行模式。

采用以下的记号来区分不同的物理寄存器:

```
R13_<mode>
R14_<mode>
```

其中,mode为以下几种模式之一:USR、FIQ、IRQ、SVC、ABT、UND。

寄存器R13在ARM指令中常用做堆栈指针,但这只是一种习惯用法,用户也可使用其他的寄存器作为堆栈指针。而在Thumb指令集中,某些指令强制性的要求使用R13作为堆栈指针。由于处理器的每种运行模式均有自己独立的物理寄存器R13,在用户应用程序的初始化部分,一般都要初始化每种模式下的R13,使其指向该运行模式的栈空间,这样,当程序的运行进入异常模式时,可以将需要保护的寄存器放入R13所指向的堆栈,而当程序从异常模式返回时,则从对应的堆栈中恢复,采用这种方式可以保证异常发生后程序的正常执行。

R14也称为子程序连接寄存器(Subroutine Link Register)或连接寄存器LR。当执行BL子程序调用指令时,从R14中得到R15(程序计数器PC)的备份。其他情况下,R14用做通用寄存器。与之类似,当发生中断或异常时,对应的分组寄存器R14_svc、R14_irq、R14_fiq、R14_abt和R14_und用来保存R15的返回值。

寄存器R14常用在如下的情况。

在每一种运行模式下,都可用R14保存子程序的返回地址,当用BL或BLX指令调用子程序时,将PC的当前值复制给R14,执行完子程序后,又将R14的值复制回PC,即可完成子程序的调用返回。

(3) 程序计数器PC(R15)。寄存器R15用做程序计数器(PC)。在ARM状态下,位[1:0]为 0,位[31:2]用于保存 PC;在 Thumb 状态下,位[0]为 0,位[31:1]用于保存 PC。虽然可以用做通用寄存器,但是有一些指令在使用 R15 时有一些特殊限制,若不注意,执行的结果将是不可预料的。在 ARM 状态下,PC 的 0 位和 1 位是 0,在 Thumb 状态下,PC 的 0 位是 0。

由于 ARM 体系结构采用了多级流水线技术,对于 ARM 指令集而言,PC 总是指向当前指令的下两条指令的地址,即 PC 的值为当前指令的地址值加 8 个字节。

在 ARM 状态下,任一时刻可以访问以上所讨论的 16 个通用寄存器和一到两个状态寄存器。在非用户模式(特权模式)下,则可访问特定模式分组寄存器,表 2.2 说明在每一种运行模式下哪些寄存器是可以访问的。

**表 2.2　ARM 状态下的寄存器组织**

| USR/SYS | FIQ | IRQ | SVC | ABT | UND |
|---|---|---|---|---|---|
| R0 | R0 | R0 | R0 | R0 | R0 |
| R1 | R1 | R1 | R1 | R1 | R1 |
| R2 | R2 | R2 | R2 | R2 | R2 |
| R3 | R3 | R3 | R3 | R3 | R3 |
| R4 | R4 | R4 | R4 | R4 | R4 |
| R5 | R5 | R5 | R5 | R5 | R5 |
| R6 | R6 | R6 | R6 | R6 | R6 |
| R7 | R7 | R7 | R7 | R7 | R7 |
| R8 | R8_fiq | R8 | R8 | R8 | R8 |
| R9 | R9_fiq | R9 | R9 | R9 | R9 |
| R10 | R10_fiq | R10 | R10 | R10 | R10 |
| R11 | R11_fiq | R11 | R11 | R11 | R11 |
| R12 | R12_fiq | R12 | R12 | R12 | R12 |
| R13 | R13_fiq | R13_irq | R13_svc | R13_abt | R13_und |
| R14 | R14_fiq | R14 irq | R14_svc | R14_abt | R14_und |
| PC | PC | PC | PC | PC | PC |
| CPSR | CPSR | CPSR | CPSR | CPSR | CPSR |
|  | SPSR_fiq | SPSR_irq | SPSR_svc | SPSR_abt | SPSR_und |

2) 程序状态寄存器

ARM 处理器程序状态寄存器包括 CPSR(当前程序状态寄存器)和 SPSC(程序状态备份寄存器),其中 CPSR 可以在任何处理器模式下被访问。SPSR 用来进行异常处理,可以保存 ALU 当前操作信息;设置处理器的运行模式;控制允许和禁止中断。程序状态寄存器的格式如图 2.3 所示。

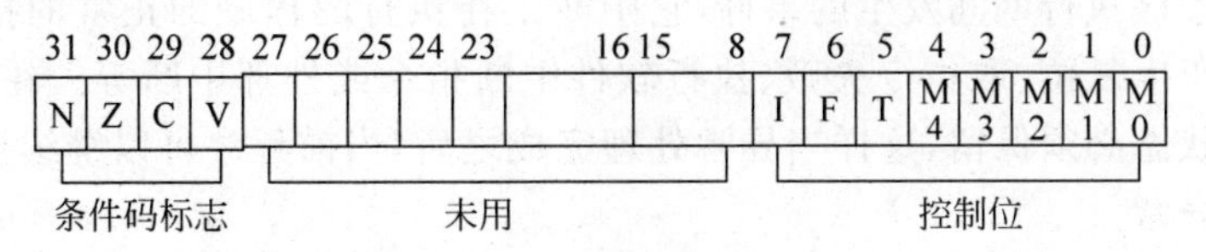


**图 2.3　程序状态寄存器格式**

(1) 控制位。CPSR的低8位。

- I：IRQ中断使能位。I=1，禁止IRQ中断；I=0，允许IRQ中断。
- F：FIQ中断使能位。F=1，禁止FIQ中断；F=0，允许FIQ中断。
- T：该位反映处理器的运行状态。

对于ARM体系结构v5及以上的版本的T系列处理器，当T=1时，程序运行于Thumb状态，否则运行于ARM状态。

对于ARM体系结构v5及以上的版本的非T系列处理器，当T=1时，执行下一条指令以引起未定义的指令异常；当该位为0时，表示运行于ARM状态。

- 运行模式位M[4:0]。M4、M3、M2、M1、M0是模式位。这些位决定了处理器的运行模式。具体含义如表2.3所示。

**表2.3　模式位**

| M[4:0] | 处理器模式 | 可访问的寄存器 |
| --- | --- | --- |
| 0b10000 | 用户模式 | PC,CPSR,R0-R14 |
| 0b10001 | FIQ模式 | PC,CPSR,SPSR_fiq,R14_fiq,R8_fiq,R7～R0 |
| 0b10010 | IRQ模式 | PC,CPSR,SPSR_irq,R14_irq,R13_irq,R12～R0 |
| 0b10011 | 管理模式 | PC,CPSR,SPSR_svc,R14_svc,R13_svc,R12～R0 |
| 0b10111 | 中止模式 | PC,CPSR,SPSR_abt,R14_abt,R13_abt,R12～R0 |
| 0b11011 | 未定义模式 | PC,CPSR,SPSR_und,R14_und,R13_und,R12～R0 |
| 0b11111 | 系统模式 | PC,CPSR(ARMv4及以上版本),R14～R0 |

(2) 条件码标志。

- N：符号标志位。当用两个补码表示的带符号数进行运算时，N=1表示运算的结果为负数；N=0表示运算的结果为正数或零。
- Z：结果为0标志位。Z=1表示运算结果为0；Z=0表示运算结果为非0。
- C：进位或借位标志位。有以下4种方法设置C的值。
    - 对于加法运算(包括比较指令CMN)：当运算结果产生了进位时(无符号数溢出)，C=1，否则C=0。
    - 对于减法运算(包括比较指令CMP)：当运算时产生了借位时(无符号数溢出)，C=0，否则C=1。
    - 对于包含移位操作的非加/减运算指令，C为移出值的最后一位。
    - 对于其他的非加/减运算指令，C的值通常不改变。
- V：溢出标志位。对于加减法运算指令，当操作数和运算结果为二进制补码表示的符号数时，V=1表示符号位溢出，其他的指令通常不影响V位。

(3) 未用：将用于ARM版本的扩展。

4. 异常

异常是在程序执行期间发生的事件，它中断正在执行的程序的正常的指令流。其中包括ARM内核产生复位、取指令失败、执行软件中断指令或外部中断等。在处理异常之前，当前处理器的状态必须保留，这样当异常处理完成之后，当前程序可以继续执行。同一时刻可能出现多个异常。

ARM支持7种异常：包括复位、未定义指令、软件中断(SWI)、预取指中止、数据中止、IRQ中断请求、FIQ中断请求。表2.4列出了异常的类型及处理这些异常对应的模式。

表2.4 异常处理模式

| 异常类型 | 入口时的操作模式 | 地址 | 优先级 |
|---|---|---|---|
| 复位 | 管理 | 0x0000 0000 | 1 |
| 未定义指令 | 未定义 | 0x0000 0004 | 6 |
| 软件中断 | 管理 | 0x0000 0008 | 6 |
| 预取指中止 | 中止 | 0x0000 000C | 5 |
| 数据中止 | 中止 | 0x0000 0010 | 2 |
| IRQ | IRQ | 0x0000 0018 | 4 |
| FIQ | FIQ | 0x0000 001C | 3 |

1) 进入异常

当发生异常时，ARM处理器就切换到相应的异常模式，并调用异常处理程序进行处理。

ARM核异常处理的一般过程如下。

(1) 保存异常返回地址到r14_＜exception_mode＞。

(2) 保存当前CPSR到SPSR_＜exception_mode＞。

(3) 改写CPSR以切换到相应的异常模式和处理器状态(ARM状态)。

(4) 禁止IRQ(如果进入FIQ则禁止FIQ)。

(5) 跳转到相应的异常向量表入口(例如IRQ跳转到IRQ_Handler入口)。

【注】 复位异常处理会禁止所有中断，另外由于不用返回，因此不需要执行①、②步。

以上的异常处理操作都是由ARM核硬件逻辑自动完成的。

如果异常发生时，处理器处于Thumb状态，则当异常向量地址加载入PC时，处理器自动切换到ARM状态。

例如，软件中断指令进入管理模式，以请求特定的管理。当执行SWI时，请写出异常处理操作的伪代码。

解：R14_svc＝address after the SWI instruction
SPSR_svc＝CPSR
CPSR[4:0]＝0b10011
CPSR[5]＝0
CPSR[7]＝1
PC＝0X00000008

2) 从异常返回

ARM的所有异常中，除了复位异常外，其他的都需要返回。异常处理完毕后，执行下面的操作从异常返回。

(1) 将连接寄存器LR的值减去相应的偏移量后送到PC中。

(2) 将SPSR复制回CPSR中。

(3) 若在进入异常处理时设置了中断禁止位，将其清除。

3) 异常模式

(1) 未定义指令异常。当ARM内核遇到不能处理的指令时，会产生未定义指令异常。采用这种机制，可以通过软件仿真扩展ARM或Thumb指令集。在仿真未定义指令后，无论是在ARM状态还是Thumb状态，处理器执行以下程序返回。

```
MOVS PC, R14_und
```

以上指令恢复PC(从R14_und)和CPSR(从SPSR_und)的值,并返回到未定义指令后的下一条指令。

(2) SWI。软件中断指令(SWI)用于进入管理模式,常用于请求执行特定的管理功能。无论是在ARM状态还是Thumb状态,软件中断处理程序执行以下指令从SWI模式返回。

```
MOV PC, R14 _svc
```

以上指令恢复PC(从R14_svc)和CPSR(从SPSR_svc)的值,并返回到SWI的下一条指令。

(3) 预取中止。当指令预取访问存储器失败时,存储器系统向ARM处理器发出存储器中止(abort)信号,预取的指令被记为无效,但只有当处理器试图执行无效指令时,指令预取中止异常才会发生,如果指令未被执行,例如在指令流水线中发生了跳转,则预取指令中止不会发生。

若数据中止发生,系统的响应与指令的类型有关。当确定了中止的原因后,无论是在ARM状态还是Thumb状态,abort处理程序均会执行以下指令从中止模式返回。

```
SUBS PC,R14_abt, #4       ; 指令预取中止
SUBS PC,R14_abt, #8       ; 数据中止
```

以上指令恢复PC(从R14_abt)和CPSR(从SPSR_abt)的值,并重新执行中止的指令。

(4) IRQ。通过处理器IRQ输入引脚,由外部产生IRQ异常。IRQ的优先级低于FIQ,当程序执行进入FIQ异常时,IRQ可能会被屏蔽。

若将CPSR的I位置为1,则会禁止IRQ中断,若将CPSR的I位清零,处理器会在指令执行完之前检查IRQ的输入。注意只有在特权模式下才能改变I位的状态。不管是在ARM状态还是在Thumb状态下进入IRQ模式,IRQ处理程序均会执行以下指令从IRQ模式返回。

```
SUBS PC,R14_irq, #4
```

该指令将寄存器R14_irq的值减4后,复制到程序计数器PC中,从而实现从异常处理程序中的返回,同时将SPSR_mode寄存器的内容复制到当前程序状态寄存器CPSR中。

(5) FIQ。通过处理器FIQ输入引脚,由外部产生FIQ异常。使用以下指令从FIQ模式返回。

```
SUBS PC,R14_fiq, #4
```

该指令将寄存器R14_fiq的值减4后,复制到程序计数器PC中,从而实现从异常处理程序中的返回,同时将SPSR_mode寄存器的内容复制到当前程序状态寄存器CPSR中。

### 2.1.4　ARM指令集

1. ARM指令的编码格式

每条ARM指令占有4个字节,ARM指令使用的基本格式如下。

```
<opcode> {<cond>}{S} <Rd>, <Rn>{<operand2>}
```

其中，opcode：操作码；指令助记符，如 MOV，STE 等。

cond：可选的条件码；执行条件，如 EQ、NE 等。

S：可选后缀；若指定 S，则根据指令执行结果更新 CPSR 中的条件码。

Rd：目标寄存器。

Rn：存放第 1 个操作数的寄存器。

operand2：第 2 个操作数。

指令基本格式中“< >”内的项是必需的，“{}”内的项是可选的。

ARM 指令的条件域有 15 种类型，如表 2.5 所示。

**表 2.5　条件域**

| cond | 助记符 | 含　义 | CPSR 中的标志位 |
|---|---|---|---|
| 0000 | EQ | 相等 | Z 置 1 |
| 0001 | NE | 不相等 | Z 置 0 |
| 0010 | CS/HS | 无符号数大于等于 | C 置 1 |
| 0011 | CC/LO | 无符号数小于 | C 置 0 |
| 0100 | MI | 负数 | N 置 1 |
| 0101 | PL | 非负数 | N 置 0 |
| 0110 | VS | 溢出 | V 置 1 |
| 0111 | VC | 未溢出 | V 置 0 |
| 1000 | HI | 无符号数大于 | C 置 1 或 Z 置 0 |
| 1001 | LS | 无符号数小于等于 | C 置 0 且 Z 置 1 |
| 1010 | GE | 有符号数大于等于 | N 等于 V |
| 1011 | LT | 有符号数小于 | N 不等于 V |
| 1100 | GT | 有符号数大于 | Z 置 0 且 N 等于 V |
| 1101 | LE | 有符号数小于等于 | Z 置 1 或 N 不等于 V |
| 1110 | AL | 无条件执行 | |

2. 寻址方式

ARM 处理器具有寄存器寻址、立即寻址、寄存器移位寻址、寄存器间接寻址、基址变址寻址、相对寻址、多寄存器寻址、块复制寻址、堆栈寻址 9 种基本寻址方式。

1) 寄存器寻址

寄存器的值即为操作数。例如：

```
MOV R1,R2          ; 将 R2 中的值送给 R1
ADD R0,R1,R2       ; 将 R1+R2 的结果送给 R0
```

2) 立即寻址

立即寻址指令中，操作数直接存放在指令中，紧跟操作码之后。例如：

```
SUB R0,R0,#2       ; 将 R0-2 的结果送给 R0
```

3) 寄存器移位寻址

寄存器移位寻址是 ARM 特有的寻址方式，只能对第 2 个操作数使用。ARM 指令集中有 5 种移位操作：LSL(逻辑左移)、LSR(逻辑右移)、ASR(算术右移)、ROR(循环右移)、RRX(带扩展的循环右移)。

4）寄存器间接寻址

寄存器间接寻址是寄存器中存放操作数的地址。而实际的操作数存放在存储器中。例如：

```
STR R1,[R2]；将R1的字数据存储到R2指向的内存单元中
```

5）基址变址寻址

将基址寄存器的内容与指令中给出的偏移量相加，形成操作数的有效地址。例如：

```
LDR R2,[R3,#0x1D]；将R3+0x1D地址上的存储单元的内容存放到R2中
```

6）相对寻址

同基址变址寻址相似，由PC作为基址寄存器，指令中的地址码字段作为偏移量，两者相加形成操作数的有效地址。

例如，跳转指令BL采用了相对寻址。

```
BL NEXT        ;调转到子程序NEXT处执行
...
NEXT
...
MOV PC,LR      ；从子程序返回
```

7）多寄存器寻址

多寄存器寻址由一条指令可实现一组寄存器值的传送。连续的寄存器可用“-”连接，否则用“,”隔开。例如：

```
LDMIA R0!,{R3-R9,R12}   ；将R0指向的单元中的数据读出到R3-R9、R12中
                        ；每读一个数据，存地址单元中，R1就自动加4
```

8）块复制寻址

用于将一块数据从存储器的某一位置复制到另一位置。例如：

```
STMIA R0!,{R1-R7}       ；将R1～R7的数据保存到以R0的值为起始地址的存储器
```

9）堆栈寻址

用于数据栈与寄存器组之间批量数据传输。堆栈可分为以下两类。

(1) 向上生长。向高地址方向生长，称为递增堆栈。

(2) 向下生长。向低地址方向生长，称为递减堆栈。

例如：

```
STMFD SP!,{R1-R6}；将R1～R6入栈
```

3. ARM指令集

ARM微处理器的指令集可以分为数据处理指令、跳转指令、程序状态寄存器处理指令、加载/存储指令、协处理器指令和异常产生指令6大类。

1）数据处理指令

数据处理指令可分为数据传送指令、算术逻辑运算指令和比较指令等。数据处理指令只能对寄存器的内容进行操作。所有ARM数据处理指令均可选择使用S后缀，并影响状态标志位。但比较指令不需要S后缀，它们会直接影响状态标志。表2.6列出了常用的数据处理指令。

**表 2.6　数据处理指令**

| 指令类别 | 格　式 | 指令说明 | 功　能 | 允许的操作数 |
|---|---|---|---|---|
| 数据传送指令 | MOV {<cond>}{S} <Rd>,<op1> | 数据传送 | Rd=op1 | op1 可以是寄存器、被移位的寄存器或立即数 |
| | MVN {<cond>}{S} <Rd>,<op1> | 数据取反传送 | Rd=op1 取反后的结果 | op1 同上 |
| 算术逻辑运算指令 | ADD {<cond>}{S}<Rd>,<Rn>,<op2> | 加法 | Rd=Rn+op2 | op2 可以是寄存器、被移位的寄存器或立即数 |
| | ADC {<cond>}{S}<Rd>,<Rn>,<op2> | 带进位的加法 | Rd=Rn+op2+进位标志 | op2 同上 |
| | SUB {<cond>}{S}<Rd>,<Rn>,<op2> | 减法 | Rd=Rn−op2 | op2 同上 |
| | RSB {<cond>}{S}<Rd>,<Rn>,<op2> | 逆向减法 | Rd=op2−Rn | op2 同上 |
| | SBC {<cond>}{S}<Rd>,<Rn>,<op2> | 带借位的减法 | Rd=Rn−op2−借位标志的非操作 | op2 同上 |
| | RSC {<cond>}{S}<Rd>,<Rn>,<op2> | 带借位的逆向减法 | Rd=op2−Rn−借位标志的非操作 | op2 同上 |
| | MUL{<cond>}{S}<Rd>,<Rn>,<op2> | 32 位乘法 | Rd=Rn * op2 | op2 为寄存器 |
| | MLA{<cond>}{S}<Rd>,<Rn>,<op2>,<op3> | 32 位乘加 | Rd=Rn * op2+op3 | op2、op3 为寄存器 |
| | SMULL{<cond>}{S}<Rdl>,<Rdh>,<Rn>,<op2> | 64 位有符号乘法 | Rdh Rdl=Rn * op2 | Rdh, Rdl, op2 均为寄存器 |
| | SMLAL{<cond>}{S}<Rdl>,<Rdh>,<Rn>,<op2> | 64 位有符号乘加 | Rdh Rdl=Rn * op2+Rdh Rdl | Rdh, Rdl, op2 均为寄存器 |
| | UMULL{<cond>}{S}<Rdl>,<Rdh>,<Rn>,<op2> | 64 位无符号乘法 | Rdh Rdl=Rn * op2 | Rdh, Rdl, op2 均为寄存器 |
| | SMLAL{<cond>}{S}<Rdl>,<Rdh>,<Rn>,<op2> | 64 位无符号乘加 | Rdh Rdl=Rn * op2+Rdh Rdl | Rdh, Rdl, op2 均为寄存器 |
| | ADD {<cond>}{S}<Rd>,<Rn>,<op2> | 逻辑与 | Rd=Rn AND op2 | op2 可以是寄存器、被移位的寄存器或立即数 |
| | ORR{<cond>}{S}<Rd>,<Rn>,<op2> | 逻辑或 | Rd=Rn OR op2 | op2 同上 |
| | EOR{<cond>}{S}<Rd>,<Rn>,<op2> | 逻辑异或 | Rd=Rn EOR op2 | op2 同上 |
| | BIC{<cond>}{S}<Rd>,<Rn>,<op2> | 位清除 | Rd=Rn AND(!op2) | op2 同上 |
| 比较指令 | CMP{<cond>}<Rn>,<op1> | 比较 | Rn−op1 | op1 为寄存器或立即数 |
| | CMN{<cond>}<Rn>,<op1> | 负数比较 | Rn+op1 | op1 同上 |
| | TST{<cond>}<Rn>,<op1> | 位测试 | Rn AND op1 | op1 同上 |
| | TEQ{<cond>}<Rn>,<op1> | 相等测试 | Rn EOR op1 | op1 同上 |

2）跳转指令

跳转指令用于程序流程的跳转，ARM程序中实现程序跳转有以下两种方式。

- 直接向程序寄存器PC中写入跳转的目标地址值；通过向PC写入跳转的地址值，可以实现在4GB的地址空间中的任意跳转。在跳转之前使用MOV LR,PC指令，可以保存将来的返回地址值，从而实现B指令在4GB连续的线性地址空间的子程序调用。
- 跳转指令；使用跳转指令可以实现32MB空间的跳转。ARM指令集中有4种跳转指令。

(1) B指令

格式：B {<cond>} <addr>。

功能：PC=PC+addr左移2位。

描述：addr的值是相对于当前PC的值的一个偏移量，而不是一个绝对地址，实际地址由汇编器计算。它是24位有符号数，左移2位扩展为32位，然后与PC值相加，得到跳转的地址。表示的有效偏移为26位(跳转的范围为前后32MB的空间)。

(2) BL指令

格式：BL{<cond>} <addr>。

功能：同B指令。

描述：跳转之前，在寄存器R14(LR)中保存PC的当前内容，因此，该指令用来实现子程序调用，可以通过将R14的内容重新加载到PC中，返回到跳转指令之后的那个指令处执行。

(3) BLX指令

格式：BLX <addr>或BLX <Rn>。

功能：BLX指令从ARM指令集跳转到指令中所指定的目标地址，并将处理器的工作状态由ARM状态切换到Thumb状态，该指令同时将PC的当前内容保存到寄存器R14中。

描述：若为BLX <Rn>，Rn的位[0]=1，则切换到Thumb状态，并在Rn中的地址开始执行，需将最低位清零；若Rn的位[0]=0，则切换到ARM状态，并在Rn中的地址开始执行，需将Rn[1]清零；该指令用于子程序调用和程序状态的切换。

(4) BX指令

格式：BX <Rn>。

功能：BX指令跳转到指令中所指定的目标地址，目标地址处的指令既可以是ARM指令，也可以是Thumb指令。

3）程序状态寄存器处理指令

表2.7列出了常用的程序状态寄存器处理指令。

**表2.7　程序状态寄存器处理指令**

| 格　式 | 指令说明 | 功　能 | 举　例 |
| --- | --- | --- | --- |
| MRS {cond} Rd,psr | 读状态寄存器指令 | Rd = psr，psr为CPSR或SPSR | MRS R1,CPSR |
| MSR psr_field,Rd/#immed_8r | 写状态寄存器指令 | psr_field=Rd/#immed_8r | MSR CPSR_c,#0xd3 |

**说明**：MSR 指令中 psr 为 CPSR 或 SPSR，field 可以是以下的一种或多种(用小写字母)。

位[31:24]为条件位域，用 f 表示；

位[23:16]为状态位域，用 s 表示；

位[15:8]为扩展位域，用 x 表示；

位[7:0]为控制位域，用 c 表示。

所以，MSR CPSR_c，#0xd3 的功能是将 CPSR 的低 8 位赋值 0xd3，即切换到管理模式。

4) 加载/存储指令

ARM 处理器对存储器的访问只能使用加载/存储指令，加载指令用于将存储器的数据传到寄存器中，存储指令则刚好相反。分为三类指令：单个字、半字、字节操作的指令；多寄存器加载/存储指令；寄存器核存储器交换指令。常用的加载/存储指令如表 2.8 所示。

**表 2.8 加载/存储指令**

| 格 式 | 指令说明 | 功 能 |
|---|---|---|
| LDR {cond} Rd,addr | 加载字数据指令 | Rd←[addr] |
| STR {cond} Rd,addr | 存储字数据指令 | [addr]←Rd |
| LDR {cond}B Rd,addr | 加载无符号字节数据 | Rd←[addr] |
| STR {cond}B Rd,addr | 存储字节数据 | [addr]←Rd |
| LDR{cond}T Rd,addr | 以用户模式加载无符号字数据 | Rd←[addr] |
| STR{cond}T Rd,addr | 以用户模式存储字数据 | [addr]←Rd |
| LDR{cond}BT Rd,addr | 以用户模式加载无符号字节数据 | Rd←[addr] |
| STR{cond}BT Rd,addr | 以用户模式存储字节数据 | [addr]←Rd |
| LDR {cond}H Rd,addr | 加载无符号半字数据指令 | Rd←[addr] |
| STR {cond}H Rd,addr | 存储半字数据指令 | [addr]←Rd |
| LDR {cond} SB Rd,addr | 加载有符号字节数据指令 | Rd←[addr] |
| LDR {cond} SH Rd,addr | 加载有符号半字数据指令 | Rd←[addr] |
| LDM{cond}{mode} Rn(!),reglist | 多寄存器加载指令 | reglist←[Rn…] |
| STM{cond}{mode} Rn(!),reglist | 多寄存器存储指令 | [Rn…] ←reglist |
| SWP{cond} Rd,Rm,Rn | 寄存器与存储器数据交换 | Rd←[Rn],[Rn]←Rm |

**说明**：多寄存器加载/存储指令中的 mode 有 8 种：每次传送后地址加 4(IA)、每次传送前地址加 4(IB)、每次传送后地址减 4(DA)、每次传送前地址减 4 (DB)、满递减堆栈(FD)、空递减堆栈(ED)、满递增堆栈(FA)、空递增堆栈(EA)。例如：

```
LDRB R0,[R1]       ；将存储器地址为 R1 的字节数据读入寄存器 R0,并将 R0 的高 24 位清零
STRB R0,[R1]       ；将寄存器 R0 的字节写入地址为 R1 的存储器中
LDMIA R0,{R5—R8}；加载 R0 指向地址上的多字数据,保存到 R5～R8 中,R0 的值更新
```

5) 协处理器指令

讲解协处理器指令之前，先对指令格式用的符号进行说明。

coproc：协处理器名，标准名为 P*n*，*n* 为 0～15。

opcode1：协处理器的特定操作码。

CRd：作为目标寄存的协处理器寄存器。

CRn：存放第 1 个操作数的协处理器寄存器。

CRm：存放第 2 个操作数的协处理器寄存器。

opcode2：可选的协处理器的特定操作码。

L：可选后缀,表示指令是长读取操作。

(1) 协处理器数据操作指令(CDP)

格式：CDP {cond} coproc,opcode1,CRd,CRn,CRm(,opcode2)。

功能：用于 ARM 处理器通知 ARM 协处理器执行特定的操作,若协处理器不能成功完成特定的操作,则产生未定义指令异常。

举例：CDP P3,2,C12,C10,C3,4; 该指令完成协处理器 P3 的操作,操作码为 2,可选操作码为 4。

(2) 协处理器数据读取指令(LDC)

格式：LDC{cond}[L] coproc ,CRd,<addr>。

功能：LDC 指令用于将 addr 所指向的存储器中的字数据传送到目的寄存器中,若协处理器不能成功完成传送操作,则产生未定义指令异常。

举例：LDC P5,C2,[R2]; 读取 R2 指向的内存单元的数据,送到协处理器 P5 的 C2 寄存器中。

(3) 协处理器数据写入指令(STC)

格式：STC{cond}[L] coproc ,CRd,<addr>。

功能：STC 指令用于将 CRd 的数据写入到 addr 所指向的存储器中,若协处理器不能成功完成传送操作,则产生未定义指令异常。

举例：STC P5,C2,[R2]; 将协处理器 P5 的 C2 寄存器写入到 R2 指向的内存单元中。

(4) ARM 寄存器到协处理器寄存器的数据传送(MCR)

格式：MCR {cond} coproc,opcode1,CRd,CRn,CRm(,opcode2)。

功能：MCR 指令用于将 ARM 寄存器的数据送到协处理器寄存器。

举例：MCR P5,2,R7,C1,C2;

(5) 协处理器寄存器到 ARM 寄存器的数据传送(MRC)

格式：MRC {cond} coproc,opcode1,CRd,CRn,CRm(,opcode2)。

功能：MRC 指令用于将协处理器寄存器的数据送到寄存器 ARM。

举例：MRC P5,2,R7,C1,C2;

6) 异常产生指令

常见的是软中断指令(SWI)。

格式：SWI{cond} immde_24。

功能：SWI 指令用于产生软件中断,以便用户程序能调用操作系统的系统例程。操作系统在 SWI 的异常处理程序中提供相应的系统服务,指令中 24 位的立即数指定用户程序调用系统例程的类型,相关参数通过通用寄存器传递,当指令中 24 位的立即数被忽略时,用户程序调用系统例程的类型由通用寄存器 R0 的内容决定,同时,参数通过其他通用寄存器传递。

举例：SWI 0x12　　　　;该指令调用操作系统编号位 12 的系统例程

# 2.2　S3C2410X控制器简介

本书使用的硬件平台是北京博创公司的UP-NETARM2410开发板，开发板的中央处理器是S3C2410X。S3C2410X是一款由韩国三星公司为手持设备设计的低功耗、高集成度的微控制器。

## 2.2.1　S3C2410X内部结构

S3C2410X是一款基于ARM920T内核的16/32位RISC嵌入式微处理器，运行频率是203MHz。

ARM920T内核主要由ARM9TDMI、存储管理单元(MMU)和高速缓存三部分组成。其中，高速缓存由独立的16KB地址高速Cache和16KB数据高速Cache组成。ARM920T有两个内部协处理器：CP14和CP15。CP14用于调试，CP15用于存储系统控制及测试控制。

S3C2410X为了降低系统总成本，增加了丰富的外围资源，芯片内部结构框图如图2.4所示。

S3C2410X集成的资源主要包括以下几种。

(1) 1个LCD控制(支持STN和TFT带有触摸屏的液晶显示屏)。

(2) SDRAM控制器。

(3) 4个通道(都带外部请求线)的DMA。

(4) 3个通道的UART。

(5) 4个具有PWM功能的计时器和1个内部时钟。

(6) 8个通道10位ADC和触摸屏接口。

(7) 一个多主IIC总线，一个IIS总线控制器。

(8) 2个USB主机接口，1个USB设备接口。

(9) 2个SPI接口。

(10) SD接口和MMC卡接口。

(11) 看门狗定时器。

(12) 117位通用IO口和24位外部中断源。

S3C2410X在日钟方面也有突出的特点，它集成了一个具有日历功能的RTC和具有PLL(MPLL和UPLL)的芯片时钟发生器。MPLL产生主时钟，能够使处理器工作频率最高达到203MHz。这个工作频率能够使处理器轻松支持Windows CE、Linux等多种嵌入式操作系统，以及进行较为复杂的信息处理。UPLL产生实现主从USB功能的时钟。

S3C2410X将系统存储空间分为8个组(bank)，每个组的寻址空间为128MB，总共1GB。其中，前面6个组的起始地址是固定不变的，这6个组主要用于ROM和SRAM；后两个组的起始地址可以通过编程进行调整，这两个组主要用于ROM、SRAM和SDRAM。S3C2410X利用nGCS0～nGCS7共8个通用片选信号来选择这8个组。

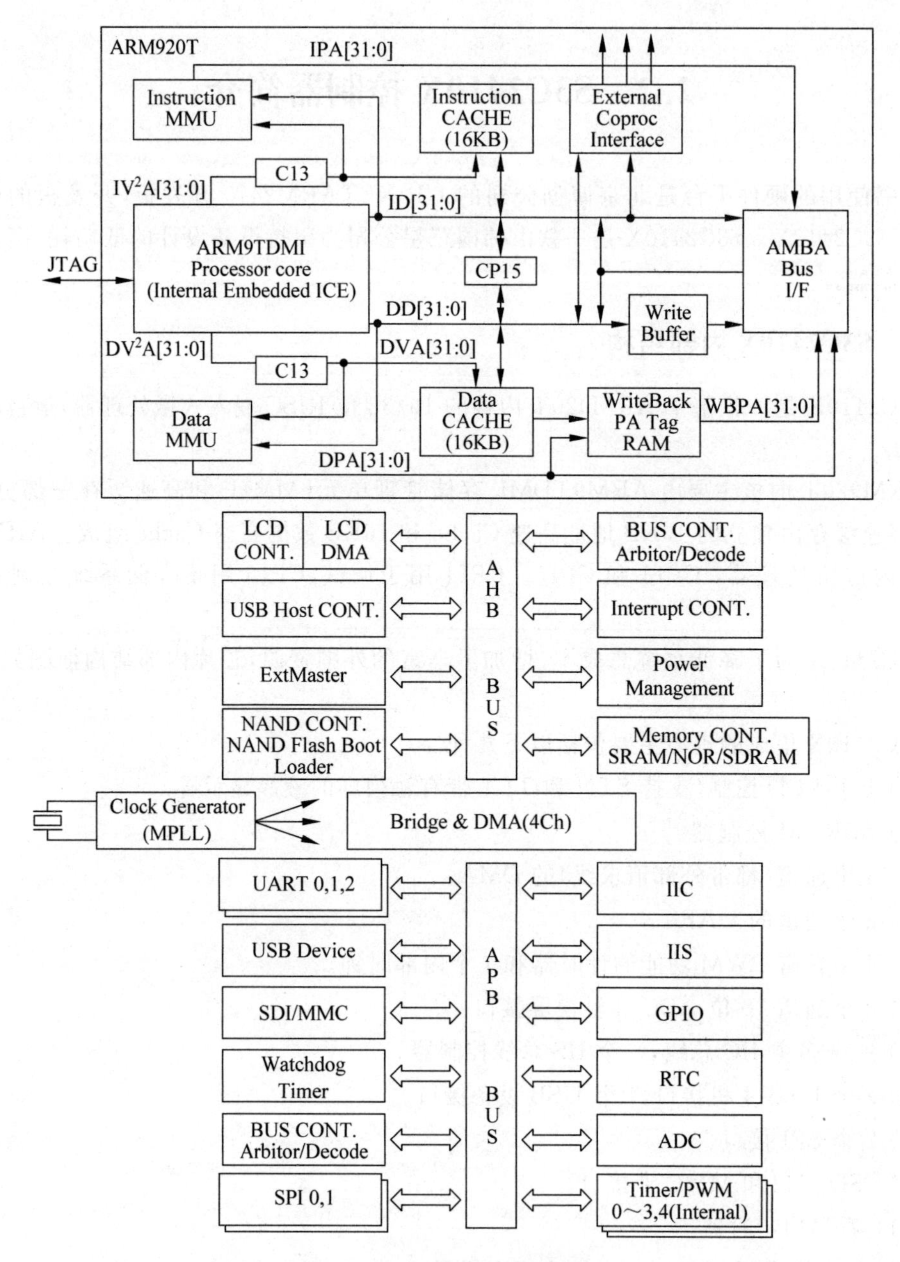


**图 2.4　S3C2410X 的结构框图**

S3C2410X 支持三种启动方式，具体的启动方式是由 OM[1:0]两个引脚决定的。OM[1:0]的具体含义如下。

当 OM[1:0]=00 时，处理器从 NAND Flash 启动；

当 OM[1:0]=01 时，处理器从 16 位宽的 ROM 启动；

当 OM[1:0]=10 时，处理器从 32 位宽的 ROM 启动，如 NOR Flash。

S3C2410X 对于片内的各个部件采用了独立的电源供给方式。内核采用 1.8V 供电；存储单元采用 3.3V 独立供电；I/O 也采用独立 3.3V 供电。

### 2.2.2 存储控制器

有些微处理器内部会集成 SDRAM，但 S3C2410X 内部没有，它可以通过内部的存储控制器来外接 SDRAM。外接 SDRAM 的电路设计会在 2.3 节进行介绍。

寄存器的状态会决定硬件如何工作，所以控制某个硬件，一定要熟悉每个相关寄存器。寄存器分为控制寄存器、数据寄存器和状态寄存器。本节后面的内容将列出 S3C2410X 处理器的一些寄存器，读者了解这些寄存器的内容后，就可以阅读并编写引导程序和驱动程序。

S3C2410X 的存储控制器为访问外部存储器，共设计了 13 个寄存器，如表 2.9 所示。

**表 2.9 存储控制器**

| 寄存器 | 地址 | R/W | 描述 | 复位的值 |
|---|---|---|---|---|
| BWSCON | 0x48000000 | R/W | 总线带宽和等待状态控制寄存器 | 0x000000 |
| BANKCON0 | 0x48000004 | R/W | bank0 控制寄存器 | 0x0700 |
| BANKCON1 | 0x48000008 | R/W | bank1 控制寄存器 | 0x0700 |
| BANKCON2 | 0x4800000C | R/W | bank2 控制寄存器 | 0x0700 |
| BANKCON3 | 0x48000010 | R/W | bank3 控制寄存器 | 0x0700 |
| BANKCON4 | 0x48000014 | R/W | bank4 控制寄存器 | 0x0700 |
| BANKCON5 | 0x48000018 | R/W | bank5 控制寄存器 | 0x0700 |
| BANKCON6 | 0x4800001C | R/W | bank6 控制寄存器 | 0x18008 |
| BANKCON7 | 0x48000020 | R/W | bank7 控制寄存器 | 0x18008 |
| REFRESH | 0x48000024 | R/W | SDRAM 刷新控制寄存器 | 0xac0000 |
| BANKSIZE | 0x48000028 | R/W | 可变的 blank 大小寄存器 | 0x0 |
| MRSRB6 | 0x4800002C | R/W | bank6 模式设置寄存器 | xxx |
| MRSRB7 | 0x48000030 | R/W | bank7 模式设置寄存器 | xxx |

1. 总线带宽和等待状态控制寄存器(BWSCON)

BWSCON 各位的定义如表 2.10 所示。

**表 2.10 BWSCON 各位的定义**

| BWSCON | 位 | 描述 | 初始状态 |
|---|---|---|---|
| ST7 | [31] | 决定 SRAM 在使用 bank7 时，是否使用 UB/LB<br>0=不使用 UB/LB(引脚与 nWBE[3:0]相连)<br>1=使用 UB/LB(引脚与 nBE[3:0]相连) | 0 |
| WS7 | [30] | 决定 bank7 的 WAIT 状态<br>0=WAIT 禁止；1=WAIT 使能 | 0 |
| DW7 | [29:28] | 决定 bank7 的数据总线宽度<br>00=8 位；01=16 位；10=32 位；11=保留 | 0 |
| ST6 | [27] | 决定 SRAM 在使用 bank6 时，是否使用 UB/LB<br>0=不使用 UB/LB(引脚与 nWBE[3:0]相连)<br>1=使用 UB/LB(引脚与 nBE[3:0]相连) | 0 |
| WS6 | [26] | 决定 bank6 的 WAIT 状态<br>0=WAIT 禁止；1=WAIT 使能 | 0 |

续表

| BWSCON | 位 | 描　述 | 初始状态 |
| --- | --- | --- | --- |
| DW6 | [25:24] | 决定bank6的数据总线宽度<br>00=8位；01=16位；10=32位；11=保留 | 0 |
| ST5 | [23] | 决定SRAM在使用bank5时，是否使用UB/LB<br>0=不使用UB/LB(引脚与nWBE[3:0]相连)<br>1=使用UB/LB(引脚与nBE[3:0]相连) | 0 |
| WS5 | [22] | 决定bank5的WAIT状态<br>0=WAIT禁止；1=WAIT使能 | 0 |
| DW5 | [21:20] | 决定bank5的数据总线宽度<br>00=8位；01=16位；10=32位；11=保留 | 0 |
| ST4 | [19] | 决定SRAM在使用bank4时，是否使用UB/LB<br>0=不使用UB/LB(引脚与nWBE[3:0]相连)<br>1=使用UB/LB(引脚与nBE[3:0]相连) | 0 |
| WS4 | [18] | 决定bank4的WAIT状态<br>0=WAIT禁止；1=WAIT使能 | 0 |
| DW4 | [17:16] | 决定bank4的数据总线宽度<br>00=8位；01=16位；10=32位；11=保留 | 0 |
| ST3 | [15] | 决定SRAM在使用bank3时，是否使用UB/LB<br>0=不使用UB/LB(引脚与nWBE[3:0]相连)<br>1=使用UB/LB(引脚与nBE[3:0]相连) | 0 |
| WS3 | [14] | 决定bank3的WAIT状态<br>0=WAIT禁止；1=WAIT使能 | 0 |
| DW3 | [13:12] | 决定bank3的数据总线宽度<br>00=8位；01=16位；10=32位；11=保留 | 0 |
| ST2 | [11] | 决定SRAM在使用bank2时，是否使用UB/LB<br>0=不使用UB/LB(引脚与nWBE[3:0]相连)<br>1=使用UB/LB(引脚与nBE[3:0]相连) | 0 |
| WS2 | [10] | 决定bank2的WAIT状态<br>0=WAIT禁止；1=WAIT使能 | 0 |
| DW2 | [9:8] | 决定bank2的数据总线宽度<br>00=8位；01=16位；10=32位；11=保留 | 0 |
| ST1 | [7] | 决定SRAM在使用bank1时，是否使用UB/LB<br>0=不使用UB/LB(引脚与nWBE[3:0]相连)<br>1=使用UB/LB(引脚与nBE[3:0]相连) | 0 |
| WS1 | [6] | 决定bank1的WAIT状态<br>0=WAIT禁止；1=WAIT使能 | 0 |
| DW1 | [5:4] | 决定bank1的数据总线宽度<br>00=8位；01=16位；10=32位；11=保留 | 0 |
| DW0 | [2:1] | 决定bank0的数据总线宽度(只读)<br>00=8位；01=16位；由OM[1:0]引脚决定状态 | — |
| Reserved | [0] |  | — |

**说明**：BWSCON 里所有类型的主时钟都对应总线时钟。例如，SRAM 里的 HCLK 和 SDRAM 的 SCLK 的时钟与总线时钟一致。

bBE[3:0]是信号 nWBE[3:0]与 nOE 进行“与”操作之后的信号。

2. 总线控制寄存器(BANKCONn：nGCS0-nGCS5)

BANKCONn：nGCS0-nGCS5 各位的定义如表 2.11 所示。

**表 2.11　BANKCONn：nGCS0-nGCS5 各位的定义**

| BANKCONn | 位 | 描　述 | 初始状态 |
| --- | --- | --- | --- |
| Tacs | [14:13] | 在 nGCSn 有效前，地址的建立的时间<br>00=0clock 01=1clock 10=2clocks 11=4clocks | 00 |
| Tcos | [12:11] | 在 nOE 有效前，片选的建立时间<br>00=0clock 01=1clock 10=2clocks 11=4clocks | 00 |
| Tacc | [10:8] | 访问周期<br>000=0clock 001=2clocks 010=3clocks 011=4clocks<br>100=6clocks 101=8clocks 110=10clocks 111=14clocks | 111 |
| Tcoh | [7:6] | nOE 有效前，片选的保持时间<br>00=0clock 01=1clock 10=2clocks 11=4clocks | 00 |
| Tcah | [5:4] | 在 nGCSn 有效前，地址的保持的时间<br>00=0clock 01=1clock 10=2clocks 11=4clocks | 00 |
| Tacp | [3:2] | Page 模式的访问周期<br>00=2clock 01=3clocks 10=4clocks 11=6clocks | 00 |
| MPC | [1:0] | Page 模式配置<br>00=正常(1data)01=4data 10=8data 11=16data | 00 |

3. 总线控制寄存器(BANKCONn：nGCS6-nGCS7)

BANKCONn：nGCS6-nGCS7 各位的定义如表 2.12 所示。

**表 2.12　BANKCONn：nGCS6-nGCS7 各位的定义**

| BANKCONn | 位 | 描　述 | 初始状态 |
| --- | --- | --- | --- |
| MT | [16:15] | 决定 bank6 和 bank7 的存储类型<br>00=ROM 或 SRAM 01=保留 10=保留 11=Sync. DRAM | 11 |
| 当 MT=00 时，[14:0]位的定义与 BANKCON0-BANKCON5 的[14:0]位定义相同<br>当 MT=11 时，[14:0]位的定义与 BANKCON0-BANKCON5 的[14:4]位定义相同，[3:0]有所变化，变化如下： | | | |
| Trcp | [3:2] | RAS 到 CAS 延迟<br>00=2clocks 01=3clocks 10=4clocks | 00 |
| MPC | [1:0] | 列地址位数<br>00=8bit 01=9bit 10=10bit | 00 |

4. 刷新控制寄存器(REFRESH)

REFRESH 的位定义如表 2.13 所示。

**表 2.13 REFRESH 的位定义**

| REFRESH | 位 | 描 述 | 初始状态 |
|---|---|---|---|
| REFEN | [23] | SDRAM 刷新使能<br>0=禁止 1=使能(自我/自动刷新) | 1 |
| TREFMD | [22] | SDRAM 刷新<br>0=自动刷新 1=自我刷新<br>在自我刷新模式下,SDRAM 控制信号被置于适当的电平 | 0 |
| Trp | [21:20] | SDRAMRAS 预充电时间<br>00=2clocks 01=3clocks 10=4clocks 11=不支持 | 10 |
| Tsrc | [19:18] | SDRAM 半行周期时间<br>00=4clocks 01=5clocks 10=6clocks 11=7clocks<br>SDRAM 的行周期时间(Trc)=Tsrc+Trp | 11 |
| Reserved | [17:16] | 不使用 | 00 |
| Reserved | [15:11] | 不使用 | 0000 |
| Refresh Counter | [10:0] | SDRAM 刷新计数器值<br>刷新周期=($2^{11}$-刷新计数器值+1)/HCLK | 0 |

5. BANKSIZE 寄存器

BANKSIZE 的位定义如表 2.14 所示。

**表 2.14 BANKSIZE 的位定义**

| BANKSIZE | 位 | 描 述 | 初始状态 |
|---|---|---|---|
| BURST_EN | [7] | ARM 内核 burst 使能<br>0=禁止 1=使能 | 0 |
| Reserved | [6] | 不使用 | 0 |
| SCKE_EN | [5] | SDRAM SCKE 使能<br>0=禁止 1=使能 | 0 |
| SCLK_EN | [4] | 只有在 SDRAM 访问周期期间,SCLK 才使能,这样可以减少功耗,当 SDRAM 不被访问时,SCLK 为低电平<br>0=SCLK 总是激活<br>1=SCLK 只有在访问期间激活 | 0 |
| Reserved | [3] | 不使用 | 0 |
| BK76MAP | [2:0] | bank6/7 的存储空间分布<br>010=128MB/128MB 001=64MB/64MB 000=32M/32M<br>111=16B/16M 110=8M/16M 101=4M/4M 100=2M/2M | 010 |

6. MRSR 寄存器

MRSR 的位定义如表 2.15 所示。

**表 2.15 MRSR 的位定义**

| MRSR | 位 | 描 述 | 初始状态 |
|---|---|---|---|
| Reserved | [11:10] | 不使用 | — |
| WBL | [9] | 猝发(burst)写的长度<br>0: burst 1: 保留 | × |

续表

| MRSR | 位 | 描　　述 | 初始状态 |
|---|---|---|---|
| TM | [8:7] | 测试模式<br>00：模式寄存器集（固定的）01,10,11：保留 | ×× |
| CL | [6:4] | CAS 反应时间<br>000＝1clock,010＝ 2clocks 011＝3clocks 其他：保留 | ××× |
| BT | [3] | burst 类型<br>0：连续的（固定的）<br>1：保留的 | × |
| BL | [2:0] | burst 时间<br>000：1（固定的）<br>其他：保留 | ××× |

注："—"表示需根据具体应用来确定各位的初始状态值；"×"表示初始状态可以是任意值。

### 2.2.3　NAND Flash 控制器

1. NAND Flash 控制器的结构

NAND Flash 控制器的结构框图如图 2.5 所示。

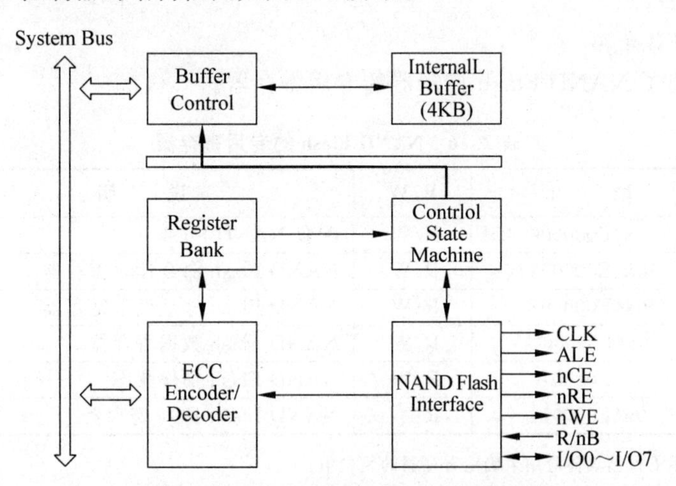


图 2.5　NAND Flash 控制器的结构框图

2. NAND Flash 控制器自动引导模式

S3C2410X 支持 NAND Flash 启动，因为 S3C2410X 的 NAND Flash 控制器中有个叫 Steppingstone 的内部 SRAM 缓冲器（4KB），并且支持自动引导模式。自动引导模式的流程如图 2.6 所示，具体流程如下。

（1）当系统复位后。如果自动引导模式使能（OM[1:0]＝00），系统会自动将 NAND Flash 的前 4KB（Bootloader 的第一阶段程序）复制到 Steppingstone 中。

（2）将 Steppingstone 映射到 nGCS0。

（3）CPU 从 Steppingstone 中开始执行程序，这段程序的功能是将 NAND Flash 中 Bootloader 的第二阶段程序复制到 SDRAM 中，然后再跳转到 SDRAM 中执行引导程序的第二阶段代码。

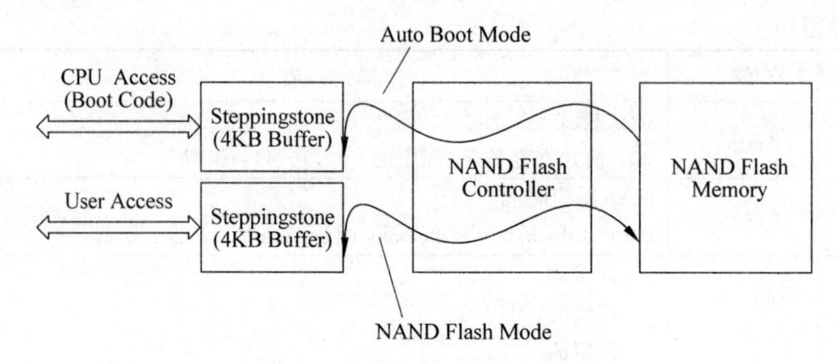


图 2.6　NAND Flash 启动流程

3. NAND Flash 模式

NAND Flash 模式的配置过程如下。

(1) 配置 NFCONF 寄存器,设置 NAND Flash 的配置。

(2) 配置 NFCMD 寄存器,选择命令。

(3) 配置 NFADDR 寄存器,设置 NAND Flash 的地址。

(4) 检查 NFSTAT 寄存器,确定 NAND Flash 的状态。在读操作之前或写操作之后应该检查 R/nB 信号。

4. 专用寄存器介绍

表 2.16 列出了 NAND Flash 控制器的专用寄存器。

表 2.16　NAND Flash 的专用寄存器

| 寄存器 | 地址 | R/W | 说明 | 复位值 |
|---|---|---|---|---|
| NFCON | 0x4E000000 | R/W | 配置 NAND Flash | —— |
| NFCMD | 0x4E000004 | R/W | NAND Flash 命令设置寄存器 | —— |
| NFADDR | 0x4E000008 | R/W | NAND Flash 地址设置寄存器 | —— |
| NFDATA | 0x4E00000C | R/W | NAND Flash 数据寄存器 | —— |
| NFSTAT | 0x4E000010 | R/W | NAND Flash 操作状态 | —— |
| NFECC | 0x4E000014 | R | NAND Flash ECC 寄存器 | —— |

注:"——"表示需根据具体应用来确定寄存器的复位值。

1) NFCON 配置寄存器

NFCON 配置寄存器各位的定义如下。

位[15]Enable/Disable。NAND Flash 控制器使能,0=禁止,1=使能。复位后,该位自动清零,访问 NAND Flash 时,使该位置 1。

位[14:13]保留位。

位[12]ECC 初始化。0=不初始化 ECC,1=初始化 ECC,S3C2410X 只支持 512B 的 ECC 检测,所以每 512B 就需初始化 ECC。

位[11] NAND Flash 存储器芯片使能(nFCE)。0=NAND Flash nFCE 有效;1=NAND Flash nFCE 无效。

位[10:8] TACLS。CLE 和 ALE 持续时间设置值(0～7),持续时间=HLCK×(TACLS+1)。

位[7]保留位。

位[6:4] TWRPH0。TWRPH0 持续时间设置值(0～7),持续时间＝HLCK×(TWRPH0＋1)。

位[3]保留位。

位[2:0] TWRPH1。TWRPH1 持续时间设置值(0～7),持续时间＝HLCK×(TWRPH1＋1)。

2) NFCMD 命令设置寄存器

NFCMD 命令设置寄存器各位的定义如下。

位[15:8]保留位。

位[7:0]command。NAND Flash 存储器命令值。

3) NFADDR 地址设置寄存器

NFADDR 地址设置寄存器各位的定义如下。

位[15:8]保留位。

位[7:0]address。NAND Flash 存储器地址值。

4) NFDATA 数据寄存器

NFDATA 数据寄存器各位的定义如下。

位[15:8]保留位。

位[7:0]data。对 NAND Flash 进行读写数据值。

5) NFSTAT 操作状态寄存器

NFSTAT 操作状态寄存器各位的定义如下。

位[16:1]保留位。

位[0]RnB。NAND Flash 存储器就绪/忙状态,0＝忙,1＝就绪。

6) NFECC 纠错码寄存器

NFECC 纠错码寄存器各位的定义如下。

位[23:16] ECC2：纠错码 #2。

位[15:8] ECC1：纠错码 #1。

位[7:0]ECC0：纠错码 #0。

### 2.2.4　时钟和电源管理

S3C2410X 的主时钟由外部晶振或外部时钟提供,S3C2410X 拥有两个锁相环(PLL),一个用于 FCLK、HCLK 和 PCLK,另一个用于 USB 设备。

1. 时钟源选择

表 2.17 显示了模式控制引脚(OM3 和 OM2)与时钟源选择的关系。

**表 2.17　时钟源的选择**

| OM[3:2]模式 | MPLL 状态 | UPLL 状态 | 主时钟源 | USB 时钟源 |
|---|---|---|---|---|
| 00 | On | On | Crystal | Crystal |
| 01 | On | On | Crystal | EXTCLK |
| 10 | On | On | EXTCLK | Crystal |
| 11 | On | On | EXTCLK | EXTCLK |

2. 电源管理

S3C2410X 通过4种电源管理模式来有效地控制功耗。这4种模式分别是 Normal 模式、IDLE 模式、Slow 模式和 Power-off 模式。Normal 模式为所有的外设和一些基本的模块(如电源管理、CPU 等)提供时钟,所有的外设开启时,功耗最大,该模式可以通过软件断开提供给外设的时钟来降低功耗。IDLE 模式为断开提供给 CPU 的时钟,该模式下的任何中断都可以唤醒 CPU。Slow 模式为通过提供一个慢时钟来降低电源功耗。Power-off 模式为断开内部电源,只给内部的唤醒逻辑供电。激活 Power-off 模式需要两个电源:一个用于唤醒逻辑,另一个用于 CPU 和内部逻辑。在 Power-off 模式下,后一个电源关闭,从 Power-off 模式唤醒可以通过 EINT[15:0]和 RTC 控制。

4种模式之间的转化关系如图2.7所示。

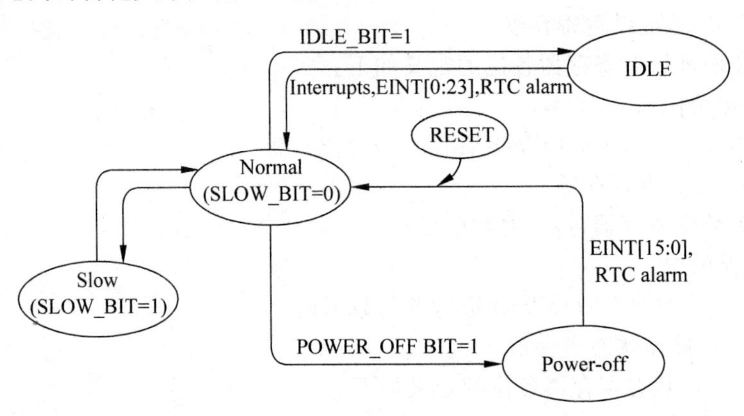


**图2.7　电源管理模式的转化**

嵌入式产品对功耗极为敏感,特别是对于手持设备。系统的功耗可以通过电源模式变化获得最好的控制,因此掌握处理器的电源模式转换是非常重要的。电源模式可以在手册上查找,其转换条件可以通过软件进行控制。

3. 时钟和电源管理寄存器

时钟和电源管理寄存器如表2.18所示。

**表2.18　时钟和电源管理寄存器**

| 寄存器 | 地址 | R/W | 描述 | 复位值 |
|---|---|---|---|---|
| LOCKTIME | 0x4C000000 | R/W | PLL 锁定时间寄存器 | 0x00FFFFF |
| MPLICON | 0x4C00004 | R/W | MPLL 配置寄存器:MDIV=[9:12],PDIV=[9:4],SDIV=[1:0] | 0x0005C080 |
| UPLLCON | 0x4C00008 | R/W | UPLL 配置寄存器,同上 | 0x00028080 |
| CLKCON | 0x4C0000C | R/W | 时钟信号生成控制寄存器 | 0x7FFF0 |
| CLKSLOW | 0x4C00010 | R/W | Slow 时钟控制寄存器 | 0x00000004 |
| CLKDIVN | 0x4C00014 | R/W | 分频控制寄存器 | 0x00000000 |

## 2.2.5　GPIO 端口

通用I/O接口(General Purpose I/O,GPIO)为处理器提供了可编程的输入、输出或者双向通信功能。所有的嵌入式处理器都包含 GPIO 端口,只是 GPIO 端口数量不同而已。

S3C2410X 共有 117 个具有复合功能的 I/O 口引脚，分为以下 8 个端口。

- Port A(GPA)：23 位 I/O 口。
- Port B(GPB)：11 位 I/O 口。
- Port C(GPC)：16 位 I/O 口。
- Port D(GPD)：16 位 I/O 口。
- Port E(GPE)：16 位 I/O 口。
- Port F(GPF)：8 位 I/O 口。
- Port G(GPG)：16 位 I/O 口。
- Port H(GPH)：11 位 I/O 口。

(1) 端口 A 寄存器，如表 2.19 所示。

**表 2.19　端口 A 寄存器**

| 寄存器 | 地址 | R/W | 描述 | 复位值 |
|---|---|---|---|---|
| GPACON | 0x56000000 | R/W | Port A 引脚配置 | 0x7FFFFF |
| GPADAT | 0x56000004 | R/W | Port A 数据寄存器 | 未定义 |
| Reserved | 0x56000008 | — | 保留 | 未定义 |
| Reserved | 0x5600000C | — | 保留 | 未定义 |

(2) 端口 B 寄存器，如表 2.20 所示。

**表 2.20　端口 B 寄存器**

| 寄存器 | 地址 | R/W | 描述 | 复位值 |
|---|---|---|---|---|
| GPBCON | 0x56000010 | R/W | Port B 引脚配置 | 0x0 |
| GPBDAT | 0x56000014 | R/W | Port B 数据寄存器 | 未定义 |
| GPBUP | 0x56000018 | R/W | 禁止 Port B 上拉 | 0x0 |
| Reserved | 0x5600001C | — | 保留 | 未定义 |

(3) 端口 C 寄存器，如表 2.21 所示。

**表 2.21　端口 C 寄存器**

| 寄存器 | 地址 | R/W | 描述 | 复位值 |
|---|---|---|---|---|
| GPCCON | 0x56000020 | R/W | Port C 引脚配置 | 0x0 |
| GPCDAT | 0x56000024 | R/W | Port C 数据寄存器 | 未定义 |
| GPCUP | 0x56000028 | R/W | 禁止 Port C 上拉 | 0x0 |
| Reserved | 0x5600002C | — | 保留 | 未定义 |

(4) 端口 D 寄存器，如表 2.22 所示。

**表 2.22　端口 D 寄存器**

| 寄存器 | 地址 | R/W | 描述 | 复位值 |
|---|---|---|---|---|
| GPDCON | 0x56000030 | R/W | Port D 引脚配置 | 0x0 |
| GPDDAT | 0x56000034 | R/W | Port D 数据寄存器 | 未定义 |
| GPDUP | 0x56000038 | R/W | 禁止 Port D 上拉 | 0xF000 |
| Reserved | 0x5600003C | — | 保留 | 未定义 |

(5) 端口E寄存器,如表2.23所示。

**表2.23　端口E寄存器**

| 寄存器 | 地址 | R/W | 描述 | 复位值 |
|---|---|---|---|---|
| GPECON | 0x56000040 | R/W | Port E引脚配置 | 0x0 |
| GPEDAT | 0x56000044 | R/W | Port E数据寄存器 | 未定义 |
| GPEUP | 0x56000048 | R/W | 禁止Port E上拉 | 0x0 |
| Reserved | 0x5600004C | — | 保留 | 未定义 |

(6) 端口F寄存器,如表2.24所示。

**表2.24　端口F寄存器**

| 寄存器 | 地址 | R/W | 描述 | 复位值 |
|---|---|---|---|---|
| GPFCON | 0x56000050 | R/W | Port F引脚配置 | 0x0 |
| GPFDAT | 0x56000054 | R/W | Port F数据寄存器 | 未定义 |
| GPFUP | 0x56000058 | R/W | 禁止Port F上拉 | 0x0 |
| Reserved | 0x5600005C | — | 保留 | 未定义 |

(7) 端口G寄存器,如表2.25所示。

**表2.25　端口G寄存器**

| 寄存器 | 地址 | R/W | 描述 | 复位值 |
|---|---|---|---|---|
| GPGCON | 0x56000060 | R/W | Port G引脚配置 | 0x0 |
| GPGDAT | 0x56000064 | R/W | Port G数据寄存器 | 未定义 |
| GPGUP | 0x56000068 | R/W | 禁止Port G上拉 | 0xF800 |
| Reserved | 0x5600006C | — | 保留 | 未定义 |

(8) 端口H寄存器,如表2.26所示。

**表2.26　端口H寄存器**

| 寄存器 | 地址 | R/W | 描述 | 复位值 |
|---|---|---|---|---|
| GPHCON | 0x56000070 | R/W | Port H引脚配置 | 0x0 |
| GPHDAT | 0x56000074 | R/W | Port H数据寄存器 | 未定义 |
| GPHUP | 0x56000078 | R/W | 禁止Port H上拉 | 0x0 |
| Reserved | 0x5600007C | — | 保留 | 未定义 |

### 2.2.6　ADC和触摸屏接口

S3C2410X内置了一个8个通道10位A/D转换器,并集成了一个4线电阻式触摸屏控制接口。

1. ADC和触摸屏的结构

S3C2410X的ADC和触摸屏接口的框图如图2.8所示。nYPON,YMON,nXPON和

XMON 是触摸屏接口的控制和选择信号；AIN[8:0]是 8 通道 AD 输入；INT_ADC 是 AD 控制器的中断信号；INT_TC 是触摸屏的中断信号。

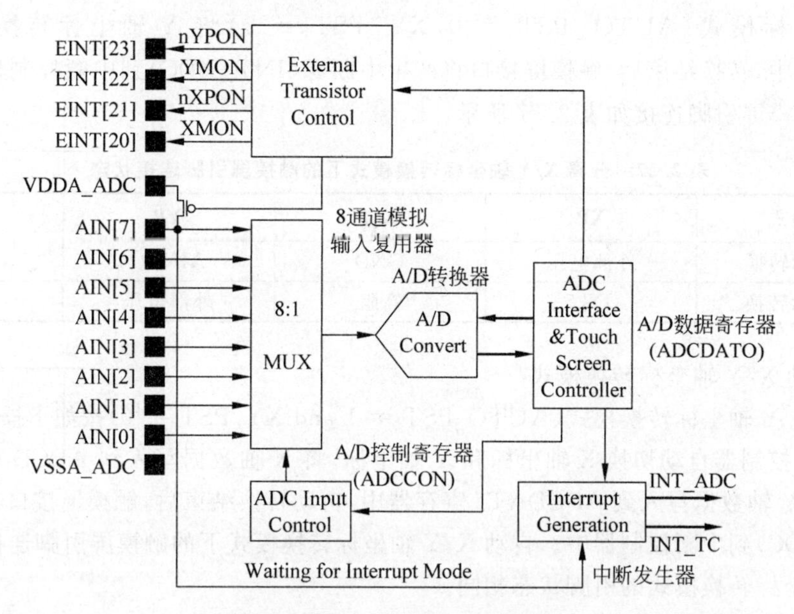


**图 2.8　ADC 和触摸屏接口结构框图**

2. ADC 的主要指标

该 ADC 的主要指标如下。

分辨率：10 位。

微分线性误差：±1.5LSB。

积分线性误差：±2.0LSB。

最大转换速率：500 千符号每秒(Kilo-Symbols Per Second，KSPS)。

输入电源范围：0～3.3V。

A/D 转换时间的计算方法是：当 PCLK 频率为 50MHz，预分频器的值是 49，那么 10 位的转换时间的计算方法如下。

A/D 转换频率＝50MHz/(49＋1)＝ 1MHz

转换时间＝1/(1MHz/5 周期)＝1/120kHz＝5μs

3. 触摸屏接口模式

触摸屏有 5 种接口模式：普通转换、分离 X/Y 轴坐标转换、自动(连续)X/Y 轴坐标转换、等待中断和静态等模式。

1) 普通转换模式

普通转换模式(AUTO_PST ＝ 0，XY_PST ＝ 0)一般用于常规情况下的 ADC 转换。这个模式可以通过设置 ADCCON 和 ADCTSC 来进行 A/D 转换的初始化；最后读取 ADCDAT0 的数据来获取转换结果。

2) 分离 X/Y 轴坐标转换模式

该模式由两个转换模式组成：X 轴坐标模式和 Y 轴坐标模式。

X轴坐标模式(AUTO_PST = 0,XY_PST = 1)将X轴坐标转换值写入到ADCDAT0中,转换结束后,触摸屏接口将产生中断源(INT_ADC)到中断控制器中。

Y轴坐标模式(AUTO_PST = 0,XY_PST = 2)将Y轴坐标转换值写入到ADCDAT0中,转换结束后,触摸屏接口将产生中断源(INT_ADC)到中断控制器中。在该模式下的触摸屏引脚连接如表2.27所示。

**表2.27　分离X/Y轴坐标转换模式下的触摸屏引脚连接状态**

| 转换模式 | XP | XM | YP | YM |
|---|---|---|---|---|
| X轴坐标转换 | 外部电压 | GND | AIN[5] | 高阻 |
| Y轴坐标转换 | AIN[7] | 高阻 | 外部电压 | GND |

3) 自动X/Y轴坐标转换模式

自动X/Y轴坐标转换模式(AUTO_PST = 1 and XY_PST = 0)按如下操作。

触摸屏控制器自动切换X轴坐标和Y轴坐标,将X轴数据写入到ADCDAT0寄存器中,同时将Y轴数据写入到ADCDAT1寄存器中,自动转换结束后,触摸屏接口将产生中断源(INT_ADC)到中断控制器中。自动X/Y轴坐标转换模式下的触摸屏引脚连接状态与分离X/Y轴坐标转换模式的引脚状态相同。

4) 等待中断模式

处于该模式下,实际上是在等待触摸笔的点击。当点击到触摸屏上时,控制器产生中断信号(INC_TC),在中断发生后,可以通过适当的转换模式(分离或自动X/Y轴坐标转换模式)来读取X和Y轴的值。在该模式下的触摸屏引脚连接如表2.28所示。

**表2.28　等待中断模式下的触摸屏引脚连接状态**

| XP | XM | YP | YM |
|---|---|---|---|
| 上拉 | 高阻 | AIN[5] | GND |

5) 静态(standby)模式

当ADCCON寄存器的STDBM位等于1时,standby模式被激活。在该模式下,A/D转换操作停止。ADCDAT0中的值和ADCDAT1中的值保持转换前的值。

4. ADC和触摸屏接口寄存器

ADC和触摸屏接口寄存器如表2.29所示。

**表2.29　ADC和触摸屏接口寄存器**

| 寄存器 | 地址 | R/W | 描述 | 复位值 |
|---|---|---|---|---|
| ADCCON | 0x58000000 | R/W | ADC控制寄存器 | 0x3FC4 |
| ADCTSC | 0x58000004 | R/W | ADC触摸屏控制寄存器 | 0x058 |
| ADCDLY | 0x58000008 | R/W | ADC启动或间隔延迟时设置寄存器 | 0x00FF |
| ADCDAT0 | 0x5800000C | R | ADC转换寄存器 | |
| ADCDAT1 | 0x58000010 | R | ADC转换寄存器 | |

续表

| 寄 存 器 | 地 址 | R/W | 描 述 | 复 位 值 |
| --- | --- | --- | --- | --- |
| ADCCON | ECFLG | [15] | 0=A/D 转换进行中<br>1=A/D 转换结束 | 0 |
| | PRSCEN | [14] | A/D 转换器预分频器使能<br>0=禁止<br>1=使能 | 0 |
| | PRSCVL | [13:6] | A/D 转换器预分频器值<br>数据值：1～255<br>注意：当预分频器的值为 N,除数实际上是 N+1 | 0xFF |
| | SEL_MUX | [5:3] | 模拟输入信道选择<br>000=AIN0 001=AIN1 010=AIN2 011=AIN3 100=AIN4 101=AIN5 110=AIN6 111=AIN7(XP) | 0 |
| | STDBM | [2] | Standby 模式选择<br>0=普通模式 1=Standby 模式 | 1 |
| | READ_START | [1] | 通过读取来启动 A/D 转换<br>0=禁止读取来启动 A/D 转换<br>1=使能读取来启动 A/D 转换 | 0 |
| | ENABLE_START | [0] | 通过设置该位来启动 A/D 转换，如果是通过读取来启动 A/D 转换，则该位无效<br>0=无操作<br>1= 启动 A/D 转换，启动后该位置零 | 0 |
| ADCTSC | Reserved | [8] | 该位应该为 0 | 0 |
| | YM_SEN | [7] | 选择 YMON 的输出值<br>0=YMON 输出值为 0(YM=高阻)<br>1=YMON 输出值为 1(YM=GND) | 0 |
| | YP_SEN | [6] | 选择 nYPON 的输出值<br>0=nYPON 输出值为 0(YP=外部电压)<br>1=nYPON 输出值为 1(Yp 与 AIN[7]相连) | 1 |
| | XM_SEN | [5] | 选择 XMON 的输出值<br>0=XMON 输出值为 0(XM=高阻)<br>1=XMON 输出值为 1(XM=GND) | 0 |
| | XP_SEN | [4] | 选择 nXPON 的输出值<br>0=nXPON 输出值为 0(XP=外部电压)<br>1=nXPON 输出值为 1(Xp 与 AIN[7]相连) | 1 |
| | PULL_UP | [3] | 上拉开关使能<br>0=XP 上拉使能<br>1=XP 上拉禁止 | 1 |
| | AUTO_PST | [2] | 自动(连续)X/Y 轴坐标转换<br>0=普通 ADC 转换<br>1=自动(连续)X/Y 轴坐标转换 | 0 |
| | XY_PST | [1:0] | 手动测量 X 轴/Y 轴坐标<br>00=无操作模式 01=对 X 轴坐标测量<br>10=对 Y 轴坐标测量 11=等待中断模式 | 0 |

续表

| 寄存器 | 地址 | R/W | 描述 | 复位值 |
|---|---|---|---|---|
| ADCDLY | DELAY | [15:0] | ① 普通转化模式、分离X/Y轴坐标转换模式、自动(连续)X/Y轴坐标转换模式<br>② 等待中断模式<br>在触笔点击发生时，这个寄存器在几个ms的时间间隔为自动X/Y轴坐标转换产生中断信号(INT_TC)<br>注意：不能使用0(0x0000) | 00FF |
| ADCDAT0<br>或ADCDAT1 | XY_PST | [13:12] | 手动测量X/Y轴坐标<br>00=无操作模式 01=对X轴坐标测量<br>10=对Y轴坐标测量 11=等待中断模式 | — |
| | Rrserved | [11:10] | 保留 | — |
| ADCDAT0 | XPDATA<br>(Normal ADC) | [9:0] | X轴坐标转换数据值(普通转换下ADC转换数据值)<br>数据值范围：0～3FF | — |
| | YPDATA<br>(Normal ADC) | [9:0] | Y轴坐标转换数据值(普通转换下ADC转换数据值)<br>数据值范围：0～3FF | — |

## 2.2.7 PWM定时器

PWM脉冲宽度调制定时器(Pulse Width Modulation)，简称脉宽调制。

S3C2410X有5个16位定时器。其中定时器0、1、2、3有脉宽调制功能。定时器4有一个内部定时器而没有输出引脚。定时器0有一个死区发生器，用于大电流器件。

定时器0和1共享一个8位预定标器，定时器2、3和4共享另一个8位预定标器。每个定时器都有5种不同值的时钟分割器(1/2,1/4,1/8,1/16和TCLK)。其中，每个定时器从时钟分割器接收时钟信号，而时钟分割器从响应的预定标器接收时钟信号。8位预定标器是可编程的，它根据TCFG0和TCFG1中的数值分割PCLK。

1. 预定标器和分割器

一个8位预定标器和一个4位分割器作用下的输出频率，如表2.30所示。

**表2.30　预定标器和分割器**

| 4位分割器的设置 | 最低分解力<br>(预定标器=0) | 最高分解力<br>(预定标器=255) | 最大间隔时间<br>(TCNTBn=65535) |
|---|---|---|---|
| 1/2(PCLK=66.5MHz) | 0.0300μs<br>(33.2500MHz) | 7.6992μs<br>(129.8828kHz) | 0.5045s |
| 1/4(PCLK同上) | 0.0601μs<br>(16.6250MHz) | 15.3984μs<br>(64.9414kHz) | 1.0091s |
| 1/8(PCLK同上) | 0.1203μs<br>(8.3125MHz) | 30.7968μs<br>(32.4707kHz) | 2.0182s |
| 1/16(PCLK同上) | 0.2406μs<br>(4.1562MHz) | 61.5936μs<br>(16.2353kHz) | 4.0365s |

2. 自动加载和双缓冲模式

脉宽调制定时器有一个双缓冲功能，在这种情况下，改变下次加载值的同时不影响当前定时周期。因此，尽管设置一个新的定时器值，当前定时器的操作将会继续完成而不受影响。

定时器的值可以写入定时器计数值缓冲寄存器(TCNTBn)中，而当前计数器的值可以通过读定时器计数值观测寄存器(TCNTOn)得到。

当TCNTn的值为0时，自动加载操作复制TCNTBn的值到TCNTn中。但若自动加载模式没有使能，TCNT0将不进行任何操作。

3. 定时器

PWM定时器能在任何时间产生一个DMA请求。定时器保持DMA请求信号(nDMA_REQ)为低直到定时器接收到ACK信号。当定时器接收到ACK信号时，定时器将使请求信号无效。产生DMA请求的定时器由设置DMA模式位(TCFG1)决定。如果一个定时器配置成DMA请求模式，则此定时器将不能产生中断请求，而其他定时器将正常产生中断请求。

PWM定时器专用寄存器包含如下寄存器。

(1) 定时器配置寄存器包括TCFG0和TCFG1，如表2.31所示。

定时器输入时钟频率＝PCLK/{预定标器的值＋1}/分割器值，预定标器值为0～255。

**表2.31　定时器配置寄存器**

| 寄存器名称 | 地　址 | R/W | 描　述 | 初始值 |
|---|---|---|---|---|
| TCFG0 | 0X51000000 | R/W | 配置2个8位预定标器 | 0x0 |
| TCFG1 | 0X51000004 | R/W | 分割器和DMA模式选择寄存器 | 0x0 |

(2) 定时器控制寄存器(TCON)，如表2.32所示。

**表2.32　定时器配置寄存器**

| 寄存器名称 | 地　址 | R/W | 描　述 | 初始值 |
|---|---|---|---|---|
| TCON | 0X51000008 | R/W | 定时器控制寄存器 | 0x0 |

(3) 计数缓冲寄存器＆比较缓冲寄存器，如表2.33所示。

**表2.33　计数缓冲寄存器＆比较缓冲寄存器**

| 寄存器名称 | 地　址 | R/W | 描　述 | 初始值 |
|---|---|---|---|---|
| TCNTB0 | 0X5100000C | R/W | 定时器0的计数缓冲寄存器 | 0x0 |
| TCMPB0 | 0X51000010 | R/W | 定时器0的比较缓冲寄存器 | 0x0 |
| TCNTB1 | 0X51000018 | R/W | 定时器1的计数缓冲寄存器 | 0x0 |
| TCMPB1 | 0X5100001C | R/W | 定时器1的比较缓冲寄存器 | 0x0 |
| TCNTB2 | 0X51000024 | R/W | 定时器2的计数缓冲寄存器 | 0x0 |
| TCMPB2 | 0X51000028 | R/W | 定时器2的比较缓冲寄存器 | 0x0 |
| TCNTB3 | 0X51000030 | R/W | 定时器3的计数缓冲寄存器 | 0x0 |
| TCMPB3 | 0X51000034 | R/W | 定时器3的比较缓冲寄存器 | 0x0 |
| TCNTB4 | 0X5100003C | R/W | 定时器4的计数缓冲寄存器 | 0x0 |

(4) 计数观测寄存器,如表2.34所示。

表2.34　计数观测寄存器

| 寄存器名称 | 地　址 | R/W | 描　述 | 初始值 |
|---|---|---|---|---|
| TCNTO0 | 0X51000014 | R | 定时器0的计数值观测寄存器 | 0x0 |
| TCNTO1 | 0X51000020 | R | 定时器1的计数值观测寄存器 | 0x0 |
| TCNTO2 | 0X5100002C | R | 定时器2的计数值观测寄存器 | 0x0 |
| TCNTO3 | 0X51000038 | R | 定时器3的计数值观测寄存器 | 0x0 |
| TCNTO4 | 0X51000040 | R | 定时器4的计数值观测寄存器 | 0x0 |

### 2.2.8　通用异步收发器

S3C2410X的UART提供了3个独立的异步串行通信端口,每个端口可以基于中断或者DMA进行操作。换句话说,UART控制器可以在CPU和UART之间产生一个中断或者DMA请求来传输数据。UART在系统时钟下运行可支持高达230.4Kbps波特率,如果使用外部设备提供的UEXTCLK,UART的速度还可以更高。每个UART通道各有两个16位的接收和发送FIFO。

S3C2410X的UART包括可编程的波特率,红外接收/发送,一个或两个停止位插入,5～8位的数据宽度和奇偶校验。

每个UART包括一个波特率发生器、一个发送器、一个接收器和一个控制单元。波特率发生器的输入可以是PCLK或者UEXTCLK。发送器和接收器包含16位的FIFO和移位寄存器,数据被送入FIFO,然后被复制到发送移位寄存器准备发送,然后数据按位从发送数据引脚TxDn输出。同时,接收数据从接收数据引脚RxDn按位移入接收移位寄存器,并复制到FIFO。

其特性如下。

- RxD0, TxD0, RxD1, TxD1, RxD2和TxD2基于中断或者DMA操作。
- UART Ch 0, 1和2具有IrDA 1.0 & 16字节FIFO。
- UART Ch 0和1具有nRTS0, nCTS0, nRTS1和nCTS1。
- 支持发生/接收握手。

1. 串口操作

串口操作包括数据发送、数据接收、中断/DMA产生、波特率发生、loop-back模式、红外模式和自动流控制。

1) 数据发送

发送数据的帧结构是可编程的,它由1个起始位、5～8个数据位、1个可选的奇偶位和1～2个停止位组成,这些可以在线控制寄存器ULCONn中设定。接收器可以产生一个断点条件,使串行输出保持1帧发送时间的逻辑0状态。当前发送字被完全发送出去后,这个断点信号随后发送。断点信号发送之后,继续发送数据到Tx FIFO(如果没有FIFO则发送到Tx保持寄存器)。

2）数据接收

与数据发送一样，接收数据的帧格式也是可编程的。它由 1 个起始位、5～8 个数据位、1 个可选的奇偶位和 1～2 个停止位组成，这些可以在线控制寄存器 ULCONn 中设定。接收器可以探测到溢出错误和帧错误。

溢出错误：在旧数据被读出来之前新的数据覆盖了旧的数据。

帧错误：接收数据没有有效的停止位。

当在 3 个字时间（与字长度位的设置有关）内没有接收到任何数据并且 Rx FIFO 非空时，将会产生一个接收超时条件。

3）中断/DMA 产生

每个 UART 有 5 个状态（Tx/Rx/Error）信号：溢出错误、帧错误、接收缓冲满、发送缓冲空和发送移位寄存器空。这些状态体现在 UART 状态寄存器中的相关位（UTRSTATn/UERSTATn）。

溢出错误和帧错误与接收错误状态相关，每个错误可以产生一个接收错误状态中断请求。

控制寄存器 UCONn 的接收器模式为 1（中断或者循环检测模式）：当接收器在 FIFO 模式下将一个数据从接收移位寄存器写入 FIFO 时，如果接收到的数据到达了 Rx FIFO 的触发条件，Rx 中断就产生了。在无 FIFO 模式下，接收器每次将数据从移位寄存器写入接收保持寄存器时都将产生一个 Rx 中断请求。

如果控制寄存器的接收和发送模式选择为 DMAn 请求模式，在上面的情况下则是 DMAn 请求发生而不是 Rx/Tx 中断请求产生。

4）波特率发生

每个 UART 的波特率发生器提供串行时钟给接收器和发送器。波特率发生器的时钟源可以选择内部系统时钟或者 UEXTCLK。换句话说，通过设置 UCONn 的时钟选择被除数是可选的。波特率时钟通过对时钟源（PCLK OR UEXTCLK）进行 16 分频，然后进行一个 16 位的除数分频得到，这个分频数由波特率除数寄存器 UBRDIVn 指定。UBRDIVn 可由下式得出。

$$\text{UBRDIVn} = (\text{int})(\text{PCLK}/(\text{bps} \times 16)) - 1$$

此除数应该在 1 到 $2^{16}-1$ 之间。

为了 UART 的精确性，S3C2410X 还支持 UEXTCLK 作为被除数。

如果使用 UEXTCLK（由外部 UART 设备或者系统提供），串行时钟能够精确地和 UEXTCLK 同步，因此用户可以得到更精确的 UART 操作，UBRDIVn 由下式决定。

$$\text{UBRDIVn} = (\text{int})(\text{UEXTCLK}/(\text{bps} \times 16)) - 1$$

此除数应该在 1 到 $2^{16}-1$ 之间，且 UEXTCLK 要比 PCLK 低。

例如，如果波特率为 115200bps，而 PCLK 或者 UEXTCLK 为 40MHz，则 UBRDIVn 为：

$$\begin{aligned}\text{UBRDIVn} &= (\text{int})(40000000/(115200 \times 16)) - 1 \\ &= (\text{int})(21.7) - 1 \\ &= 21 - 1 = 20\end{aligned}$$

5）loop-back 模式、红外模式

为了识别通信连接中的故障，UART 提供了一种叫 loop-back 模式的测试模式。这种模式结构上使能了 UART 的 TXD 和 RXD 连接，因此发送数据被接收器通过 RXD 接收。这一特性允许处理器检查每个 SIO 通道的内部发送到接收的数据路径。可以通过设置 UART 控制寄存器 UCONn 中的 loop-back 位选择这一模式。

UART 支持红外(IR)接收和发送，可以通过设置 UART 线控制寄存器 ULCONn 的 Infra-red-mode 位来进入这一模式。

在 IR 发送模式下，发送脉冲的比例是 3/16——正常的发送比率(当发送数据位为 0 的时候)；在 IR 接收模式下，接收器必须检测 3/16 的脉冲来识别 0。

6）自动流控制(AFC)

UART0 和 UART1 通过 nRTS 和 nCTS 信号支持自动流控制，例如连接到外部 UART 时，如果用户希望将 UART 连接到一个 MODEM，可以在 UMCONn 寄存器中禁止自动流控位，并且通过软件控制 nRTS 信号。

在 AFC 时，nRTS 由接收器的状态决定，而 nCTS 信号控制发送器的操作。只有当 nCTS 信号有效的时候(在 AFC 时，nCTS 意味着其他 UART 的 FIFO 准备接收数据) UART 发送器才会发送 FIFO 中的数据。在 UART 接收数据之前，当它的接收 FIFO 多于 2 字节的剩余空间时，nRTS 必须有效，当它的接收 FIFO 少于 1 字节的剩余空间时，nRTS 必须无效(nRTS 意味着它自己的接收 FIFO 开始准备接收数据)。

2. UART 特殊寄存器

UART 特殊寄存器如表 2.35 所示。

(1) UART 线控制寄存器 ULCONn 有 3 个 UART 线控制寄存器：ULCON0、ULCON1、ULCON2。主要用来选择每帧数据位数、停止位数，奇偶校验模式及是否使用红外模式。

(2) UART 控制寄存器包括 UCON0、UCON1、UCON2，主要用来选择时钟，接收和发送中断类型，接收超时使能，接收错误状态中断使能，回环模式，发送接收模式等。

(3) UART 错误状态寄存器包括 UERSTAT0、UERSTAT1、UERSTAT2。寄存器的相关位表明是否有帧错误或溢出错误发生。

(4) 接收或发送状态寄存器，包括 UARTSTAT0、UARTSTAT1、UARTSTAT2。

(5) 发送缓冲寄存器，包括 UTXH0、UTXH1、UTXH2。

(6) 接收缓冲寄存器，包括 UTX0、UTX1、UTX2。

(7) 波特率因子寄存器，包括 UBRDIV0、UBRDIV1、UBRDIV2。

**表 2.35　UART 特殊寄存器**

| 寄存器名称 | 地　址 | R/W | 描　述 | 初始值 |
| --- | --- | --- | --- | --- |
| ULCON0 | 0X50000000 | R/W | UART 通道 0 线控制寄存器 | 0x00 |
| ULCON1 | 0X50004000 | R/W | UART 通道 1 线控制寄存器 | 0x00 |
| ULCON2 | 0X50008000 | R/W | UART 通道 2 线控制寄存器 | 0x00 |
| UCON0 | 0X50000004 | R/W | UART 通道 0 控制寄存器 | 0x00 |
| UCON1 | 0X50004004 | R/W | UART 通道 1 控制寄存器 | 0x00 |

续表

| 寄存器名称 | 地址 | R/W | 描述 | 初始值 |
|---|---|---|---|---|
| UCON2 | 0X50008004 | R/W | UART通道2控制寄存器 | 0x00 |
| UERSTAT0 | 0X50000014 | R | 通道0接收错误状态寄存器 | 0x00 |
| UERSTAT1 | 0X50004014 | R | 通道1接收错误状态寄存器 | 0x00 |
| UERSTAT2 | 0X50008014 | R | 通道2接收错误状态寄存器 | 0x0 |
| UARTSTAT0 | 0X50000010 | R | 通道0收/发状态寄存器 | 0x00 |
| UARTSTAT1 | 0X50004010 | R | 通道1收/发状态寄存器 | 0x00 |
| UARTSTAT2 | 0X50008010 | R | 通道2收/发状态寄存器 | 0x00 |
| UTXH0 | 0X50000020(L)<br>0X50000023(B) | W(字节) | UART0传输缓冲寄存器 | |
| UTXH1 | 0X50004020(L)<br>0X50004023(B) | W(字节) | UART1传输缓冲寄存器 | |
| UTXH2 | 0X50008020(L)<br>0X50008023(B) | W(字节) | UART2传输缓冲寄存器 | |
| UTX0 | 0X50000024(L)<br>0X50000027(B) | R(字节) | UART0接收缓冲寄存器 | |
| UTX1 | 0X50004024(L)<br>0X50004027(B) | R(字节) | UART1接收缓冲寄存器 | |
| UTX2 | 0X50008024(L)<br>0X50008027(B) | R(字节) | UART2接收缓冲寄存器 | |
| UBRDIV0 | 0X50000028 | R/W | 波特率约数寄存器0 | |
| UBRDIV1 | 0X50004028 | R/W | 波特率约数寄存器1 | |
| UBRDIV2 | 0X50008028 | R/W | 波特率约数寄存器2 | |

### 2.2.9 中断控制器

S3C2410X中断控制器可以接收56个中断源的中断请求。中断源由DMA控制器、UART、IIC等内部外设提供。这些中断源中,UARTn和EINTn中断是以“或”逻辑输入到中断控制器的。

当从内部外设和外部中断请求引脚接收到多个中断请求时,经过中断仲裁后,中断控制器向ARM920T请求FIQ或者IRQ中断。仲裁过程与硬件优先级有关,仲裁结果写入中断请求寄存器。中断请求寄存器帮助用户确定哪个中断产生。

1. 中断控制器操作

1) 中断模式

ARM920T有两种中断模式:FIQ和IRQ。在中断请求时所有的中断源决定使用哪个模式。

2) 中断请求寄存器

S3C2410X有两种中断请求寄存器:源请求寄存器(SRCPND)和中断请求寄存器

(INTPND)。这些请求寄存器表示了一个中断是否正在请求。当中断源请求中断服务时SRCPND寄存器中的相应位被置1,然而,中断仲裁之后则只有INTPND寄存器的某1位被自动置1。即使该中断被屏蔽,SRCPND寄存器中的相应位也会被置1,但是INTPND寄存器将不会改变。当INTPND寄存器的某位被置1,且I位或者F位清零时中断服务将开始。SRCPND和INTPND寄存器能够被读和写,因此服务函数必须通过向SRCPND和INTPND中相应位写入1来清除中断请求条件。

3) 中断屏蔽寄存器INTMSK

通过中断屏蔽寄存器的屏蔽位被置1可以确定哪个中断被禁止。如果INTMSK的某个屏蔽位为0,此中断将会被正常服务。如果中断源产生了一个请求,SRCPND中的源请求位被置位,即相应屏蔽位为1。

4) 中断优先级

每个仲裁器可以处理6个中断请求,基于一位仲裁器模式(ARB_MODE)和两位选择信号(ARB_SEL)两种情况。

如果ARB_SEL位为00,优先级顺序是:REQ0,REQ1,REQ2,REQ3,REQ4,REQ5。

如果ARB_SEL位为01,优先级顺序是:REQ0,REQ2,REQ3,REQ4,REQ1,REQ5。

如果ARB_SEL位为10,优先级顺序是:REQ0,REQ3,REQ4,REQ1,REQ2,REQ5。

如果ARB_SEL位为11,优先级顺序是:REQ0,REQ4,REQ1,REQ2,REQ3,REQ5。

**注意**:REQ0具有最高优先级,REQ5具有最低优先级,改变ARB_SEL位只能改变REQ1～REQ4的优先级。

如果ARB_MODE位被置1,ARB_SEL不会自动改变,这会使仲裁器处于固定优先级模式。如果ARB_MODE位被置1,ARB_SEL改变以变换优先级。例如,如果REQ1被服务,ARB_SEL自动变成01把REQ1变为最低优先级,ARB_SEL的详细规则如下。

如果REQ0或REQ5被服务,ARB_SEL位不会变。

如果REQ1被服务,ARB_SEL位置01。

如果REQ2被服务,ARB_SEL位置10。

如果REQ3被服务,ARB_SEL位置11。

如果REQ4被服务,ARB_SEL位置00。

2. 中断控制器特殊寄存器SFR

中断控制器有5个控制寄存器:源请求寄存器、中断模式寄存器、屏蔽寄存器、优先级寄存器和中断请求寄存器,如表2.36所示。

所有中断请求首先寄存入SRCPND,它们基于中断模式寄存器分为两组:FIQ请求和IRQ请求。IRQ请求的仲裁过程基于优先级寄存器。

表2.36 中断控制器特殊寄存器SFR

| 寄存器名称 | 地 址 | R/W | 描 述 | 初始值 |
|---|---|---|---|---|
| SRCPND | 0X4A000000 | R/W | 0=中断未请求<br>1=中断源申请中断 | 0x0 |
| INTMOD | 0X4A000004 | R/W | 0=IRQ模式<br>1=FIQ模式 | 0x0 |
| INTMSK | 0X4A000008 | R/W | 0=响应中断请求<br>1=不响应中断请求 | 0xFFFFFFFF |
| PRIORITY | 0X4A00000C | R/W | IRQ优先控制寄存器 | 0x7F |
| INTPND | 0X4A000010 | R/W | INTPND寄存器仅在IRQ模式下有效<br>0=中断未请求<br>1=中断源申请中断 | 0x0 |

# 2.3 S3C2410X外围硬件电路

本节以UP-NETARM2410开发板硬件电路为例，介绍S3C2410X外围硬件电路设计，包括电源电路、时钟电路、复位电路及存储器的接口电路。

## 2.3.1 电源电路

输入的电源是5V，而开发板需要的电源有5V、3.3V和1.8V三种供电电压，电源电路如图2.9所示。

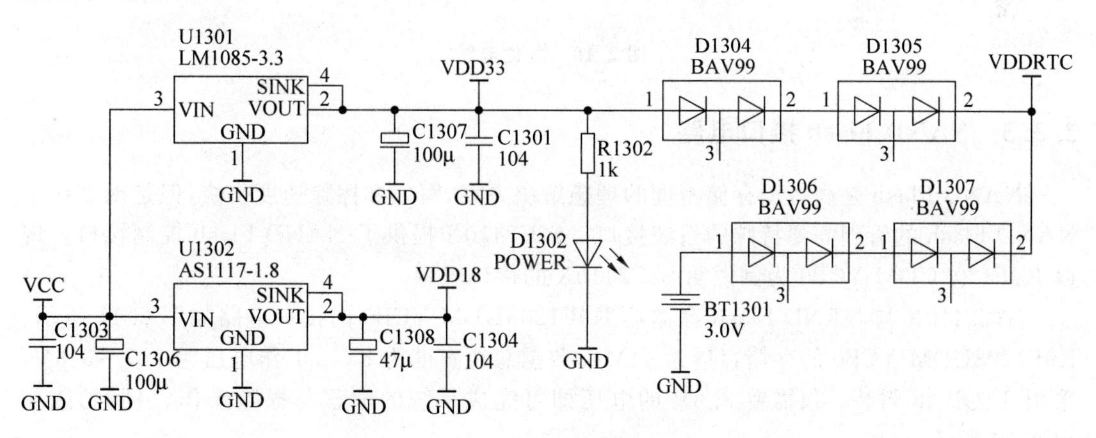


图2.9 电源电路

VCC、VDD33和VDD18的电压分别是5V、3.3V和1.8V，VDDRTC是给RTC电路供电的电源也是1.8V。5V电源经LM1085-3.3和AS1117-1.8芯片降压后，分别得到3.3V和1.8V的工作电压。电池或3.3V电压经过两个BAV99(等价于4个二极管串联)降压后得到RTC电路需要的电源1.8V。

### 2.3.2　复位电路

硬件复位电路由IMP811T构成,实现对电压的监控和手动复位操作。IMP811T的复位电平可以使CPU JTAG(nTRST)和板级系统(nRESET)全部复位。来自仿真器的ICE_nSRST信号只能使板级复位,来自仿真器的ICE_nTRST可以使JTAG复位。nRESET反相后得到RESET信号。复位电路如图2.10所示。

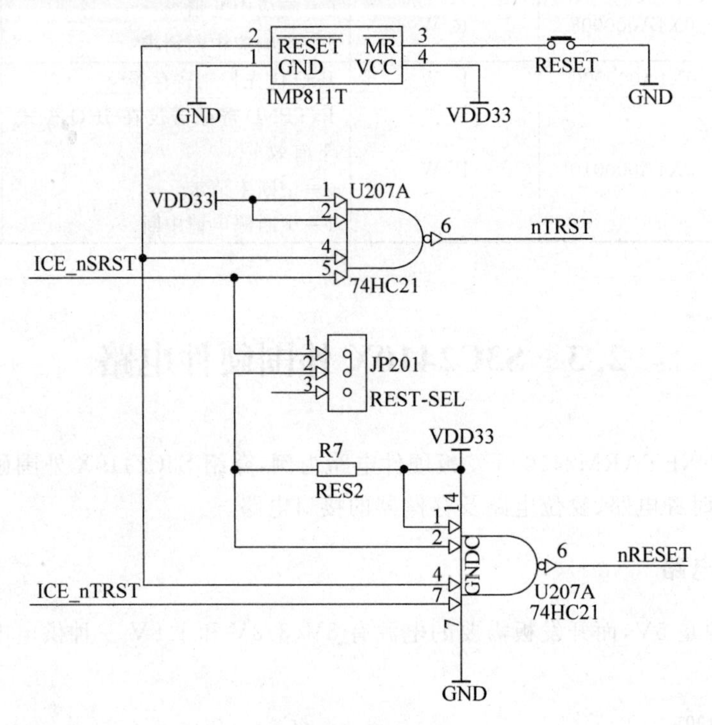


图2.10　复位电路

### 2.3.3　NAND Flash接口电路

NAND Flash是高数据存储密度的理想解决方案,写入和擦除速度很快,但是困难在于NAND Flash的管理需要特殊的系统接口。S3C2410X提供了NAND Flash控制接口。现以K9F1208UDM-YCB0为例说明S3C2410X的接口应用。

S3C2410X与NAND Flash存储器K9F1208UDM-YCB0的接口电路如图2.11所示。K9F1208UDM-YCB0的存储容量为64MB,数据总线宽度为8位,工作电压为2.7～3.6V,采用TSOP-48封装。仅需要3.3V的电压即可完成系统的编程与擦除操作,引脚功能如表2.37所示。

K9F1208UDM的I/O口既可接收和发送数据,也可接收地址信息和控制命令。在CLE有效时,锁存在I/O口上的是控制命令字;在ALE有效时,锁存在I/O口上的是地址;在/RE或/WE有效时,锁存的是数据。这种一口多用的方式可以大大减少总线的数目,只是控制方式略微有些复杂。利用S3C2410X处理器的NAND Flash控制器可以解决这个问题。

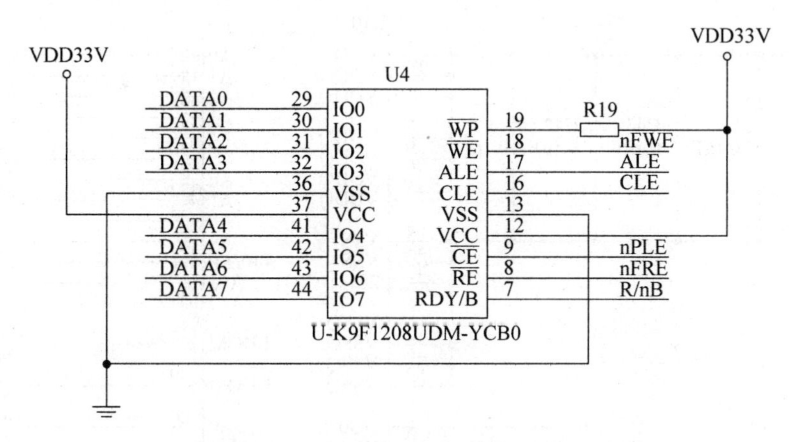


图 2.11 NAND Flash 的接口电路

表 2.37 K9F1208UDM-YCB0 引脚功能表

| 引　脚 | 类　型 | 功　能 |
| --- | --- | --- |
| I/O7～I/O0 | 输入/输出 | 数据输入输出、控制命令和地址的输入 |
| CLE | 输入 | 命令锁存信号 |
| ALE | 输入 | 地址锁存信号 |
| /CE | 输入 | 芯片使能信号 |
| /RE | 输入 | 读有效信号 |
| /WE | 输入 | 写有效信号 |
| /WP | 输入 | 写保护信号 |
| R/nB | 输出 | 就绪/忙标志信号输出 |
| VCC | 电源 | 电源电压 2.7～3.3V |
| VSS | 接地 | 器件地 |

在图 2.11 中，K9F1208UDM 的 ALE 和 CLE 端分别与 S3C2410X 的 ALE 和 CLE 端连接，8 位的 I/O7～I/O0 与 S3C2410X 低 8 位数据总线 DATA7～DATA0 相连，/WE、/RE 和/CE 分别与 S3C2410X 的 nFWE、nFRE 和 nFCE 相连，R/B 与 R/nB 相连，为增加稳定性 R/nB 端口连接了一个上拉电阻。同时，S3C2410X 的 NCON 配置端口必须连接一个上拉电阻。

### 2.3.4 SDRAM 接口电路

在 ARM 嵌入式应用系统中，SDRAM 主要用于程序的运行空间、数据及堆栈区。当系统启动时，CPU 首先从复位地址 0x0 处读取启动程序代码，完成系统的初始化后，为提高系统的运行速度，程序代码通常装入到 SDRAM 中运行。在 S3C2410X 片内具有独立的 SDRAM 刷新控制逻辑电路。目前常用的 SDRAM 芯片有 8 位和 16 位的数据宽度、工作电压一般为 3.3V。下面以 HY57V561620BT-H 为例说明与 S3C2410X 的连接方法，构成 16M×32 位的存储系统。

HY57V561620BT-H 是 4 组×4M×16 位的 SDRAM，工作电压是 3.3V，其封装形式是 54 引脚的 TSOP，兼容 LVTTL 接口，支持自动刷新和自刷新。引脚功能如表 2.38 所示，接口电路如图 2.12 所示。

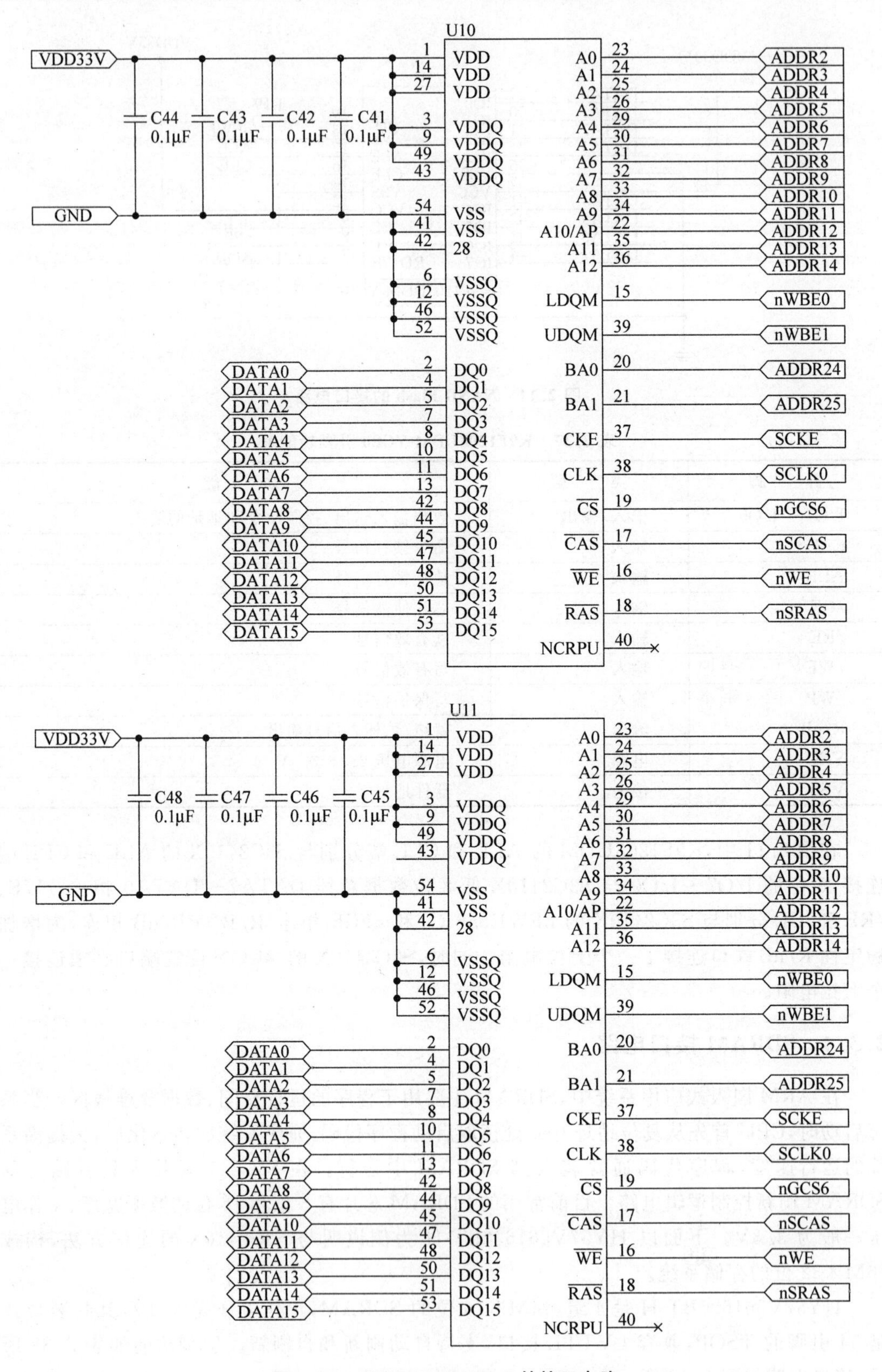


**图2.12　HY57V561620BT-H的接口电路**

**表 2.38　HY57V561620BT-H 引脚功能**

| 引　脚 | 名　称 | 说　明 |
|---|---|---|
| CLK | 时钟 | 时钟输入 |
| CKE | 时钟使能 | 片内时钟信号使能 |
| /CS | 片选 | 为低电平时芯片才能工作 |
| BA0、BA1 | 组地址选择 | /RAS 有效时用于片内 4 个组选择<br>/CAS 有效时用于读写 4 组 |
| A0～A12 | 地址总线 | 行地址线：RA0～RA12 列地址线：CA0～CA12 |
| /RAS /CAS /WE | 行地址锁存<br>列地址锁存<br>写使能 | /RAS /CAS /WE 三者组成的信号用于控制片选、行地址选通、列地址选通 |
| LDQM、UDQM | 数据 I/O 屏蔽 | 在读模式下控制输出缓冲，写模式下屏蔽输入数据 |
| DQ0～DQ15 | 数据总线 | 多数据输入/输出引脚 |
| VDDQ/ VSSQ | 电源/地 | 内部电源及输入缓冲电源 |
| VDD/ VSS | 电源/地 | 输出缓冲电源 |
| NC | 空 | 空 |

## 2.3.5　UART 串口电路

1. 异步串行方式的特点

所谓异步通信，是指数据传送以字符为单位，字符与字符间的传送是完全异步的，位与位之间的传送基本上是同步的。异步串行通信的特点可以概括为以下几方面。

(1) 以字符为单位传送信息。

(2) 相邻两字符间的间隔是任意长。

(3) 因为一个字符中的比特位长度有限，所以需要的接收时钟和发送时钟只要相近就可以。

(4) 异步方式特点：字符间异步，字符内部各位同步。

2. 异步串行方式的数据格式

异步串行通信的数据格式如图 2.13 所示，每个字符(每帧信息)由 4 个部分组成。

(1) 1 位起始位，规定为低电 0。

(2) 5～8 位数据位，即要传送的有效信息。

(3) 1 位奇偶校验位。

(4) 1～2 位停止位，规定为高电平 1。

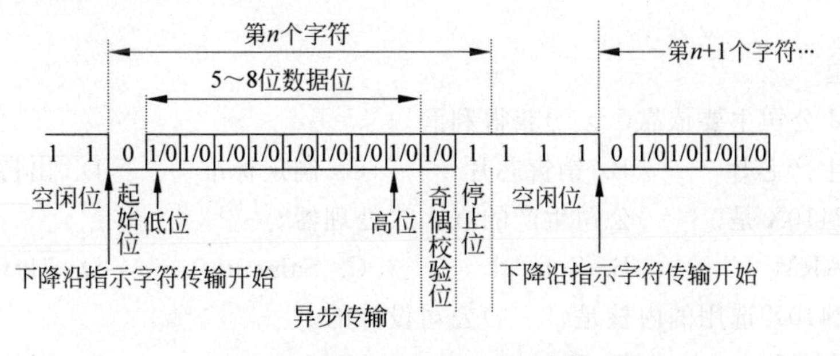


**图 2.13　异步串行方式的数据格式**

3. S3C2410X 串行接口

S3C2410X提供了3个通道的UART,如果要与其他设备通信,需将电平转换为RS-232C的电平,RS-232C采用负逻辑规定逻辑电：－15～－3V的电平表示逻辑1,＋3～＋15V表示逻辑0。S3C2410X与PC的异步通信接口如图2.14所示。

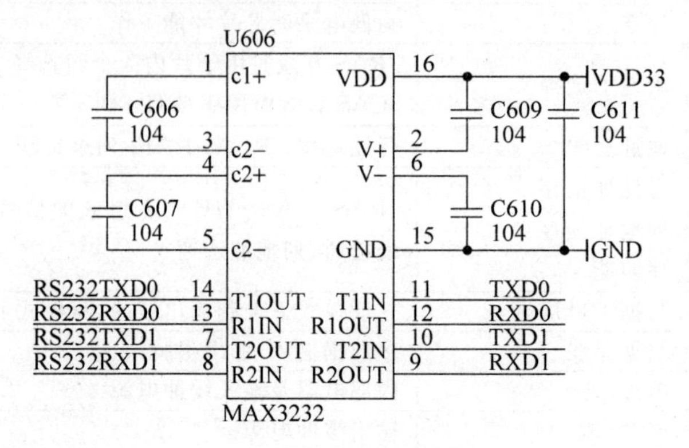


图2.14　异步通信接口

## 2.4　练　习　题

**1. 填空题**

(1) ARM微处理器目前包括________、________、________、________、________等系列。

(2) RISC的意思是________。

(3) S3C2410X是________公司生产的嵌入式处理器,它采用了ARM公司的________内核,芯片内部还设计了________线,并集成了一些外围设备控制电路。

(4) S3C2410X采用________封装,主要解决因________带来的问题。

(5) S3C2410X使用了两组电压供电,内核采用________供电,存储器和I/O采用________供电。

(6) S3C2410X将系统的存储空间分成________组(bank),每组的大小为________MB,共________GB。

(7) UP-2410S实验箱硬件使用的MCU是________；内存是________；Flash是________。

**2. 选择题**

(1) ARM公司主要依靠(　　)获得利润。

A. 生产芯片　　B. 销售芯片　　C. 制定标准　　D. 出售芯片技术授权

(2) S3C2410X是(　　)公司生产的嵌入式处理器。

A. ARM　　B. Sony　　C. Samsung　　D. Motorola

(3) S3C2410X选用的内核是(　　)公司设计的。

A. ARM　　B. Sony　　C. Samsung　　D. Motorola

(4) S3C2410X 采用的内核是(　　)。

A. ARM720T　B. ARM920T　C. ARM1020　D. ARM9E

(5) S3C2410X 芯片采用的封装是(　　)。

A. DIP　B. BGA　C. QFP　D. PGA

(6) S3C2410X 是(　　)位处理器。

A. 8　B. 16　C. 32　D. 64

(7) S3C2410X 有(　　)位通道的 I/O 口。

A. 8　B. 64　C. 100　D. 117

(8) S3C2410X 有(　　)个外部中断源。

A. 8　B. 16　C. 24　D. 32

(9) S3C2410X 将系统的存储空间分成(　　)组(bank)。

A. 2　B. 4　C. 8　D. 16

(10) S3C2410X 能管理的最大存储空间是(　　)。

A. 512MB　B. 1GB　C. 2GB　D. 4GB

**3. 简答题**

(1) ARM 和 S3C2410X 有什么关系?

(2) ARM7 是多少位的 RISC 处理器? 使用几级流水线? 采用什么体系结构? 支持 MMU 吗?

(3) ARM9 是多少位的 RISC 处理器? 使用几级流水线? 采用什么体系结构? 支持 MMU 吗?

(4) S3C2410X 芯片有多少根地址线? 多少根片选线(nGCS)? 多少根数据线?

(5) S3C2410X 芯片内部集成了哪些控制接口?

(6) ARM 体系结构有哪几种工作状态? 又有哪几种运行模式? 其中哪些为特权模式? 哪些为异常模式? 并指出处理器在什么情况下进入相应模式?

(7) ARM 体系结构支持的数据类型? 有多少寄存器? 如何组织?

(8) S3C2410X 的存储控制器如何对内存空间进行管理?

(9) 分析程序状态寄存器各位的功能描述,并说明 C、Z、N、V 在什么情况下进行置 1 和清 0。

(10) ARM 指令可分为哪几类? 说出哪几条指令是无条件执行的。

(11) 如何实现两个 64 位数的加法操作,如何实现两个 64 位数的减法操作,如何求一个 64 位数的负数?

**4. 程序题**

(1) 分析下列每条语句,并说明程序所实现的功能。

```
CMP R0, #0
MOVEQ R1, #0
MOVGT R1, #1
```

(2) 写一条 ARM 指令,分别完成下列操作。

```
R0=16
```

```
R0=R1/16
R1=R2*4
R0=-R0
```

(3) 写出实现下列操作的ARM指令。

当Z=1,将存储器地址为R1的字数据读入寄存器R0中。

当Z=1,将存储器地址为R1+R2的字数据读入寄存器R0中。

将存储器地址为R1-8的字数据读入寄存器R0中。

将存储器地址为R1+R4的字数据读入寄存器R2,并将新地址R1+R4写入R1中。

(4) 写出下列指令所实现的操作。

```
LDR R2,[R3,#-2]!
LDR R0,[R0],R1
LDR R1,[R0,R2,LSL #2]
STRB R1,[R2,#0xB0]
LDMIA R0,{R1,R2,R8}
STMDB R0!,{R1~R5,R8,R9}
```

**5. 计算题**

某设备的接口电路如图2.15所示,请计算出该设备的地址。

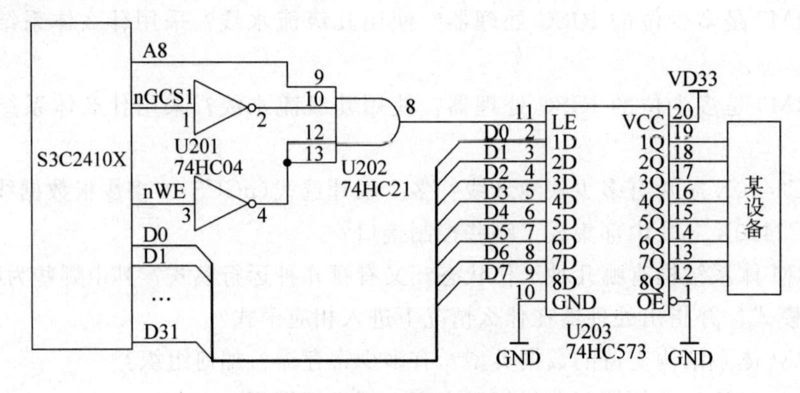


图2.15　接口电路

# 第3章　Linux 系统编程基础

本章首先介绍 GCC 编译器的编译过程及常用选项的使用，通过实例讲述 GDB 调试器的使用方法，然后介绍 Make 工具的使用，最后介绍文件操作、时间获取和创建线程等任务的编程方法。

## 3.1　GCC 编译器

### 3.1.1　GCC 概述

GCC(GNU C Compiler)是 GUN 项目的 C 编译器套件，也是 GNU 软件家族中具有代表性的产品之一。GCC 目前支持的体系结构有四十余种，如 x86、ARM、PowerPC 等系列处理器；能运行在不同的操作系统上，如 Linux、Solaris、Windows CE 等操作系统；可完成 C、C++、Objective C 等源文件向运行在特定 CPU 硬件上的目标代码的转换。GCC 的执行效率与一般的编译器相比平均效率要高 20%～30%。GCC 是 Linux 平台下最常用的编译器之一，它也是 Linux 平台编译器事实上的标准。同时，在使用 Linux 操作系统的嵌入式开发领域，GCC 也是使用最普遍的编译器之一。

GCC 编译器与 GUN Binutils 工具包是紧密集成的，如果没有 Binutils 工具，GCC 也不能正常工作。Binutils 是一系列开发工具，包括连接器、汇编器和其他用于目标文件和档案的工具。Binutils 工具集里主要包含以下一系列程序：addr2line、ar、as、c++、gprof、ld、nm、objcopy、objdump、ranlib、readelf、size、strings 和 strip，它包含的库文件有：libiberty. a、libbfd. a、libbfd. so、libopcodes. a 和 libopcodes. so。

在 Linux 操作系统中，文件的后缀名不代表文件的类型，但为了提高工作效率，通常会给每种文件定义一个后缀名。GCC 支持的文件类型比较多，具体如表 3.1 所示。

表 3.1　GCC 支持的文件类型

| 后　缀 | 说　明 | 后　缀 | 说　明 |
|---|---|---|---|
| . c | C 源程序 | . ii | 经过预处理的 C++程序 |
| . a | 由目标文件构成的档案文件(库文件) | . m | Objective C 源程序 |
| . C　. cc | C++源程序 | . o | 编译后的目标程序 |
| . h | 头文件 | . s | 汇编语言源程序 |
| . i | 经过预处理的 C 程序 | . S | 经过预编译的汇编程序 |

### 3.1.2　GCC 编译过程

下面通过一个常用的例子来说明 GCC 的编译过程。

利用文本编辑器创建 hello. c 文件，程序内容如下。

```
#include<stdio.h>
void main()
{
    char msg[80]="Hello,world!";
    printf( "%s\n",msg);
}
```

编写完后,执行以下编译指令。

```
#gcc hello.c
```

因为编译时没有加任何选项,所以会默认生成一个名为a.out的可执行文件。执行该文件的命令及结果如下。

```
#./a.out
    Hello,world!
```

使用GCC由C语言源代码程序生成可执行文件要经历4个过程,如图3.1所示。

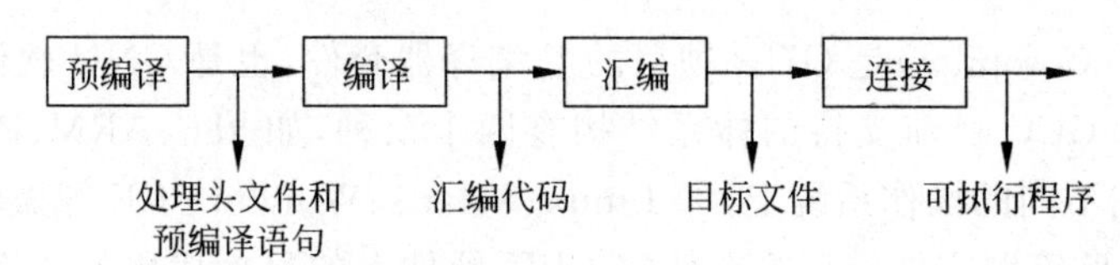


**图3.1　GCC编译过程**

1. 预编译

预编译(preprocessing)的主要功能是读取源程序,并对头文件(include)、预编译语句(如define等)和一些特殊符号进行分析和处理。如把头文件复制到源文件中,并将输出的内容送到系统的标准输出。源代码中的预编译指示以"#"为前缀。通过在GCC后加上-E选项完成对代码的预编译。命令如下。

```
# gcc -E hello.c
```

执行命令时,控制台上会有数千行的输出,其中大多数来自stdio.h头文件,也有部分是声明。预编译主要完成以下3个具体任务。

(1) 把include中的头文件复制到要编译的源文件中。

(2) 用实际值替代define文本。

(3) 在调用宏的地方进行宏替换。

下面通过实例test.c来理解预编译完成的工作。

test.c的代码如下。

```
#define number (1+2*3)
int main()
{
    int n;
    n=number+3;
    return 0;
}
```

对test.c文件进行预编译,输入以下命令。

```
#gcc -E test.c
```

执行命令后会显示如下内容。

```
# 1 "test.c"
# 1 "<built-in>"
# 1 "<command line>"
# 1 "test.c"

main()
{
    int n;
    n=(1+2*3)+3;
    return 0;
}
```

如果要将预编译结果保存在test.i文件中,可以输入以下命令。

```
#gcc -E test.c -o test.i
```

2. 编译

编译(compilation)的主要功能包括两部分,第一部分是检查代码的语法,如果出现语法错误,则给出错误提示代码,并结束编译;只有在代码无语法错误的情况下,才能进入第二部分。第二部分是将预编译后的文件转换成汇编语言,并自动生成后缀为.s的文件。编译的命令如下。

```
#gcc -S test.c
```

执行命令后会生成一个名为test.s的汇编程序,文件内容如下。

```
    .file"test.c"
    .text
    .align 2
.globl main
    .typemain,@function
main:
    pushl  %ebp
    movl   %esp, %ebp
    subl $8, %esp
    andl $-16, %esp
    movl $0, %eax
    subl %eax, %esp
    movl   $10,-4(%ebp)
    movl   $0, %eax
    leave
    ret
.Lfe1:
    .size   main,.Lfe1-main
    .ident   "GCC: (GNU) 3.2 20020903 (Red Hat Linux 8.0 3.2-7)"
```

3. 汇编

汇编(assembly)的主要功能是将汇编语言代码变成目标代码(机器代码)。汇编只是将汇编语言代码转换成目标代码,但不进行连接,目标代码不能在CPU上运行。汇编使用选项为-c,它会自动生成一个后缀名为.o的目标程序。汇编的命令如下。

```
#gcc -c test.c
```

执行命令后会生成一个名为test.o的目标文件,目标文件是一个二进制文件,所以不能用文本编辑器来查看它的内容。

4. 连接

连接(linking)的主要功能是连接目标代码,并生成可执行文件。连接的命令如下。

```
#gcc -o test test.o
```

也可以执行以下命令。

```
#gcc -o test test.c
```

执行命令后会生成一个名为test的可执行文件。通过执行./test命令,就可以运行指定的程序。命令中的"./"是指在当前目录下执行程序。

### 3.1.3 GCC选项

GCC编译器提供了较多的选项。选项必须以"-"开始,常用的选项如表3.2所示。

**表3.2 GCC的常用选项**

| 选　　项 | 说　　明 |
|---|---|
| -c | 编译生成目标文件,后缀为.o |
| -E | 只进行预编译,不做其他处理 |
| -g | 在执行程序中包括标准调试信息 |
| -I DirName | 将DirName加入到头文件的搜索目录列表中 |
| -L DirName | 将DirName加入到库文件的搜索目录列表中,在默认情况下gcc只链接共享库 |
| -l FOO | 链接名为libFOO的函数库 |
| -O | 整个源代码会在编译、连接过程中进行优化处理,可执行文件的执行效率可以提高,但是编译、连接的速度就相应的要慢些 |
| -O2 | 比-O有更好的优化能力,但编译连接速度就更慢 |
| -o FileName | 指定输出文件名,如果没有指定,默认文件名是a.out |
| -pipe | 在编译过程的不同阶段间使用管道 |
| -S | 只编译不汇编,生成汇编代码 |
| -static | 链接静态库 |
| -wall | 指定产生全部的警告信息 |

1. 输出文件选项

如果不使用任何选项进行编译,生成的可执行文件都是a.out。如果要指定输出的文件名,可以使用选项-o。例如将源文件hello.c编译成可执行文件hello。命令格式如下。

```
#gcc -o hello hello.c
```

2. 链接库文件选项

Linux 操作系统下的库文件包括两种格式，一种是动态链接库，另一种是静态链接库。动态链接库的后缀为.so，静态链接库的后缀为.a。动态链接库是在程序运行过程中进行动态加载，静态链接库是在编译过程中完成静态加载。

使用 GCC 编译时，编译器会自动调用 C 标准库文件，但当要使用到标准库以外的库文件时，一定要使用选项-l 来指定具体库的文件名，否则会报编译错误，如报 undefined reference to 'xxxx'错误。Linux 操作系统下的库文件都是以 lib 三个字母开头的，因此在使用-l 选项指定链接的库文件名时可以省去 l、i、b 三个字母。例如，有一个多线程程序 pthread.c，需要用到 libpthread.a 或 libpthread.so 库文件（文件保存在/usr/lib 目录）。编译生成一个名为 pthread 的可执行程序的命令格式如下。

```
#gcc pthread.c -lpthread -o pthread
```

GCC 在默认情况下，优先使用动态链接库，当需要强制使用静态链接库时，需要加上-static 选项。使用静态链接库，编译生成一个名为 pthread-s 的可执行程序的命令格式如下。

```
#gcc pthread.c -static -lpthread -o pthread-s
```

可以使用 ls -l 命令查看文件的大小，会发现 pthread-s 比 pthread 文件大很多。

```
-rwxr-xr-x 1 root root 12014 12 月 28 22:22 pthread
-rwxr-xr-x 1 root root 589856 12 月 28 22:22 pthread-s
```

3. 指定头文件目录选项

编译时，编译器会自动到默认目录（一般为/usr/include）寻找头文件，但当文件中的头文件不在默认目录时，就需要使用-I 选项来指定头文件所在的目录（或称文件所在的路径）。如果不指定头文件所在的目录，编译时会报 xxx.h: No such file or directory 错误。假设 someapp.c 程序中有一个自定义的头文件放置在/usr/local/include/someapp 目录下，则命令格式如下。

```
#gcc -I /usr/local/include/someapp -o someapp someapp.c
```

4. 指定库文件目录选项

编译时，编译器会自动到默认目录（一般为/usr/lib）寻找库文件，但当编译时所用的库文件不在默认目录时，就需要使用-L 选项来指定库文件所在的目录。如果不指定库文件所在的目录，编译时会报 cannot find lxxx 错误。假设程序 my.c 需要使用 libnew.so 库文件，且该库文件保存在/home/someuser/lib 目录，则命令格式如下。

```
#gcc my.c -L/home/someuser/lib -lnew -o my
```

5. 警告选项

在编译过程中，编译器的警告信息对于程序员来说是非常重要的，GCC 包含完整的警告提示功能，以便确定代码是否正确，尽可能实现可移植性。GCC 的编译器警告选项如表 3.3 所示。

表3.3　GCC的警告选项

| 类　型 | 说　明 |
|---|---|
| -Wall | 启用所有警告信息 |
| -Werror | 在发生警告时取消编译操作,即将警告看作是错误 |
| -w | 禁用所有警告信息 |

下面通过一实例来了解如何在编译时产生警告信息。example.c的代码如下。

```
#include<stdio.h>
int main ()
{
   int x,y;
   for(x=1;x<=5;x++)
       printf("x=%d\n",x);
}
```

使用以下命令进行编译。

```
#gcc example.c
```

编译过程没有任何提示信息,生成一个a.out可执行文件。

如果加入-Wall选项进行编译,命令如下。

```
# gcc -Wall example.c -o example
```

编译过程将会出现下面的警告信息。

```
example.c: In function 'main':
example.c:4: warning: unused variable 'y'
example.c:7: warning: control reaches end of non-void function
```

第1条警告信息的意思是：在main函数有警告信息。

第2条警告信息的意思是：指出变量y在程序中未使用。

第3条警告信息的意思是：main函数的返回类型是int,但在程序中没有return语句。

GCC给出的警告从严格意义上不算错误,但是可能会成为错误的栖息之地。所以在嵌入式软件开发时,需要重视警告信息,最好根据警告信息对源程序进行修改,直至编译时没有任何警告信息。

-Werror选项会要求GCC将所有的警告信息当成错误进行处理,需要将所有的警告信息都修改后才能生成可执行文件。命令如下。

```
#gcc -Wall -Werror example.c -o example
```

当需要忽略警告信息时,可以使用-w选项,命令如下。

```
#gcc -w example.c -o example
```

6. 调试选项

代码通过了编译并不代表能正常工作。可以通过调试器检查代码,以便更好地找到程序中的问题。Linux下主要采用的是GDB调试器。在使用GDB之前,在执行程序中要包括标准调试信息，加入的方法是采用调试选项-g。具体的命令如下。

```
# gcc -g -c hello.c
# gcc -g -o hello hello.o
```

7. 优化选项

优化选项的作用在于缩减代码规模和提高代码执行效率，常用的选项有以下几个。

(1) -O、-O1：整个源代码会在编译、连接过程中进行优化处理，可执行文件的执行效率可以提高，但是编译、连接的速度会相应慢些。对于复杂函数，优化编译会占用较多的时间和相当大的内存。在-O1 下，编译会尽量减少代码的体积和代码的运行时间，但是并不执行会花费大量时间的优化操作。

(2) -O2：除了不涉及空间和速度交换的优化选项，执行几乎所有的优化工作。比-O 有更好的优化效果，但编译连接速度更慢。-O2 将会花费更多的编译时间同时也会生成性能更好的代码。但并不执行循环展开和函数“内联”优化操作。

(3) -O3：在-O2 的基础上加入函数内联、循环展开和其他一些与处理器特性相关的优化工作。

下面通过 optimize.c 程序观察一下优化前后的效果。

```
#include <stdio.h>
int main(void)
{
    double counter;
    double result;
    double temp;
    for (counter=0;counter<2000.0 * 2000.0 * 2000.0/20.0+2020; counter += (5-1)/4)
    {
        temp = counter / 1979;
        result = counter;
    }
    printf("Result is %lf\\n", result);
    return 0;
}
```

不加优化选项进行编译，程序执行耗时如下。

```
# gcc optimize.c -o optimize
# time ./optimize
Result is 400002019.000000\n
real    0m4.203s
user    0m4.190s
sys     0m0.020s
```

增加优化选项进行编译，程序执行耗时如下。

```
# gcc -O1 optimize.c -o optimize1
# time ./optimize1
Result is 400002019.000000\n
real    0m1.064s
user    0m1.060s
sys     0m0.010s
```

## 3.2 GDB调试器

应用程序的调试是开发过程中必不可少的环节之一。Linux下的GNU的调试器称为GDB(GUN Debugger),该软件最早由Richard Stallman编写。GDB是一个用来调试C和C++语言程序的调试器,它能使开发者在程序运行时观察程序的内部结构和内存的使用情况。GDB主要可以完成下面4个方面的功能。

(1) 启动程序,按照程序员自定义的要求运行程序。

(2) 单步执行、设置断点,可以让被调试的程序在所指定的断点处停住。

(3) 监视程序中变量的值。

(4) 动态地改变程序的执行环境。

### 3.2.1 GDB的基本使用方法

下面通过一个例子test.c介绍GDB的基本使用方法,test.c文件的代码如下。

```
#include<stdio.h>
int sum(int n);
main()
{
    int s=0;
    int i,n;
    for(i=0;i<=50;i++)
    {
        s=i+s;
    }
    s=s+sum(20);
    printf("the result is %d\n",s);
}
int sum(int n)
{
    int total=0;
    int i;
    for(i=0;i<=n;i++)
        total=total+i;
    return (total);
}
```

使用GDB调试器,必须在编译时加入调试选项-g,命令如下。

```
#gcc -g test.c -o test
#gdb test              <-------进入gdb调试环境
GNU gdb Red Hat Linux(5.3post-0.20021129.18rh)
Copyright 2003 Free Software Foundation, Inc.
GDB is free software, covered by the GNU General Public License, and you are
welcome to change it and/or distribute copies of it under certain conditions.
Type "show copying" to see the conditions.
```

```
There is absolutely no warranty for GDB. Type "show warranty" for details.
This GDB was configured as "i386-redhat-linux-gnu"...
(gdb) l                    <-------相当于 list,查看源代码
1   #include<stdio.h>
2   int sum(int n);
3   main()
4   {
5        int s=0;
6        int i,n;
7        for(i=0;i<=50;i++)
8        {
9             s=i+s;
10       }
(gdb) l
11       s=s+sum(20);
12       printf("the result is %d\n",s);
13   }
14   int sum(int n)
15   {
16       int total=0;
17       int i;
18       for(i=0;i<=n;i++)
19            total=total+i;
20   return (total);
(gdb) l
21   }
(gdb) break 7              <-------在源代码第 7 行设置断点
Breakpoint 1 at 0x804833f: file test.c,line 7.
(gdb) break sum            <-------在源代码 sum 函数处设置断点
Breakpoint 2 at 0x804838a: file test.c,line 16.
(gdb) info break           <-------显示断点信息
Num Type        Disp Enb Address       What
1   breakpoint  keep y   0x0804833f   in main at test.c:7
2   breakpoint  keep y   0x0804838a   in main at test.c:16
(gdb) r                    <-------运行程序
Staring program: /lvli/test
Breakpoint 1, main () at test.c:7
7                   for(i=0;i<=50;i++)
(gdb) n                    <-------在第一个断点处停止,n 相当于 next,单步执行
9                         s=i+s;
(gdb) n
7                   for(i=0;i<=50;i++)
(gdb) print s              <-------输出变量 s 的值
$1 = 0
(gdb) c                    <-------相当于 continue,继续执行
Continuing.
Breakpoin 2 ,sum(n=20) at test.c:16
16                   int total=0;
(gdb) c
Continuing.
the result is 1485
```

```
Program exited with code 024.
(gdb) q                    <-------退出 gdb
```

### 3.2.2 GDB基本命令

GDB命令很多,可以通过help来帮助,方法是:在启动GDB后,输入help命令。

```
(gdb)help
List of classes of commands:
aliases -- Aliases of other commands
breakpoints -- Making program stop at certain points
data -- Examining data
files -- Specifying and examining files
internals -- Maintenance commands
obscure -- Obscure features
running -- Running the program
stack -- Examining the stack
status -- Status inquiries
support -- Support facilities
tracepoints -- Tracing of program execution without stopping the program
user-defined -- User-defined commands
Type "help" followed by a class name for a list of commands in that class.
Type "help" followed by command name for full documentation.
Command name abbreviations are allowed if unambiguous.
```

因为GDB命令有很多,所以将它们分成许多种类。help命令只列出了GDB的命令种类,如果要查看某一种类下的具体命令,可以在help命令后加类名,具体格式如下。

```
help <class>
```

例如想了解running类下的具体命令,可以输入以下命令。

```
help running
```

常用的GDB命令如表3.4所示。

**表3.4 GDB常用命令描述**

| 命　令 | 描　述 |
|---|---|
| backtrace | 显示程序中的当前位置和表示如何到达当前位置的栈跟踪 |
| break | 设置断点 |
| cd | 改变当前工作目录 |
| clear | 清除停止处的断点 |
| continue | 从断点处开始继续执行 |
| delete | 删除一个断点或监测点 |
| display | 程序停止时显示变量或表达式 |
| file | 装入要调试的可执行文件 |
| info | 查看程序的各种信息 |
| kill | 终止正在调试的程序 |
| list | 列出源文件内容 |

续表

| 命　令 | 描　述 |
|---|---|
| make | 使用户不退出GDB就可以重新产生可执行文件 |
| next | 执行一行代码,从而执行其整体的一个函数 |
| print | 显示变量或表达式的值 |
| pwd | 显示当前工作目录 |
| quit | 退出GDB |
| run | 执行当前被调试的程序 |
| set | 给变量赋值 |
| shell | 不退出GDB就执行UNIX shell命令 |
| step | 执行一行代码且进入函数内部 |
| watch | 设置监视点,使用户能监视一个变量或表达式的值而不管它何时变化 |

### 3.2.3　GDB典型实例

下面的程序中植入了错误,通过这个存在错误的程序掌握如何利用GDB进行程序调试。

有一个bug.c程序,它的功能是将输入的字符串逆序显示在屏幕上,源代码如下。

```
#include<stdio.h>
#include<string.h>
int main(void)
{
    int i,len;
    char str[]="hello";
    char *rev_string;
    len=strlen(str);
    rev_string=(char *)malloc(len+1);
    printf("%s\n",str);
    for(i=0;i<len;i++)
        rev_string[len-i]=str[i];
    rev_string[len+1]='\0';
    printf("the reverse string is%s\n",rev_string);
}
```

程序的编译和运行结果如下。

```
# gcc -o bug bug.c
# ./bug
hello
the reverse string is
```

以上运行的结果是错误的,正确结果如下。

```
hello
the reverse string is olleh
```

这时,可以使用GDB调试器来查看问题在哪儿。具体步骤是：编译时加上-g调试选项，然后再对可执行程序进行调试，命令如下。

```
# gcc -g -o bug bug.c
# gdb bug
```

执行命令后，进入调试环境，显示如下。

```
(gdb) l                        <-------列出源文件内容
1        #include<stdio.h>
2        #include<string.h>
3        int main(void)
4        {
5                int i,len;
6                char str[]="hello";
7                char * rev_string;
8                len=strlen(str);
9                rev_string=(char *)malloc(len+1);
10               printf("%s\n",str);
(gdb) l
11               for(i=0;i<len;i++)
12                       rev_string[len-i]=str[i];
13               rev_string[len+1]='\0';
14               printf("the reverse string is%s\n",rev_string);
15       }
(gdb) break 8                  <-------在源代码第8行设置断点
Breakpoint 1 at 0x80483b2: file example.c, line 8.
(gdb) r                        <-------运行程序
Starting program: /lvli/program/bugg/bug
Breakpoint 1, main () at bug.c:8
8                len=strlen(str);
(gdb) n                        <-------在第一个断点处停止,n相当于next,单步执行
9                rev_string=(char *)malloc(len+1);
(gdb) print len                <-------输出变量len的值
$1 = 5
(gdb) n                        <-------单步执行
10               printf("%s\n",str);
(gdb) n
hello
11               for(i=0;i<len;i++)
(gdb) n
12                       rev_string[len-i]=str[i];
(gdb) n
11               for(i=0;i<len;i++)
(gdb) n
12                       rev_string[len-i]=str[i];
(gdb) n
11               for(i=0;i<len;i++)
(gdb) print rev_string[5]      <-------输出rev_string[5]的值
$2 = 104 'h'
(gdb) print rev_string[4]      <-------输出rev_string[4]的值
$3 = 101 'e'
```

```
(gdb) n
12                      rev_string[len-i]=str[i];
(gdb) n
11              for(i=0;i<len;i++)
(gdb) print rev_string[3]
$4 = 108 'l'
(gdb) n
12                      rev_string[len-i]=str[i];
(gdb) n
11              for(i=0;i<len;i++)
(gdb) print rev_string[2]
$5 = 108 'l'
(gdb) n
12                      rev_string[len-i]=str[i];
(gdb) n
11              for(i=0;i<len;i++)
(gdb) print rev_string[1]
$6 = 111 'o'
(gdb) n
13              rev_string[len+1]='\0';
(gdb) n
14              printf("the reverse string is%s\n",rev_string);
(gdb) print rev_string[0]       <-------输出 rev_string[0]的值
$7 = 0 '\0'
(gdb) c                         <-------相当于 continue,继续执行
Continuing.
the reverse string is
```

通过以上调试过程可见，错误的根源在于没有给 rev_string[0]赋值，所以 rev_string[0]为'\0'，导致字符串输出为空。可以将 rev_string[len－i]改成 rev_string[len－1－i]，这样结果就是期待的结果。

# 3.3 Make 工具的使用

在大型软件项目的开发过程中，通常有成百上千个源文件，如 Linux 内核源文件。如果每次都通过手工输入 GCC 命令进行编译，非常不方便，所以引入了 Make 工具来解决这个问题。Make 工具可以将大型的开发项目分解成为多个更易于管理的模块，简洁明了地理顺各个源文件之间纷繁复杂的相互依赖关系，最后自动完成编译工作。

Make 工具最主要的作用是通过 Makefile 文件来描述源程序之间的相互关系，并自动完成维护编译工作。Makefile 文件需要严格按照语法进行编写，文件中需要说明如何编译各个源文件并连接生成可执行文件，并定义源文件之间的依赖关系等。

## 3.3.1 Makefile 的基础知识

1. Makefile 文件

Makefile 是描述文件依赖关系的说明，它由若干个规则组成，每个规则的格式如下。

目标：依赖关系

<tab 键> 命令

其中：目标是指 make 最终需要创建的东西。另外，目标也可以是一个 make 执行的动作名称，如目标 clean，可以称这样的目标为“伪目标”。

依赖关系是指编译目标体要依赖的一个或多个文件列表。

命令是指为了从指定的依赖体创建出目标体所需执行的命令。

一个规则可以有多个命令行，每一条命令占一行。注意：每一个命令的第一个字符必须是制表符 Tab，如果使用空格会导致错误，make 会在执行过程中显示 Missing Separator(缺少分隔符)并停止。

在 3.1 节中创建了一个名为 hello.c 的文件，并使用命令 gcc -o hello hello.c 生成了一个可执行文件 hello。如果要利用 make 工具生成可执行程序，则首先要在 hello.c 所在的目录下编写一个 Makefile 文件，文件内容如下。

```
all: hello.o
	gcc hello.o -o hello
hello.o:hello.c
	gcc -c hello.c -o hello.o
clean:
	rm *.o hello
```

以上共有 3 个规则，第一个规则是生成 hello 可执行程序，第二个规则是生成 hello.o 目标文件，第三个规则是删除 hello 和后缀为.o 的所有文件。

上面例子中的编译器是 GCC，而在嵌入式项目开发中经常要使用交叉编译器，如本书采用的交叉编译器是 arm-linux-gcc。如果要交叉编译 hello.c 程序，就要将 Makefile 文件中所有 gcc 替换成 arm-linux-gcc，如果一个一个修改会非常麻烦，所以在 Makefile 中引进变量来解决。

使用变量将上面的 Makefile 文件改写为如下形式。

```
CC=gcc
OBJECT=hello.o
all: $(OBJECT)
	$(CC) $(OBJECT) -o hello
$(OBJECT):hello.c
	$(CC) -c hello.c -o $(OBJECT)
clean:
	rm *.o hello
```

在文件中，CC 和 OBJECT 是定义的两个变量，它们的值分别是 gcc 和 hello.o。变量的引用方法是：把变量用括号括起来，并在前面加上“$”。例如引用变量 CC，就可以写成$(CC)。

变量一般在 Makefile 文件的头部进行定义，按照惯例，变量名一般使用大写字母。变量的内容可以是命令、文件、目录、变量、文件列表、参数列表、常量、目标名等。

如果要对上面的 hello.c 进行交叉编译，可以将 Makefile 文件改写为如下形式。

```
CROSS=arm-linux-
CC=$(CROSS)gcc
OBJECT=hello.o
all: $(OBJECT)
	$(CC) $(OBJECT) -o hello
$(OBJECT):hello.c
	$(CC) -c hello.c -o $(OBJECT)
clean:
	rm *.o hello
```

2. Make 工具的使用

Makefile 文件编写完成以后，需要通过 make 工具来执行，命令格式如下。

```
# make [target]
```

参数 target 是指要处理的目标名。make 命令会自动查找当前目录下的 Makefile 或 makefile 文件，如果文件存在就执行，否则报错。如果 make 命令后面没有任何参数，则表示处理 Makefile 文件中的第一个目标。

例如，如果使用前面编写好的 Makefile 文件，执行 make 命令或 make all 命令，都表示执行 all 目标，即生成 hello 文件；执行 make clean 命令，表示执行 clean 目标，即删除 hello 和后缀为.o 的所有文件。

GUN Make 工具在当前工作目录中按照 GNUmakefile、makefile、Makefile 的顺序搜索 Makefile 文件，也可以通过-f 参数指定描述文件。如果编写的 Makefile 文件名为 zhs，则可以通过 make -f zhs 命令来执行。Make 工具的选项很多，读者可以到 make 工具参考书上查找。

### 3.3.2 Makefile 的应用

3.3.1 节只介绍了 Makefile 的简单编写和使用方法，本节通过实例来详细讲解 Makefile 的应用。

1. 所有文件均在一个目录下的 Makefile 的编写

现有 7 个文件分别是 m.c、m.h、study.c、listen.c、visit.c、play.c、watch.c。

m.c 文件的内容如下。

```
#include<stdio.h>
main()
{
    int i;
    printf("please input the value of i from 1 to  5:\n");
    scanf("%d",&i);
    if(i==1)
            visit();
    else if(i==2)
            study();
    else if(i==3)
            play();
    else if(i==4)
```

```
            watch();
    else if(i==5)
            listen();
    else
            printf("nothing to do\n");
    printf("This is a woderful day\n");
}
```

study.c文件的内容如下。

```
void study()
{
    printf("study embedded system today\n");
}
```

listen.c文件的内容如下。

```
#include<stdio.h>
void listen()
{
    printf("listen english today\n");
}
```

play.c文件的内容如下。

```
#include<stdio.h>
void play()
{
    printf("play football today\n");
}
```

visit.c文件的内容如下。

```
#include<stdio.h>
void visit()
{
    printf("visit friend today\n");
}
```

watch.c文件的内容如下。

```
#include<stdio.h>
void watch()
{
    printf("watch TV today\n");
}
```

m.h文件的内容如下。

```
void visit();
void listen();
void watch();
void study();
void play();
```

从上面的代码可以看出这些文件之间的相互依赖关系,如图 3.2 所示。

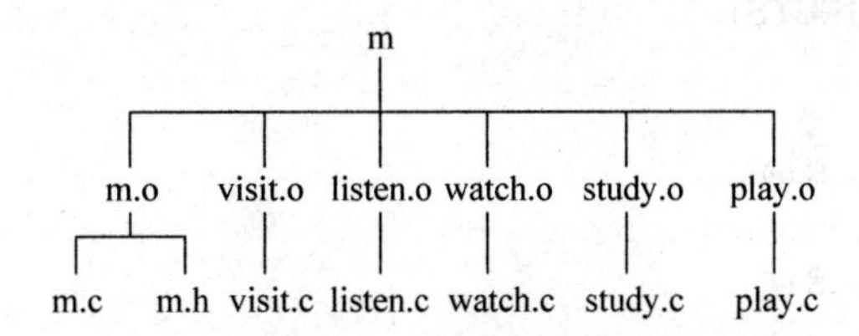


**图 3.2　文件之间的依赖关系**

现在利用这 7 个程序生成一个名为 m 的可执行程序,Makefile 文件可编写如下。

```
CC=gcc
TARGET=All
OBJECTS= m.o visit.o listen.o watch.o study.o play.o
$(TARGET):$(OBJECTS)
    $(CC) $(OBJECTS) -o m
m.o:m.c m.h
    $(CC) -c m.c -o m.o
visit.o:visit.c
    $(CC) -c visit.c -o visit.o
listen.o:listen.c
    $(CC) -c listen.c -o listen.o
watch.o:watch.c
    $(CC) -c watch.c -o watch.o
study.o:study.c
    $(CC) -c study.c -o study.o
play.o:play.c
    $(CC) -c play.c -o play.o
clean:
    rm *.o
```

这个 Makefile 文件可以通过预定义变量来简化。常见预定义变量如表 3.5 所示。

**表 3.5　Makefile 预定义变量**

| 变　量 | 说　明 |
|---|---|
| $@ | 规则的目标所对应的文件名 |
| $* | 不包含扩展名的目标文件名称 |
| $+ | 所有的依赖文件,以空格分开,并以出现的先后为序,可能包含重复的依赖文件 |
| $% | 如果目标是归档成员,则该变量表示目标的归档成员名称 |
| $< | 规则中的第一个依赖文件名 |
| $^ | 规则中所有依赖的列表,以空格为分隔符 |
| $? | 规则中日期新于目标的所有依赖文件的列表,以空格为分隔符 |
| $(@D) | 目标文件的目录部分(如果目标在子目录中) |
| $(@F) | 目标文件的文件名部分(如果目标在子目录中) |

现用$@、$<、$^来改写上述 Makefile 文件。

```
CC=gcc
TARGET=All
```

```
OBJECTS= m.o visit.o listen.o watch.o study.o play.o
$(TARGET):$(OBJECTS)
    $(CC) $^ -o m
m.o:m.c m.h
    $(CC) -c $< -o $@
visit.o:visit.c
    $(CC) -c $< -o $@
listen.o:listen.c
    $(CC) -c $< -o $@
watch.o:watch.c
    $(CC) -c $< -o $@
study.o:study.c
    $(CC) -c $< -o $@
play.o:play.c
    $(CC) -c $< -o $@
clean:
    rm *.o
```

从修改后的Makefile文件可以看出，各个文件的编译命令几乎没有区别，所以进一步用%和*两个通配符来简化。

```
CC=gcc
TARGET=All
OBJECTS= m.o visit.o listen.o watch.o study.o play.o
$(TARGET):$(OBJECTS)
    $(CC) $^ -o m
*.o:*.c
    $(CC) -c $< -o $@
clean:
    rm *.o
```

2. 编写文件在不同目录下的Makefile

假设程序的目录结构为：源文件、可执行文件和Makefile在src目录中，头文件在include目录中，obj存放.o文件。就需要指定文件和头文件路径。仍以上面的程序为例。Makefile文件如下。

```
CC=gcc
SRC_DIR=./
OBJ_DIR=../obj/
INC_DIR=../include/
TARGET=all
$(TARGET):$(OBJ_DIR)m.o $(OBJ_DIR)visit.o $(OBJ_DIR)listen.o $(OBJ_DIR)watch.o\
            $(OBJ_DIR)study.o $(OBJ_DIR)play.o
            $(CC) $^ -o $(SRC_DIR)m
$(OBJ_DIR)m.o: $(SRC_DIR)m.c $(INC_DIR)m.h
            $(CC) -I$(INC_DIR) -c -o $@ $<
$(OBJ_DIR)visit.o: $(SRC_DIR)visit.c
            $(CC) -c $< -o -@
$(OBJ_DIR)listen.o: $(SRC_DIR)listen.c
            $(CC) -c $< -o -@
```

```
$(OBJ_DIR)watch.o: $(SRC_DIR)watch.c
        $(CC) -c $< -o -@
$(OBJ_DIR)study.o: $(SRC_DIR)study.c
        $(CC) -c $< -o -@
$(OBJ_DIR)play.o: $(SRC_DIR)play.c
        $(CC) -c $< -o -@
clean:
        rm $(OBJ_DIR)*.o
```

### 3.3.3 自动生成 Makefile

编写 Makefile 确实不是一件轻松的事，尤其对于一个较大的项目而言更是如此。本节要讲的 autoTools 系列工具正是为此而设的，它只需用户输入简单的目标文件、依赖文件、文件目录等就可以轻松地生成 Makefile。另外，这些工具还可以完成系统配置信息的收集，方便地处理各种移植性的问题。

autoTools 是系列工具，它包含了 aclocal、autoscan、autoconf、autoheader 和 automake 工具，使用 autoTools 主要就是利用各个工具的脚本文件来生成最后的 Makefile 文件。其总体流程如图 3.3 所示。

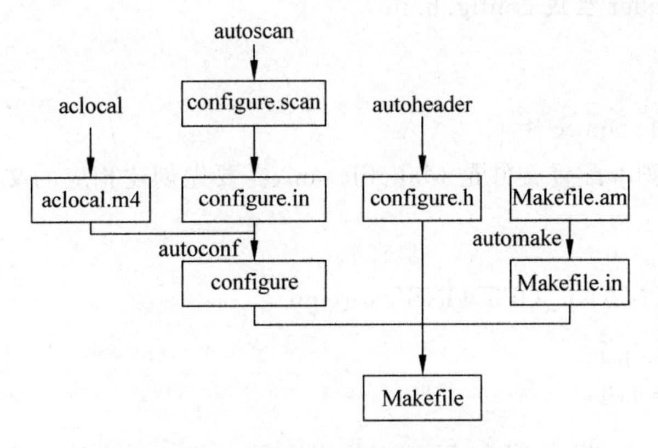


**图 3.3 自动生成 Makefile 的流程图**

以 3.1.2 节中的 hello.c 为例介绍自动生成 Makefile 的过程。

1. autoscan

```
# ls
hello.c
# autoscan
# ls
autoscan.log configure.scan hello.c
```

2. 创建 configure.in 文件

configure.in 是 autoconf 的脚本配置文件，是在 configure.scan 基础上修改的。修改如下。

```
# vi configure.scan
#-*-Autoconf-*-                          //以"#"号开始的行为注释
AC_PREREQ(2.59)                          //本文件要求的 autoconf 版本
```

```
AC_INIT(hello,1.0)                    // AC_INIT 宏用来定义软件的名称和版本等信息
AM_INIT_AUTOMAKE(hello,1.0)           //是 automake 所必备的宏,软件名称和版本号
AC_CONFIG_SRCDIR([hello.c])           //用来侦测所指定的源码文件是否存在
AC_CONFIG_HEADER([config.h])          //用于生成 config.h 文件,以便 autoheader 使用
AC_PROG_CC
AC_CONFIG_FILES([Makefile])           //用于生成相应的 Makefile 文件
AC_OUTPUT
```

最后用命令 mv configure. scan configure. in 将 configure. scan 改成 configure. in。

3. 运行 aclocal 生成 aclocal. m4 文件

```
# aclocal
# ls
aclocal.m4 autoscan.log configure.in hello.c
```

4. 运行 autoconf,生成 configure 可执行文件

```
# autoconf
# ls
aclocal.m4 autom4te.cache autoscan.log configure configure.in hello.c
```

5. 使用 autoheader 生成 config. h. in

```
# autoheader
```

6. 创建 Makefile. am 文件

automake 用的脚本配置文件是 Makefile. am,需要先创建相应的文件。

```
# vi Makefile.am
```

内容为：AUTOMAKE_OPTIONS＝foreign

```
bin_PROGRAMS= hello
hello_SOURCES= hello.c
```

接下来用 automake 生成 Makefile. in,使用选项 adding-missing 可以让 automake 自动添加一些必需的脚本文件,命令如下。

```
# automake --add-missing
configure.in: installing './install-sh'
configure.in: installing './missing'
Makefile.am: installing 'depcomp
# ls
aclocal.m4 autoscan.log configure depcomp install-sh Makefile.in
autom4te.cache config.h.in configure.in hello.c Makefile.am missing
```

7. configure

通过运行自动配置设置文件 configure,Makefile. in 变成了最终的 Makefile。

```
# ./configure
checking for a BSD-compatible install... /usr/bin/install -c
checking whether build environment is sane... yes
checking for gawk... gawk
```

```
checking whether make sets $ (MAKE)... yes
checking for gcc... gcc
checking for C compiler default output... a.out
checking whether the C compiler works... yes
checking whether we are cross compiling... no
checking for suffix of executables...
checking for suffix of object files... o
checking whether we are using the GNU C compiler... yes
checking whether gcc accepts-g... yes
checking for gcc option to accept ANSI C... none needed
checking for style of include used by make... GNU
checking dependency style of gcc... gcc3
configure: creating ./config.status
config.status: creating Makefile
config.status: creating config.h
config.status: executing depfiles commands
```

8. 执行 make 命令，生成可执行文件 hello

```
# make
cd . && /bin/sh ./config.status config.h
config.status: creating config.h
config.status: config.h is unchanged
make all-am
make[1]: Entering directory '/lvli/12'
source='hello.c' object='hello.o' libtool=no \
depfile='.deps/hello.Po' tmpdepfile='.deps/hello.TPo' \
depmode=gcc3 /bin/sh ./depcomp \
gcc -DHAVE_CONFIG_H -I. -I. -I.      -g -O2 -c 'test-f 'hello.c' || echo './''hello.c
gcc -g -O2      -o hello hello.o
cd . && /bin/sh ./config.status config.h
config.status: creating config.h
config.status: config.h is unchanged
make[1]: Leaving directory '/lvli/12
```

9. 运行 hello

```
# ./hello
hello,world!
```

# 3.4 Linux 应用程序设计

虽然 Linux 操作系统下的 C 语言编程与 Windows 操作系统下的 C 语言编程方法基本相同，但是也有细微的差别。下面通过文件操作、时间获取和创建线程等任务来了解 Linux 应用程序设计。

## 3.4.1 文件操作编程

在 Linux 操作系统下，实现文件操作可以采用两种方法，一种是通过 Linux 系统调用来实现，另一种是通过C语言库函数调用来实现。前者依赖于Linux操作系统，后者独立于具体操作系统，即在任何操作系统下，使用C语言库函数操作文件的方法都相同。Linux的系统调用在5.1.3节介绍，本节只介绍利用C语言库函数来操作文件。下面介绍一些常用的文件操作函数，这些函数的说明包含在stdio.h头文件中。

1. 打开和关闭文件函数

打开文件可通过fopen函数来完成，关闭文件可通过fclose函数来完成，格式如下。

```
FILE * fopen(const char * filename, const char * mode);
int fclose(FILE * stream);
```

其中：参数filename表示需要打开的文件名(包括路径，默认为当前路径)。mode为文件打开模式，常见模式如表3.6所示。若成功打开文件，fopen函数返回值是文件指针，若文件打开失败则返回NULL，并把错误代码存在errno中。

**表3.6 常见模式**

| 模　式 | 含　义 |
|---|---|
| r, rb | 只读方式打开文件，该文件必须存在 |
| r+, rb+ | 读写方式打开文件，若文件不存在则自动创建 |
| w, wb | 只写方式打开文件，若文件不存在则自动创建 |
| w+, wb+ | 读写方式打开文件，若文件不存在则自动创建 |
| a, ab | 追加方式打开文件，若文件不存在则自动创建 |
| a+,ab+ | 读和追加方式打开文件，若文件不存在则自动创建 |

模式中的b用于区分文本文件和二进制文件。在Windows操作系统下有区分，但在Linux下不需要区分。

2. 读取文件数据函数

读取文件数据可通过fread、fgetc和fgets等函数实现，格式如下。

```
size_t fread(void * ptr, size_t size, size_t n, FILE * stream);
int fgetc(FILE * stream);
char * fgets(char * s,int size,FILE * stream);
```

fread函数的功能是从stream指向的文件中，读取长度为n * size个字节的字符串，并将读取的数据保存到ptr缓存中，返回值是实际读出数据的字节数。fgetc函数的功能是从stream指向的文件中读取一个字符，若读到文件尾，则返回EOF。fgets函数的功能是从stream指向的文件中读取一串字符，并存到s缓存中，直到出现换行字符、文件尾或已读了size−1个字符时结束，最后会加上NULL作为字符串结束符。

3. 向文件写数据函数

向文件写数据可通过fwrite、fputc和fputs等函数实现，格式如下。

```
size_t fwrite(const void * ptr,size_t size,size_t n,FILE * stream);
int fputc(int c,FILE * stream);
int fputs(const char * s,FILE * stream);
```

fwrite函数的功能是将ptr缓存中的数据写到stream指向的文件中，写入长度为n * size个字节，返回值是实际写入的字节数。fputc函数的功能是向stream指向的文件中写入一个字符。fputs 函数的功能是将 s 缓存中的字符串写入到 stream 指向的文件中。

下面通过一个实际应用加深对文件操作的理解。

**【程序 3.1】** 文件复制程序 file_copy.c。

```
#include <stdio.h>
#include <stdlib.h>
#define BUFFER_SIZE 1024
int main(int argc, char ** argv )
{
    FILE * fileFrom, * fileTo;
    char buffer[BUFFER_SIZE]={0};
    int length=0;
    /* 检查输入命令格式是否正确 */
    if(argc!=3)
        {     printf("Usage: %s fileFrom fileTo\n", argv[0]);
              exit(0);
        }
    /* 打开源文件 */
    fileFrom = fopen(argv[1],"rb+");
    if(fileFrom==NULL)
        {
            printf(" Open File %s Failed\n", argv[1]);
            exit(0);
        }
    /* 打开或创建目标文件 */
    fileTo = fopen(argv[2],"wb+");
    if(fileTo==NULL)
        {
            printf(" Open File %s Failed\n", argv[2]);
            exit(0);
        }
    /* 复制文件内容 */
    while ((length =fread(buffer,1,BUFFER_SIZE,fileFrom))>0 )
        {
            fwrite(buffer,1,length,fileTo);
        }
    /* 关闭文件 */
    fclose(fileFrom);
    fclose(fileTo);
    return 0;
}
```

编译源程序并生成可执行程序 file_copy，然后执行 file_copy 程序将 hello.c 复制成 zhs.c，则编译和运行命令如下。

```
#gcc file_copy.c -o file_copy
#./file_copy hello.c zhs.c
```

### 3.4.2 时间编程

在编程中经常要使用到时间，如获取系统时间、计算事件耗时等。下面介绍一些常用的时间函数,这些函数的说明包含在time.h头文件中。

1. time函数

函数格式:time_t　time(time_t　*tloc);

函数功能:获取日历时间,即从1970年1月1日0点到现在所经历的秒数,结果保存在tloc中。如果操作成功,则返回值为经历的秒数;若操作失败,则返回值为((time_t)-1),错误原因存于errno中。

2. gmtime函数

函数格式:struct tm　*gmtime(const time_t　*timep);

函数功能:将日历时间转化为格林威治标准时间,并将数据保存在tm结构中。tm结构的定义如下。

```
struct tm
{
int tm_sec;          //秒
int tm_min;          //分
int tm_hour;         //时
int tm_mday;         //日
int tm_mon;          //月
int tm_year;         //年
int tm_wday;         //本周第几日
int tm_yday;         //本月第几日
int tm_isdst;        //日光节约时间
};
```

3. gettimeofday函数

函数格式:int gettimeofday(struct timeval　*tv,struct timezone　*tz);

函数功能:获取从今日凌晨到现在的时间差,并存放在tv中,然后将当地时区的信息存放到tz中。两个结构的定义如下。

```
strut timeval {
long tv_sec;            /* 秒数 */
long tv_usec;           /* 微秒数 */
};
struct timezone{
int tz_minuteswest;     /*和GMT时间差*/
int tz_dsttime;
};
```

4. sleep和usleep函数

函数格式:unsigned int sleep(unsigned int sec);

　　　　　void usleep(unsigned long usec);

函数功能:sleep函数的功能是使程序睡眠sec秒,usleep函数的功能是使程序睡眠usec微秒。

下面通过一个实际应用加深对获取时间方法的理解。

【程序 3.2】 算法分析程序 test_time.c。

```
#include <sys/time.h>
#include <stdio.h>
#include <stdlib.h>
#include <math.h>

/* 算法 */
void function()
{
    unsigned int i,j;
    double y;
    for(i=0;i<100;i++)
        for(j=0;j<100;j++)
            {usleep(10);y++;}
}

main()
{
    struct timeval tpstart,tpend;
    float timeuse;

    gettimeofday(&tpstart,NULL);          // 获取开始运行时间
    function();
    gettimeofday(&tpend,NULL);            // 获取运行结束时间
    /* 计算算法执行时间 */
    timeuse=1000000*(tpend.tv_sec-tpstart.tv_sec)+tpend.tv_usec-tpstart.tv_usec;
    timeuse/=1000000;
    printf("Used Time:%f sec.\n",timeuse);
    exit(0);
}
```

程序编译及运行结果如下。

```
#gcc test_time.c  -o  test_time
#./test_time
Used Time : 39.432861 sec.
```

### 3.4.3 多线程编程

采用多线程可以提高程序的运行效率，目前绝大多数嵌入式操作系统和中间件都支持多线程。Linux 操作系统的多线程遵循 POSIX 线程接口，称为 pthread。在 Linux 操作系统进行多线程编程时，需要使用到 pthread.h 头文件和 libpthread.a 库文件。下面介绍几个常用的线程函数。

1. pthread_create 函数

函数格式：int pthread_create(pthread_t *tid,const pthread_attr_t *attr, void *(*start_rtn) (void ), void *arg);

函数功能：创建一个新的线程。参数 tid 为线程 id；attr 为线程属性，通常设置为 NULL；start_rtn 是线程要执行的函数；arg 是执行函数 start_rtn 的参数。当创建线程成

功时,函数返回值为 0；若返回值为 EAGAIN,则表示系统限制创建新的线程,例如线程数目过多；若返回值为 EINVAL,则表示第二个参数代表的线程属性值非法。创建线程成功后,新创建的线程则运行参数三和参数四确定的函数,原来的线程则继续运行下一行代码。

2. pthread_exit 函数

函数格式：int pthread_exit(void * rval_ptr)；

函数功能：退出当前线程,返回值保存在 rval_ptr 中。

3. pthread_join 函数

函数格式：int pthread_join(pthread_t tid, void ** rval_ptr)；

函数功能：阻塞调用线程,直到指定的线程终止。参数 tid 是指定的线程,rval_ptr 是线程退出的返回值。

下面通过一个实际应用加深对多线程编程的理解。

**【程序 3.3】** 创建线程程序 pthread_create.c。

```
#include <pthread.h>
#include <unistd.h>
#include <stdio.h>
/* 子线程执行的函数 */
void * thread(void * str)
{
    int i;
    for (i = 0; i < 6; ++i)
    {
        sleep(2);
        printf( "This in the thread : %d\n" , i );
    }
    return NULL;
}

int main()
{
    pthread_t pth;
    int i;
    int ret;
    ret=pthread_create(&pth, NULL, thread, (void *)(i));        //创建线程

    printf("Test start\n");
    for (i = 0; i < 6; ++i)
    {
        sleep(1);
        printf( "This in the main : %d\n" , i );
    }

  pthread_join(pth, NULL);                                      //等待线程结束
  return 0;
}
```

程序编译及运行结果如下。

```
# gcc pthread_create.c -lpthread -o pthread_create
# ./pthread_create
Test start
This in the main : 0          //主线程上的输出
This in the thread : 0        //子线程上的输出
This in the main : 1          //主线程上的输出
This in the main : 2          //主线程上的输出
This in the thread : 1        //子线程上的输出
This in the main : 3          //主线程上的输出
This in the main : 4          //主线程上的输出
This in the thread : 2        //子线程上的输出
This in the main : 5          //主线程上的输出
This in the thread : 3        //子线程上的输出
This in the thread : 4        //子线程上的输出
This in the thread : 5        //子线程上的输出
```

## 3.5 练习题

**1. 选择题**

(1) GCC软件是(　　)。

A. 调试器　　B. 编译器　　C. 文本编辑器　　D. 连接器

(2) GDB软件是(　　)。

A. 调试器　　B. 编译器　　C. 文本编辑器　　D. 连接器

(3) 如果生成通用计算机上(系统是Linux操作系统)能够执行的程序,则使用的C编译是(　　)。

A. TC　　B. VC　　C. GCC　　D. arm-linux-gcc

(4) GCC用于指定头文件目录的选项是(　　)。

A. -o　　B. -L　　C. -g　　D. -I

(5) make有许多预定义变量,表示"目标完整名称"的是(　　)。

A. $@　　B. $^　　C. $<　　D. $>

**2. 填空题**

(1) Linux下,动态链接库文件是以________结尾的,静态链接库文件是以________结尾的。动态链接库是在________动态加载的,静态链接库是在________静态加载的。

(2) GCC指定库文件目录选项的字母是________。指定头文件目录选项的字母是________。指定输出文件名选项的字母是________。

(3) 为了方便文件的编辑,在编辑Makefile时,可以使用变量。引用变量时,只需在变量前面加上________符。

(4) Makefile文件预定定义变量有很多,列举3个预定定义变量:________、________和________。

(5) Makefile文件预定定义变量"$@"表示________,"$^"表示________,"$<"表示________。

**3. 简答题**

(1) make 和 Makefile 之间的关系?

(2) Makefile 的普通变量和预定义变量有什么不同? 预定义变量有哪些? 它们分别表示什么意思?

(3) GCC 编译器的常用参数有哪些? 它们的功能分别是什么?

**4. 编程及调试题**

(1) 根据要求编写 Makefile 文件。有 5 个文件分别是 main.c、visit.h、study.h、visit.c、study.c,具体代码如下。

main.c 文件

```
#include<stdio.h>
main()
{
    int i;
    printf("please input the value of i from 1 to  5:\n");
    scanf("%d",&i);
    if(i==1)
        visit();
    if(i==2)
        study();
}
```

visit.h 文件

```
void visit();
```

study.h 文件

```
void study();
```

visit.c 文件

```
#include "visit.h"
void visit()
{
    printf("visit friend today\n");
}
```

study.c 文件

```
#include "study.h"
void study()
{
    printf("study embedded system today\n");
}
```

① 如果上述文件在同一目录,请编写 Makefile 文件,用于生成可执行程序 zhs。

② 如果按照下面的目录结构存放文件,请改写 Makefile 文件。

bin: 存放生成的可执行文件;

obj: 存放.o 文件;

include：存放 visit. h、study. h；

src：存放 main. c、visit. c、study. c 和 Makefile。

③ 如果按照下面的目录结构存放文件，请改写 Makefile 文件。

bin：存放生成的可执行文件；

obj：存放. o 文件；

include：存放 visit. h 和 study. h；

src：存放 main. c 和 Makefile；

src1：存放 visit. c；

src2：存放 study. c。

(2) 按照要求完成以下操作。

① 用 vi 编辑 test. c 文件，其内容如下。

```
#include<stdio.h>
int main()
{
    int s=0,i;
    for(i=1;i<=15;i++)
    {
        s=s+i;
        printf("the value of s is %d \n",s);
    }
    return 0;
}
```

② 使用 gcc -o test. o test. c 编译，生成 test. o。

③ 使用 gcc -g -o test1. o test. c 编译，生成 test1. o。

④ 比较 test. o 和 test1. o 文件的大小，思考为什么？

(3) 使用 GDB 调试上面的程序。

① 带调试参数-g 进行编译。

```
#gcc -g test.c -o test
```

② 启动 GDB 调试，开始调试。

```
#gdb Gtest
```

③ 使用 gdb 的命令进行调试。

(4) 编写一个程序，将系统时间以 year-month-day hour：minute：second 格式显示在屏幕上，并将它保存在 time. txt 文件中。

# 第4章 嵌入式交叉编译环境及系统裁剪

本章总结归纳嵌入式系统的常用调试方法，详细介绍交叉编译环境的构建、串口通信软件的配置和Flash程序的烧写，最后重点介绍引导程序和Linux操作系统的裁剪和编译方法，以及根文件系统的构建。

## 4.1 嵌入式交叉编译环境构建

因为嵌入式系统中没有足够的硬件资源支持开发工具和调试工具，所以嵌入式软件开发一般采用交叉编译方式。通常把安装了交叉编译环境的主机称为宿主机，宿主机一般是普通的计算机，而把软件实际运行的硬件平台称为目标机，目标机一般是指嵌入式系统。

嵌入式软件的编译方法与一般应用软件的编译方法差不多，它是在宿主机上交叉编译出可以在目标机上运行的代码。但嵌入式软件的调试方法与一般应用软件的调试方法有较大的差异。一般应用软件的调试器和被调试的程序都运行在同一台计算机上，操作系统也相同，调试器进程可以通过操作系统提供的调用接口来控制被调试的进程。但在嵌入式软件开发时，调试器和被调试的程序分别运行在不同的硬件平台上，从而增加了程序调试的难度。

在进行嵌入式软件开发时，首先要根据实际应用选择一种调试方法，然后根据调试方法来构建交叉编译环境。

### 4.1.1 嵌入式常用调试方法

嵌入式调试方法有很多，常用的调试方法包括实时在线仿真、模拟调试、软件调试和OCD调试等。

1. 实时在线仿真

实时在线仿真(In-Circuit Emulator，ICE)是目前最为有效的调试嵌入式系统的方法。它是一种用于替代目标机上CPU的设备，可以执行目标机上的CPU指令，能够将内部的信号输出到被控的目标机，ICE上的内存也可以被映射到用户的程序空间。这样，即使目标机不存在，也可以进行代码调试。

嵌入式系统和硬件紧密相关，不同的嵌入式应用，其硬件电路组成也不尽相同，这样势必造成调试的不便。在不同的嵌入式硬件系统中，总会存在各种变异和事先未知的变化，因此对处理器的指令执行也会带来不确定性，换句话说，完全一样的程序可能会产生不同的结果，只有通过实时在线仿真才能发现这种不确定性。最典型的就是时序问题。使用传统的断点设置和单步执行代码技术会改变时序和系统的行为。有时会发生这样的问题：就是使用断点进行调试，没有发现任何问题，但取消断点后，又出现问题。这个时候就需要借助ICE，因为它能够实时追踪数千条指令和硬件信号。

实时在线仿真具有以下优缺点。

优点：功能非常强大，软硬件均可做到完全实时在线调试。

缺点：价格昂贵。

2. 模拟调试

调试工具和待调试的嵌入式软件都在宿主机上运行，由宿主机提供一个模拟的目标运行环境，可以进行语法和逻辑上的调试。具有以下优缺点。

优点：简单方便，不需要目标机，成本低。

缺点：功能非常有限，无法实时调试。

3. 软件调试

宿主机和目标机通过某种接口（通常是串口）连接，宿主机提供调试界面，将待调试软件下载到目标机上运行。这种方式的先决条件是在宿主机和目标机之间建立起通信联系（目标机上需要固化监控程序）。它具有以下优缺点。

优点：纯软件，价格较低，简单，软件调试能力较强。

缺点：需要事先在目标机上烧写监控程序（往往需多次试验才能成功），且目标机能正常工作，功能有限，特别是硬件调试能力较差。

4. OCD调试

OCD（片上调试器）是把ICE提供的实时跟踪和运行控制两个模块分开，然后将很少使用的实时跟踪功能放弃，而将大量使用的运行控制放到目标机的CPU核内，由一个专门的调试控制逻辑模块来实现，并将一个专用的串行信号接口开放给用户。这样，OCD可以提供ICE 80%的功能，成本还不到ICE的20%。

由于历史原因，OCD有许多不同的实现方式，标准并不统一。比较典型的有IBM和TI公司提出的连接测试存取组（Joint Test Action Group，JTAG）；Motorola公司提出的后台调试模式（Background Debugging Method，BDM）。

JTAG调试方法主要通过ARM芯片的JTAG边界扫描口进行调试。JTAG仿真器比较便宜，连接比较方便，通过现有的JTAG边界扫描口与ARM处理器核通信，属于完全非插入式（即不使用片上资源）调试，它无需目标存储器，不占用目标系统的任何端口，而这些是驻留监控软件所必需的。另外，由于JTAG调试的目标程序是在目标机上执行的，仿真更接近于目标硬件，因此，许多接口问题，如高频操作限制、AC和DC参数不匹配，电线长度的限制等被最小化。使用集成开发环境配合JTAG仿真器进行开发是目前采用最多的一种调试方式，具有以下优缺点。

优点：方便、简单，无须制作监控程序，软硬件均可调试。

缺点：需要目标板，且目标板工作基本正常（至少MCU工作正常），仅适用于有调试接口的芯片。

BDM是Motorola公司的专用调试接口，它开创了片上集成调试资源的优势。硬件设计仅仅需要把处理器的调试引脚连接到专用连接器与调试工具上，如Wiggler。该调试方法具有以下优缺点。

优点：连接简单，与目标系统上的微处理器一起运行，与微处理器的变化无关，成本低，简化了设计工具。

缺点：大多数只提供运行控制，特性受限于芯片厂商，速度较慢，不支持覆盖内存，不能访问其他总线。

本书选用软件调试方式,并采用JTAG接口向目标机的Flash存储器烧写引导程序。

### 4.1.2 交叉编译环境构建

交叉编译是指在宿主机上编译出能够在目标机上运行的可执行程序的过程。交叉编译环境包括硬件和软件两部分,其中硬件配置如图4.1所示。硬件包括宿主机(通用计算机)、目标机(UP-NETARM2410开发板)、各种扩展模块和接连线。嵌入式开发过程需要安装的软件比较多,因此对宿主机的性能要求比较高,建议CPU主频高于500MHz;内存大于512MB;硬盘大于40GB;并配有串口、并口和网络接口等。

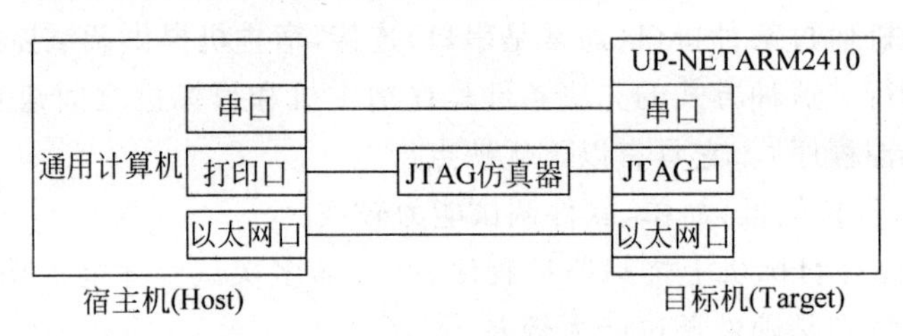


图4.1　嵌入式交叉编译环境硬件配置

构建嵌入式Linux交叉编译软件环境,首先要在宿主机上安装Linux操作系统。Linux操作系统版本比较多,本书选用的是Red Hat Linux 9.0。用户可以将Linux操作系统直接安装在宿主机上,也可以在宿主机上先安装Windows操作系统,然后安装虚拟机(如VMware),最后在虚拟机上安装Linux操作系统。因为嵌入式软件开发需要使用Linux操作系统上的许多工具软件,所以建议安装Linux时,用定制方式进行完全安装,即在选择软件包(package)时选择最后一项完全安装(everything)。然后配置好网络、TFTP服务(为下载烧写所用)和NFS服务(为交叉开发mount时所用)。IP地址、NFS和TFTP服务等网络配置的方法在附件A中有详细介绍。

构建交叉编译环境的第一步是确定目标平台。在GUN系统中,每个目标平台都有一个明确的格式,这些信息用于在构建过程中识别要使用的不同工具的正确版本。因此,当在一个特定目标机下运行GCC时,GCC便在目录路径中查找包含该目标规范的应用程序路径。GCC的目标规范格式为CPU-PLATFROM-OS。例如,x86/i386目标机名为i686-pc-linux-gun。本章讲述建立基于ARM平台的交叉编译工具链,所以目标平台名为arm-linux-gun。

构建交叉编译环境的第二步是匹配Binutils、GCC和glibc的版本。通常情况下,越新的版本功能越强大,但是最新版本有可能存在BUG,需要不断地测试修正。

对于GCC的版本,2.95.x曾经统治了Linux 2.4内核时代,它表现得极为稳定。对于Linux 2.6内核需要更高的工具链版本支持,因此,Linux 2.6内核最好使用GCC 3.3以上版本。

glibc的版本也要跟Linux内核的版本匹配。在编译glibc时,要用到Linux内核的头文件,它在内核源码的include目录下。如果发现有变量没有定义而导致编译失败,需要改变内核版本号。如果没有绝对把握保证内核修改完全,就不要修改内核,而应该把Linux内核的版本号降低或升高,以适应glibc版本。如果选择的glibc的版本低于2.2,还要下载一个 glibc-crypt 的软件包,例如 glibc-crypt-2.1.tar.gz,然后解压到 glibc 源码树中。

对于 Binutils 版本,可以尽量使用新的版本,新版本中的很多工具是辅助 GCC 编译功能的,问题相对较少。

通常构建交叉编译环境有3种方法。

方法1:分步编译和安装交叉编译环境所需要的库和源代码,最终生成交叉编译环境。该方法相对比较困难,不适合初学者,较适合想深入学习构建交叉编译环境的读者。

方法2:通过 Crosstools 脚本工具来实现一次编译生成交叉编译环境,该方法相对于方法1要简单许多,并且出错的机会也非常少。

方法3:使用开发平台供应商提供的开发环境安装套件建立交叉编译环境,这是最常用的方法。不同开发平台安装的具体步骤可以参考供应商的操作说明书,相关安装步骤会有所不同。

本节采用方法3,以 UP-NETARM2410 开发板为例,介绍一下安装和配置过程。

1. 安装软件包

将随机光盘放入光驱,然后进入终端方式,并输入以下命令。

```
#cd /mnt/cdrom/ Linux-V1.0
#./install.sh
```

其中,install.sh 是一个安装脚本文件,执行该文件会自动完成安装。交叉编译器会安装在/opt/host/armv4l/bin 目录,库文件会安装在/opt/host/armv4l/lib 目录,头文件会安装在/opt/host/armv4l/include 目录。

2. 配置交叉编译器运行环境

安装完以后,为方便使用,可以将/opt/host/armv4l/bin 路径添加到系统变量 PATH 中。实现方法是修改/root/.bash_profile 文件中 PATH 变量,将其修改为 PATH = $PATH:$HOME/bin:/opt/host/armv4l/bin。修改完成后执行 ldconfig 或 source /root/.bash_profile 命令,使配置生效。

经过以上两步操作,就完成了交叉编译环境的构建。

### 4.1.3　串口通信软件配置

在进行嵌入式软件开发调试时,需要使用工具充当目标机的信息输出监视器,这个工具通常是串口通信软件。如果宿主机安装的是 Windows 操作系统,则可以选择超级终端串口通信软件;如果缩主机安装的是 Linux 操作系统,则可以选择 minicom 串口通信软件。

minicom 是 Linux 系统下的串口通信软件,它在嵌入式系统开发中充当目标机的显示器,能够实时显示目标机上的操作内容。minicom 在使用之前要进行配置,下面介绍 minicom 的配置,具体步骤如下。

(1) 启动 minicom。在 Linux 系统终端方式下,输入命令 minicom,按 Enter 键后,弹出 minicom 运行窗口,如图4.2所示。

(2) 先按 Ctrl+A 键,再按 Z 键,进入 minicom 主配置对话框,如图4.3所示。

(3) 按 O 键,进入 minicom 配置对话框,如图4.4所示。

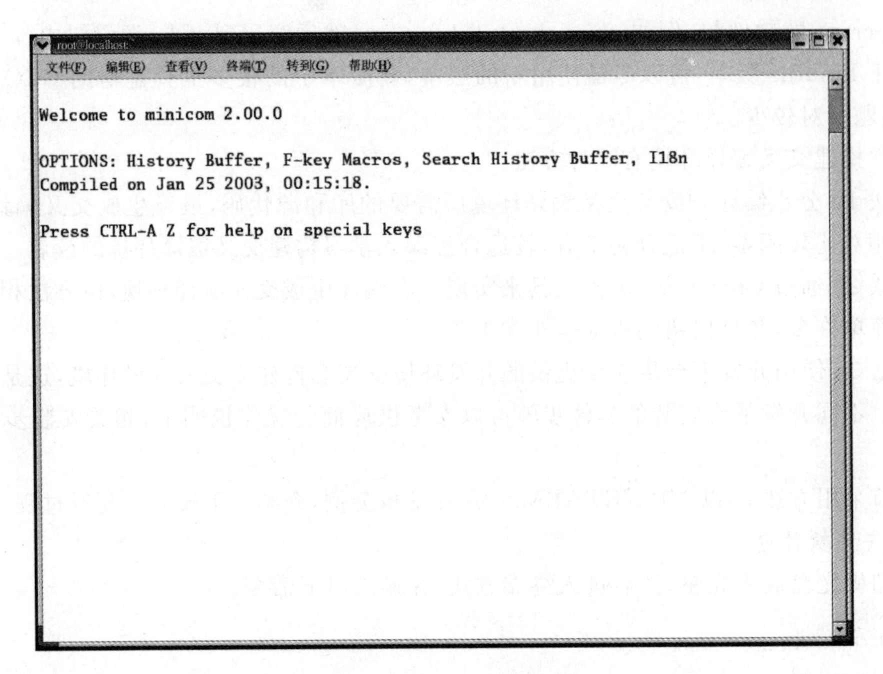


图 4.2　minicom运行窗口

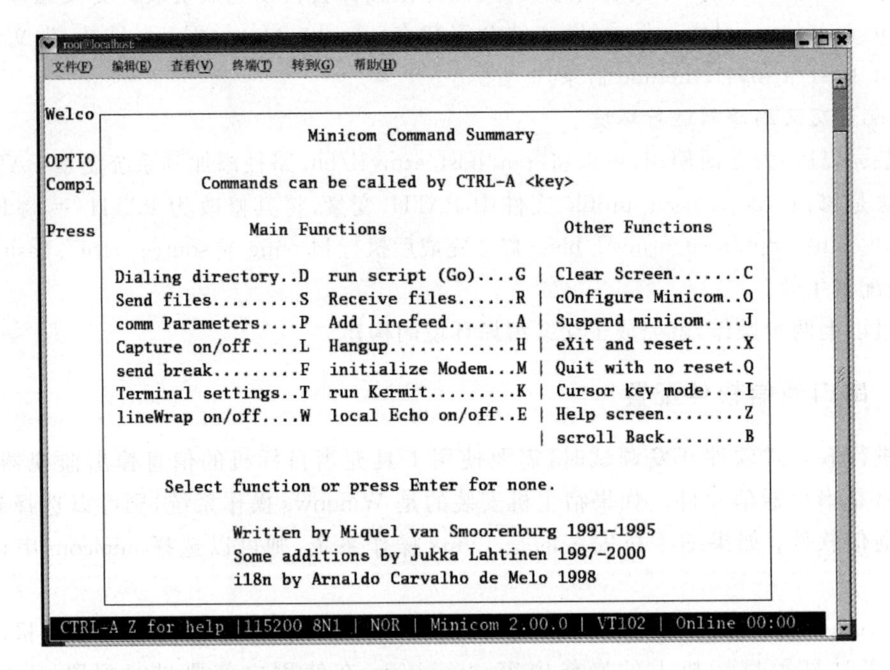


图 4.3　minicom主配置对话框

(4) 按"向下"键选择Serial port setup，进入串口设置对话框，如图4.5所示。对话框通过选择字母进入相应的配置选项。A键是端口号设置，E键是波特率配置，F和G是数据流控制。

在实际操作时，要根据宿主机使用的串口号，以及目标机串口的波特率等实际情况进行

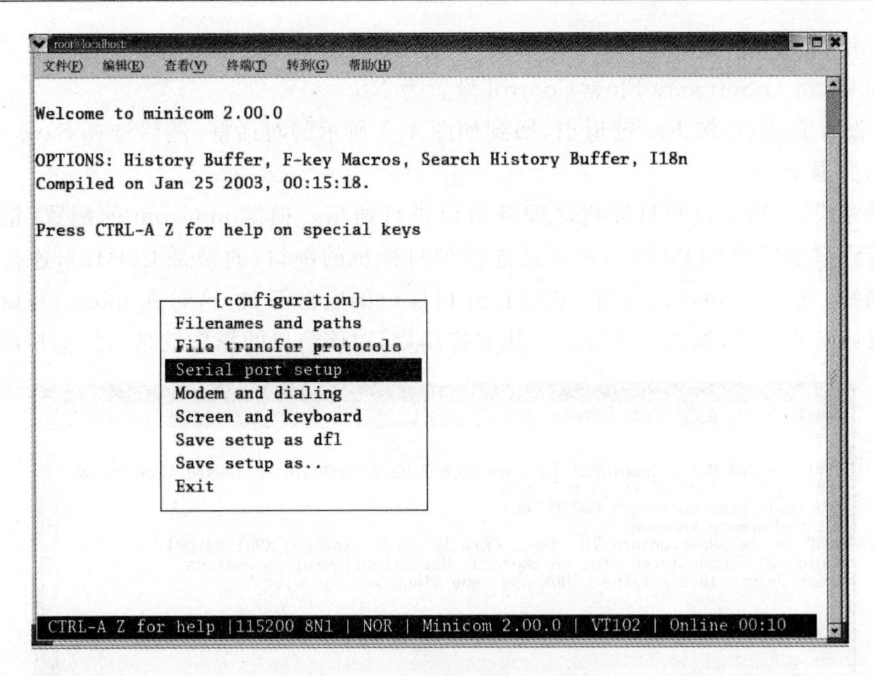


图 4.4　minicom 配置对话框

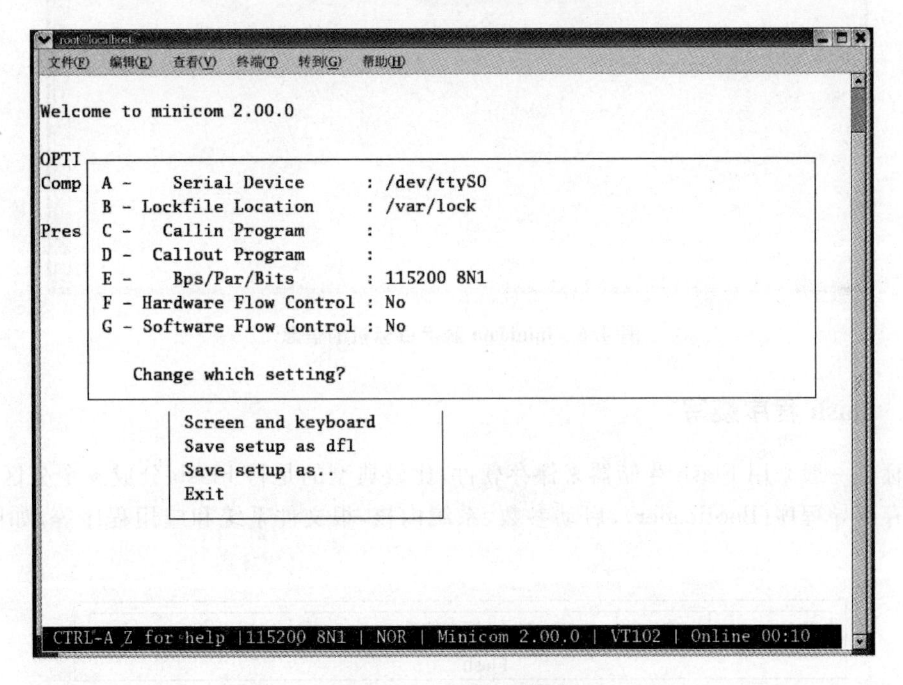


图 4.5　串口设置对话框

设置。假设宿主机使用 COM1 与目标机连接，目标机串口的波特率为 115 200，每次传 8 位数据，没有奇偶校验位，停止位为 1，没有数据流控制。则设置过程如下。

按 A 键，将 A - Serial Device 设置为/dev/ttyS0。在 Linux 系统中 COM1 的设备文件名为/dev/ttyS0，COM2 的设备文件名为/dev/ttyS1。

按 E 键，将 E-Bps/Par/Bits 设置为 115200 8N1。

按F键,将F-Hardware Flow Control设置为No。

按G键,将G-Software Flow Control设置为No。

(5)设置完成后,按Esc键退出,回到如图4.4所示的对话框,然后选择Save setup as dfl保存,并退出。

配置完成后,宿主机与目标机之间就可以进行通信。根据minicom的配置,把串口线一端连接到宿主机的COM1口,另一端连接到目标机的串口(通常是COM1),连接好目标机的电源线。启动minicom程序,然后打开目标机的电源开关,这时在minicom窗口就会接收到目标机的信息,如图4.6所示。建立连接后,对该窗口的操作就是对目标机的操作。

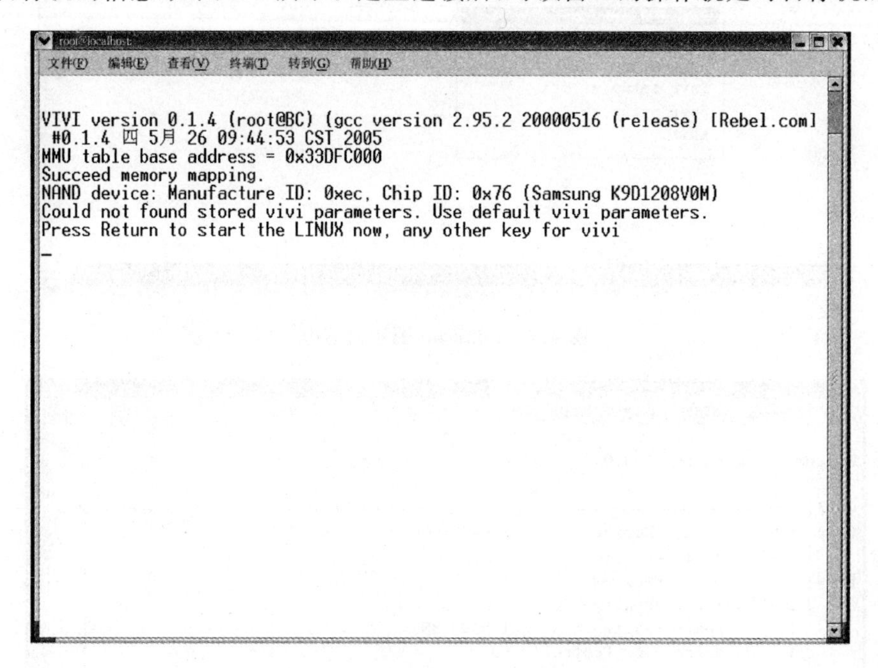


图4.6 minicom显示目标机的信息

### 4.1.4 Flash程序烧写

目标机一般采用Flash存储器来保存软件,比较典型的是将Flash分成5个分区,分别用于保存引导程序(Bootloader)、启动参数、系统内核、根文件系统和应用程序等,如图4.7所示。

| Bootloader | 启动参数 | 系统内核 | 根文件系统 | 应用程序 |
|---|---|---|---|---|
| Flash | | | | |

图4.7 Flash存储器的典型分区方案

本节介绍烧写Bootloader、内核、根文件系统的过程。对Flash存储器的烧写可以通过仿真器、串口、网络接口等不同方式。其中,编程器是最原始的方式,利用编程器可直接将数据烧写到Flash存储器中。而利用串口、网络接口等方式是在系统已支持相应的协议基础上完成的,相对来说速度要快很多。由于Bootloader是构建一个系统时最先被烧写到Flash存储器中的软件,所以它的烧写需要使用仿真器来完成。下面对Bootloader的烧写采用JTAG简易仿真器来完成。JTAG仿真器除了可以完成程序仿真调试之外，还可以完成程序的烧写功能。

假设需要烧写的映像文件均已准备好，分别是：

(1) vivi，S3C2410X的Bootloader程序；

(2) zImage，Linux内核映像文件；

(3) root.cramfs，根文件系统映像文件。

将上述文件保存在f:\img目录下，此目录中还有烧写程序sjf2410.exe。具体烧写步骤如下。

1. 安装JTAG驱动程序

(1) 连接硬件。将打印电缆线的一端连接到计算机的打印口，另一端连接到JTAG仿真器上，再将JTAG仿真器连接到目标机的JTAG接口上，启动目标机。

(2) 在宿主机上运行Windows操作系统，并将目标机供应商提供的光盘放入光驱，将光盘上的整个GIVEIO目录(JTAG驱动程序所在的目录)复制到C:\Windows下，并把该目录下的giveio.sys文件复制到C:\Windows\system32\drivers下。

(3) 选择"开始"→"控制面板"→"添加硬件"命令，弹出"添加硬件向导"对话框，然后按照提示，手动从列表中选择硬件，并指明驱动程序为C:\Windows\giveio\giveio.inf文件，单击"确定"按钮，安装好驱动程序。

2. 设置超级终端

选择"开始"→"程序"→"附件"→"通信"→"超级终端"命令，弹出"超级终端"窗口。在进行一系列设置后，弹出"端口设置"对话框，如图4.8所示。根据目标机的技术参数，将串口通信参数设置为"每秒位数"选择"115200"，"数据位"选择"8"，"奇偶校验"选择"无"，"停止位"选择"1"，"数据流控制"选择"无"。

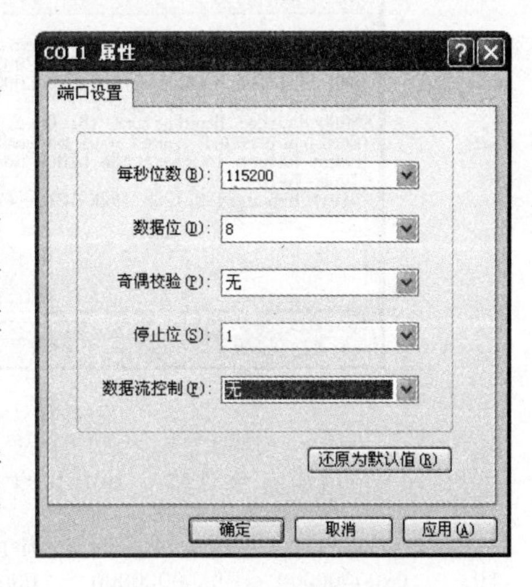


图4.8 "端口设置"对话框

3. 烧写引导程序(vivi)

在宿主机上，进入DOS命令行状态。选择"开始"→"运行"命令，弹出"运行"对话框，在对话框中输入cmd命令，即可以进入DOS命令行状态。

进入f:\img\flashvivi目录，运行sjf2410-s命令，格式如下。

```
sjf2410-s/f:vivi
```

命令执行后，sjf2410-s会自动找到CPU的id，然后有三次要求输入参数，第一次是选择Flash类型，输入0，对应Flash类型为64MB的K9S1208；第二次是选择JTAG对Flash的两种功能，输入0，代表写操作；第三次是选择起始地址，输入0，此后等待大约3分钟的烧写时间。当vivi烧写完毕后，选择参数2，退出烧写。操作过程的显示如图4.9所示。

烧写完成后关闭目标机，拔掉JTAG仿真器与目标机的连线，并用串口线连接宿主机和目标机。

```
C:\WINDOWS\system32\cmd.exe
 0:K9S1208 prog      1:K9F2808 prog       2:28F128J3A prog    3:AM29LV800 Prog
 4:Memory Rd/Wr      5:Exit
Select the function to test:0

[K9S1208 NAND Flash JTAG Programmer]
K9S1208 is detected. ID=0xec76
 0:K9S1208 Program      1:K9S1208 Pr BlkPage    2:Exit
Select the function to test :0

[SMC(K9S1208V0M) NAND Flash Writing Program]

Source size:0h~f917h

Available target block number: 0~4095
Input target block number:0
target start block number      =0
target size         (0x4000*n) =0x10000
STATUS:Epppppppppppppppppppppppppppppppp
Epppppppppppppppppppppppppppppppp
Epppppppppppppppppppppppppppppppp
Epppppppppppppppppppppppppppppppp
 0:K9S1208 Program      1:K9S1208 Pr BlkPage    2:Exit
Select the function to test :2

D:\bootloader>
```

图 4.9　烧写 vivi

打开超级终端,启动目标机,在宿主机上按空格键,进入 vivi 的下载模式,如图 4.10 所示,然后输入命令 bon part 0 128k 192k 1216k 4288k: 64704k 对 Flash 重新分区。

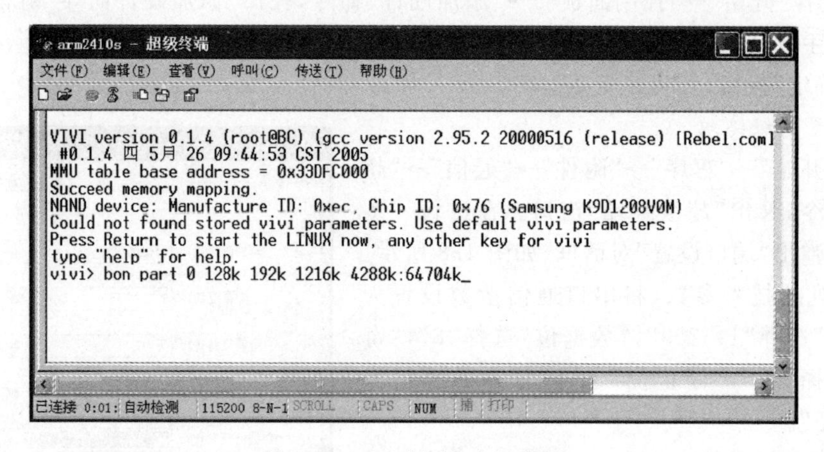


图 4.10　vivi 分区命令示意图

分区结束后,输入查看命令 bon part info,可以看到以下结果。

| No | offset | size | flags | bad | 文件 |
|---|---|---|---|---|---|
| 0: | 0x00000000 | 0x00020000 | 00000000 | 0 | 128KB |
| 1: | 0x00020000 | 0x00010000 | 00000000 | 0 | 64KB |
| 2: | 0x00030000 | 0x00100000 | 00000000 | 0 | 1MB |
| 3: | 0x00130000 | 0x00300000 | 00000000 | 0 | 3MB |
| 4: | 0x00430000 | 0x03b00000 | 00000001 | 0 | 59MB |
| 5: | 0x03F30000 | 0x000cc000 | 00000000 | 0 | 816KB |

在利用 vivi 对 Flash 进行分区后,原来烧写到 Flash 中的所有程序(包括 vivi)都被删除。如果在以上操作过程中,目标机没有被关机,那么 vivi 还在目标机的内存中运行,此时可以利用 vivi 下载模式,通过串口重新烧写 vivi 程序。命令如下:

```
vivi>load flash vivi x
```

当出现:

```
Ready for downloading using xmodem ...
Waiting ...
```

时，选择“传送”→“发送文件”命令，弹出“发送文件”对话框，如图4.11所示。然后找到vivi文件，选择Xmodem协议，最后单击“发送”按钮。等待几分钟后，vivi程序就烧写到了Flash存储器中。

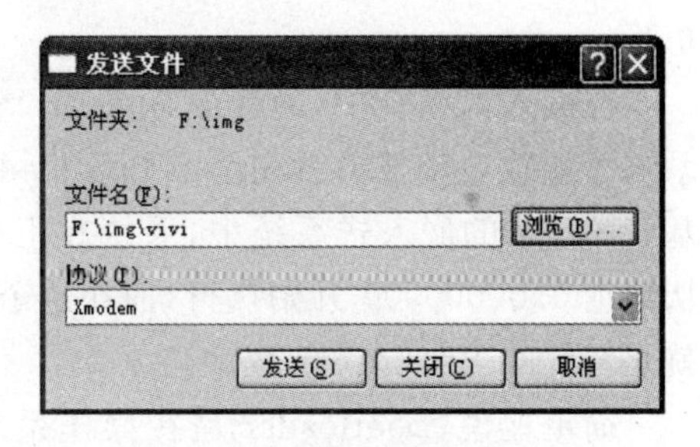


图4.11　“发送文件”对话框

4. 烧写内核

烧写内核(zImage)过程与上述第二次烧写vivi类似，命令如下：

```
vivi>load flash kernel x
```

当出现：

```
Ready for downloading using xmodem ...
Waiting ...
```

时，选择“传送”→“发送文件”命令，弹出“发送文件”对话框，如图4.11所示。然后找到内核映像文件zImage，选择Xmodem协议，最后单击“发送”按钮。等待几分钟后，zImage程序就烧写到了Flash存储器中。

5. 烧写根文件系统

烧写根文件系统(root.cramfs)与烧写过程类似，烧写命令如下：

```
vivi>load flash root x
```

当出现：

```
Ready for downloading using xmodem ...
Waiting ...
```

时，选择“传送”→“发送文件”命令，弹出“发送文件”对话框，如图4.11所示。然后找到内核映像文件root.cramfs，选择Xmodem协议，最后单击“发送”按钮。等待几分钟后，root.cramfs程序就烧写到了Flash存储器中。

## 4.2 Bootloader程序

### 4.2.1 初识Bootloader程序

Bootloader(引导加载程序)是系统加电后运行的第一段代码。一般它只在系统启动时运行非常短的时间，但对于嵌入式系统来说，这是一个非常重要的系统组成部分。当使用单片机时，一般只需要在初始化CPU和其他硬件设备后，直接加载程序即可，不需要单独构建一个引导程序。但构建一个引导程序，是构建嵌入式Linux系统的一个最普通的任务。在PC中，引导程序一般由BIOS和位于硬盘MBR中的操作系统引导程序(如GRUB和

LILO)一起组成。BIOS在完成硬件检测和资源分配后,将硬盘MBR中的Bootloader读到系统的RAM中,然后将控制权交给操作系统引导程序。PC的引导加载程序的主要任务是将内核映像文件从硬盘上读到RAM中,然后跳到内核的入口点去运行,即开始启动操作系统。

在嵌入式系统中,通常没有像BIOS那样的固件程序,因此在一般典型的系统中,整个系统的加载启动任务就完全由Bootloader来完成。在一个基于ARM的嵌入式系统中,系统在上电或复位时通常都从地址0x00000000开始执行,而在这个地址处安排的通常就是系统的Bootloader程序。

简单地说,Bootloader是在操作系统内核或用户应用程序运行之前运行的一段小程序。通过这段小程序,可以初始化硬件设备、建立内存空间的映射图,从而将系统的软硬件环境带到一个合适的状态,以便为最终调用操作系统内核或用户应用程序准备好合适的环境。嵌入式系统的运行过程如图4.12所示。

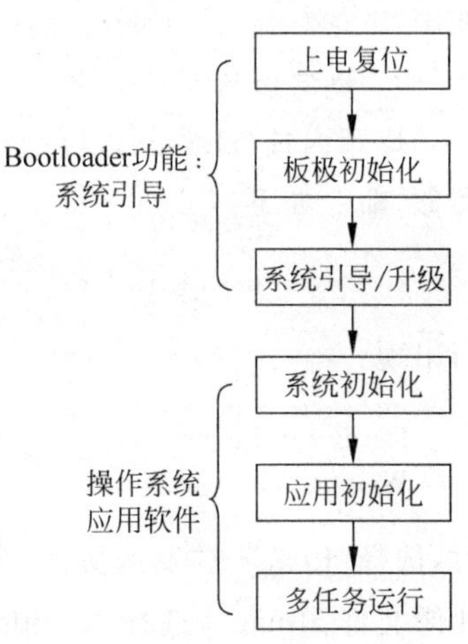


**图4.12　嵌入式系统的运行过程**

嵌入式Linux系统从软件的角度看通常可以分为4个层次：引导加载程序、Linux内核、根文件系统和应用程序。有时在应用程序和内核之间可能还会包括一个嵌入式图形用户界面(GUI)软件。

大多数Bootloader都包含两种不同的操作模式,即启动加载模式和下载模式。分成两种模式对于开发人员来说意义比较大,但对于最终用户来说意义不大。

(1) 启动加载模式。这种模式也称为“自主”模式,即Bootloader从目标机上的某个固体存储设备上直接将操作系统加载到RAM中运行,整个过程没有用户的干预。这种模式是Bootloader的正常工作模式。

(2) 下载模式。在这种模式下,目标机上的Bootloader将通过串口、网络连接或者其他通信手段从主机下载文件,如下载内核镜像和根文件系统镜像等。从主机下载的文件通常首先被Bootloader保存到目标机的RAM中,然后被Bootloader写到目标机上的Flash类固态存储设备中。工作于这种模式下的Bootloader通常都会向它的中断用户提供一个简单的命令行接口。

目前流行的一些功能强大的Bootloader程序通常都同时支持这两种工作模式,并且允许用户在两种工作模式之间进行切换。常用的方法是：Bootloader在启动时可以处于正常的启动加载模式,但在此过程之前延时10秒等待用户按下任意键将Bootloader切换到下载模式；如果在10秒内用户没有按键,则Bootloader将继续加载并启动Linux内核。这提高了Bootloader应用的灵活性,方便开发的同时也适应了产品发布的要求。

Bootloader的结构框架一般分为stage1和stage2两部分。依赖于CPU体系结构的代码,比如设备初始化代码等,通常都放在stage1中,且用汇编语言来实现,这部分代码直接在Flash中执行,以提高工作效率。而stage2则通常用C语言来实现,这样可以实现更复杂的功能,而且代码会具有更好的可读性和可移植性。

Bootloader 的第一阶段(stage1)通常包括下面的步骤(按执行的先后顺序)。

(1) 硬件设备初始化；

(2) 为加载 Bootloader 的 stage2 准备 RAM 空间；

(3) 复制 Bootloader 的 stage2 到 RAM 空间中；

(4) 设置好堆栈,堆栈指针的设置是为执行 C 语言代码做好准备；

(5) 跳转到 stage2 的 C 语言入口点。

Bootloader 的第二阶段(stage2)通常包括下面的步骤(按执行的先后顺序)。

(1) 初始化本阶段要使用到的硬件设备；

(2) 检测系统内存映射(memory map)；

(3) kernel 映像和根文件系统映像从 Flash 上读到 RAM 空间中；

(4) 为内核设置启动参数；

(5) 调用内核。

以上就是 Bootloader 两阶段启动的整个过程和需要执行的主要任务,在具体的设计中还要根据相应的处理器和系统加以优化。

### 4.2.2 常用的 Linux Bootloader

1. U-Boot

U-Boot 全称 Universal Bootloader,是遵循 GPL 条款的开放源码项目。U-Boot 不仅支持嵌入式 Linux 系统的引导,当前,它还支持 NetBSD、VxWorks、QNX、RTEMS、ARTOS、LynxOS 嵌入式操作系统。U-Boot 除了支持 PowerPC 系列的处理器外,还能支持 MIPS、x86、ARM、NIOS、Xscale 等诸多常用系列的处理器。就目前来看,U-Boot 对 PowerPC 系列处理器的支持最为丰富,对 Linux 的支持最完善。源码可以在 http://uboot.sourceforge.net 下载。

2. Blob

Blob 是 Bootloader Object 的缩写,是一款功能强大的 Bootloader。它遵循 GPL,源代码完全开放。Blob 既可以用来完成简单的调试,也可以启动 Linux 内核。Blob 最初是 Jan-Derk Bakker 和 Erik Mouw 为一块名为 LART(Linux Advanced Radio Terminal)的开发板编写的,该板使用的处理器是 StrongARM SA-1100。现在 Blob 已经被移植到了许多 CPU 上,包括 S3C44B0。源码可以在 http://sourceforge.net/projects/blob 下载。

3. ARMBoot

ARMBoot 是基于 ARM 或者 StrongARM CPU 的嵌入式系统所设计的。它支持多种类型的 Flash。允许映像文件经由 bootp、tftp 从网络传输；支持从串口线下载 S-record 或者 binary 文件；允许内存的显示及修改；支持 jffs2 文件系统等。ARMBoot 源码公开,可以在 http://www.sourceforg.net/projects/armboot 下载。

4. RedBoot

RedBoot (RedHat Embedded Debug and Bootstrap)是 RedHat 公司开发的一个独立运行在嵌入式系统上的 Bootloader 程序,是目前比较流行的一个功能完善、可移植性好的

Bootloader。RedBoot是一个采用ECOS开发环境开发的应用程序,并采用了ECOS的硬件抽象层作为基础,但它完全可以摆脱ECOS环境运行,可以用来引导任何其他的嵌入式操作系统,如Linux、Windows CE。RedBoot除了一般Bootloader的硬件初始化和引导内核的功能外,还支持引导脚本,可方便地启动应用程序或嵌入式操作系统内核;提供完整的命令行接口,方便用户进行各种系统操作;支持串行通信协议和网络通信协议;支持GDB调试,内嵌GDB stub;支持Flash映像文件系统;通过BOOTP协议支持网络引导,也可以配置静态IP。源码可以在http://sourceware.org/rdboot下载。

5. vivi

vivi是韩国mizi公司开发的Bootloader,适用于ARM9处理器。vivi有两种工作模式:启动加载模式和下载模式。启动加载模式可以在一段时间后(这个时间可更改)自行启动Linux内核,这是vivi的默认模式。在下载模式下,vivi为用户提供一个命令行接口,通过接口可以使用vivi提供的一些命令,如表4.1所示。vivi源码可以在http://www.mizi.com/developer/s3c2410x/download/vivi.html下载。

**表4.1　vivi命令**

| 命　　令 | 功　　能 |
|---|---|
| load | 把二进制文件载入Flash或RAM |
| part | 操作MTD分区信息。显示、增加、删除、复位、保存MTD分区 |
| param | 设置参数 |
| boot | 启动系统 |
| flash | 管理Flash,如删除Flash的数据 |

### 4.2.3　vivi的裁剪和编译

1. vivi的结构

vivi的结构分为两个阶段,stage1的代码在vivi目录下的arch/s3c2410/head.s中,stage2的代码从init/main.c的main函数开始。

stage1完成如下任务。

(1) 关闭WatchDog。

(2) 禁止所有中断。

(3) 初始化系统时钟。

(4) 初始化内存控制寄存器。

(5) 检查是否从掉电模式唤醒,如果是,则调用WakeupStart函数进行处理。

(6) 点亮所有LED。

(7) 初始化UART0。

(8) 将vivi的代码从NAND Flash复制到SDRAM中。

stage2完成如下任务。

(1) 打印vivi的信息。

(2) 调用初始化函数。具体函数如表4.2所示。

表 4.2　vivi 调用的初始化函数

| 函　数 | 功　能 |
|---|---|
| reset_handler() | 将内存清零 |
| board_init() | 初始化定时器和设置各 GPIO 引脚 |
| mem_map_init() | 建立页表和启动 MMU |
| mmu_init() | 初始化 cache,load 页表指针,mmu 使能 |
| heap_init() | 初始化堆 |
| mtd dev init() | 初始化 mtd 设备 |
| init_priv_data() | 将启动内核的命令参数取出,存放在内存特定的位置 |
| init_builtin_cmds() | 初始化内建命令 |
| boot_or_vivi() | 等待用户输入,有输入进入 vivi_shell,没有输入,超时后启动 Linux |

(3) boot_or_vivi():判断是否按下 Enter 键,若按下,则进入 vivi shell;若没有,则执行 boot 命令,启动内核。

(4) boot 命令执行后,找到 kernel 分区,并找它的偏移量和大小,执行 boot_kernel()函数,复制内核映像。

(5) 设置 Linux 启动参数,打印 Now Booting Linux。

(6) 调用 call_linux()函数启动内核。

2. vivi 的配置及编译

配置 vivi 和配置 Linux 内核类似,使用以下命令。

```
#make distclean
#make menuconfig
```

执行命令后,弹出“配置 vivi”对话框,如图 4.13 所示。它与 Linux 内核配置对话框格式差不多,只不过选项要少一些。这时用户可以根据目标机的配置及将来的应用等实际需要进行配置。配置完成后,保存并退出。最后执行 make 命令进行编译。编译时,先要指定 Makefile 文件中的 LINUX_INCLUDE_DIR 和 CROSS_COMPILE,否则编译时会报错。

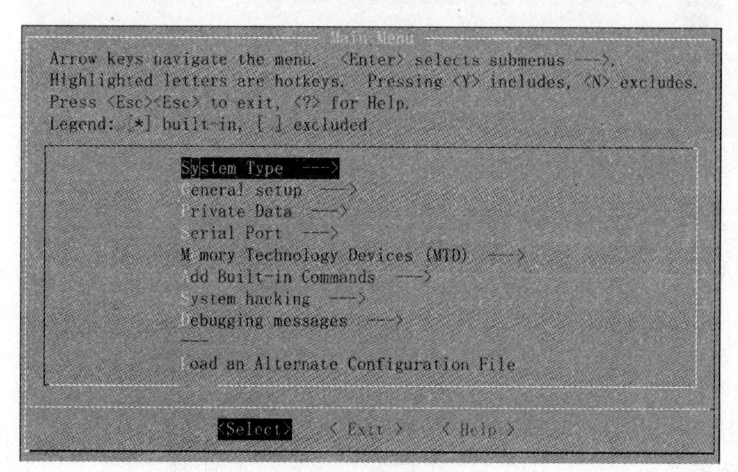


图 4.13　配置 vivi

# 4.3　Linux操作系统的裁剪和编译

若想在嵌入式系统上使用操作系统，必须为它定制一个适合目标机运行的内核。通常的做法是从网上下载一个版本合适的内核，然后对其进行裁剪，再对其进行交叉编译生成内核映像文件，再将映像文件烧写到目标机上。嵌入式系统存储单元十分有限，因此精简内核显得尤为重要。内核裁剪主要是去除多余的模块，增加必需的模块，使之更符合目标系统。这主要包括以下操作：选择硬件平台的类型、选择内核对MTD和Flash存储器的支持、选择内核对网络的支持、选择内核对文件系统的支持等。

另外，运行Linux操作系统，还要有一个根文件系统，所以还要学习根文件系统的构建。

## 4.3.1　内核的裁剪和编译

1. 内核的裁剪

Linux内核的编译选项主要有三种。

(1) make config：进入命令行，可以一行一行的配置。

(2) make menuconfig：开发人员比较熟悉的menuconfig菜单。

(3) make xconfig：在2.4.X以及以前版本中的xconfig图形配置菜单。

通常采用第二种方式。具体配置步骤是：在终端下进入内核所在目录，如/arm2410S/kernel2410目录。然后执行make menuconfig命令，则会弹出"内核配置"对话框，如图4.14所示。

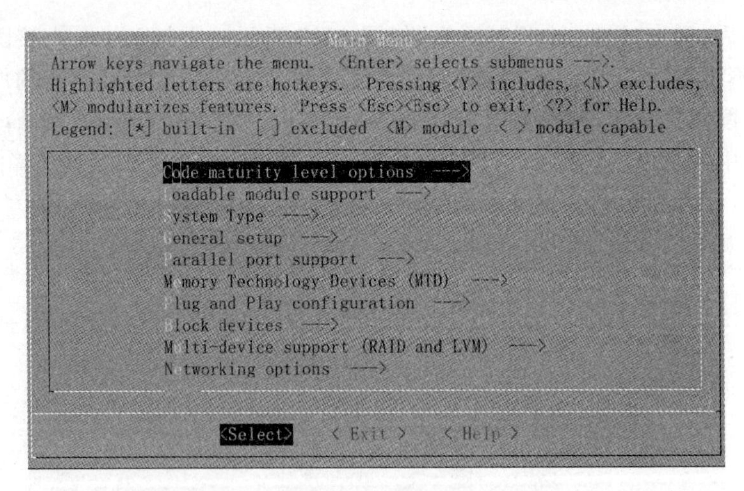


**图4.14　内核配置**

对图4.14的几点说明如下。

(1) 带有"--->"表示该选项包含子选项。

(2) 每个选项前面有"[ ]"或"<>"，中括号表示仅有两种选择(*或空)，尖括号表示有3种选择(M、*或空)，按空格键可显示这几种选择。

(3) M表示以模块方式编译进内核，在内核启动后，需要手工执行insmod命令才能使用该项驱动；“ * ”表示直接编译进内核；空表示不编译。

以配置目标机的处理器为例，讲解一下配置步骤。如果目标机的处理器为 S3C2410X，则配置步骤为：选择 System Type 选项，弹出 System Type 对话框，如图 4.15 所示；再选择 ARM system type 选项，弹出 ARM system type 对话框，如图 4.16 所示；选中 S3C2410-based。最后按提示返回到“内核配置”对话框，这样就完成了处理器的配置。可以按同样方法完成其他选项的配置。

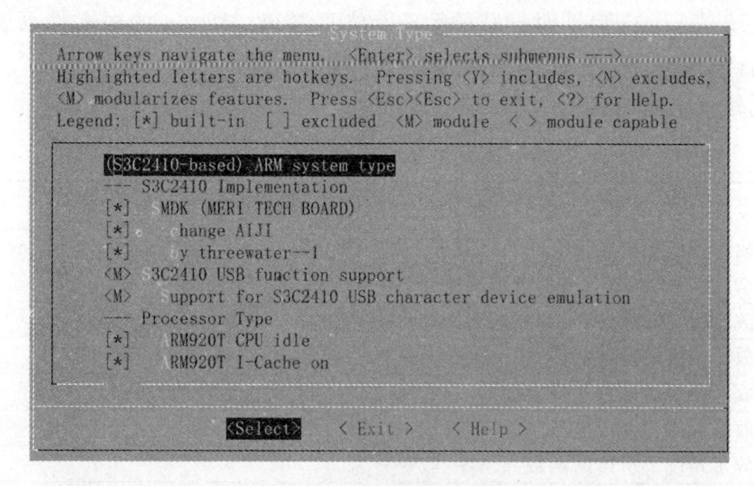


图 4.15　系统型对话框

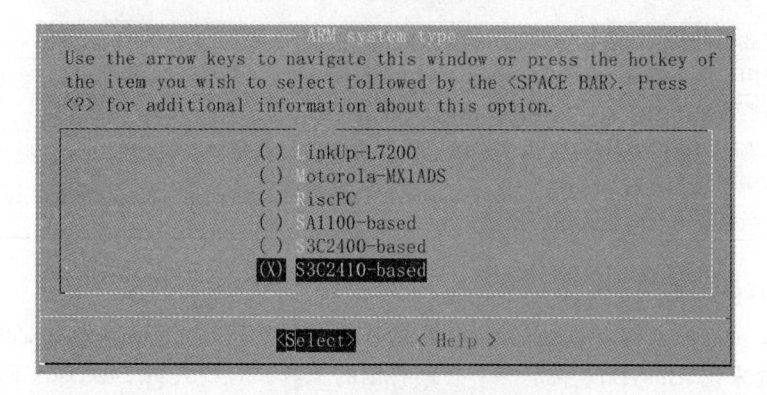


图 4.16　ARM 型号对话框

内核裁剪的难点在于对内核模块的选择和处理上，这就要求开发人员对内核的结构非常熟悉，只有这样才能做出相应功能的内核，即不仅满足系统要求，又没有太多冗余。由于 Linux 内核比较庞大，所以在这里不做过多陈述，感兴趣的读者可参考其他资料来熟悉内核模块的结构。

2. 内核的编译

内核裁剪和配置完成以后，即可对配置后的内核进行交叉编译。其步骤如下。

(1) 输入 make clean 命令，删除已生成的模块和目标文件。

(2) 输入 make dep 命令，编译变量依赖关系等。

(3) 输入 make zlmage 生成经压缩以后的内核映像文件 zlmage。

(4) 输入make modules编译模块。

(5) 输入make modules_install安装编译完成的模块。

内核映像文件zlmage存放在./arch/arm/boot/目录下。

### 4.3.2　根文件系统的构建

1. 根文件系统

根文件系统是Linux启动时挂载的第一个文件系统。Linux的根文件系统以树型结构进行组织,包含内核和系统管理所需要的各种文件和程序,一般来说根目录"/"下的顶层目录都有一些比较固定的命名和用途。表4.3列出了常用的目录。

**表4.3　Linux常用目录**

| 目录 | 用　途 |
|---|---|
| /bin | 存放了系统的一些重要的执行文件。如登录命令login;文件操作命令cp、mv、rm、ln等;文件编辑器ed、vi等;磁盘管理程序dd、df、mount等;系统实用程序uname、hostname等 |
| /boot | 存放了引导加载器(bootstrap loader)使用的文件 |
| /dev | 存放了系统的设备文件 |
| /etc | 存放了系统的配置文件。如/etc/inittab文件决定系统启动的方式 |
| /home | 存放系统用户的工作目录 |
| /lib | 存放了系统上所需的函数共享库 |
| /mnt | 系统管理员临时mount的安装点。如光驱、软盘都挂接在此目录的cdrom和floppy子目录中 |
| /proc | 记载整个系统的运行信息 |
| /root | 根用户的主目录 |
| /tmp | 为所有用户储存临时文件而保留的目录 |
| /usr | 是Linux中内容最多、规模最大的一个目录。它包含所有命令、库、man页和其他一般操作中所需的不改变的文件 |
| /var | 包括系统运行时要改变的数据 |

2. BusyBox工具

嵌入式系统的最大特点就是精简性,要求软硬件越少越好,所以对于目前庞大的Linux的根文件系统来说,BusyBox就是一个非常有用的工具。有些人将BusyBox称为Linux工具里的瑞士军刀。BusyBox是用来精简用户的命令和程序的,它将数以百计的常用UNIX/Linux命令集(如ls、cp等命令)生成到一个可执行文件中(名为BusyBox),所占用的空间只有1MB左右。

BusyBox从名称上来说是"繁忙的盒子",即一个程序完成所有的事情。BusyBox根据文件名来决定执行具体的命令或程序,即为BusyBox文件建立不同名称的链接文件,不同的链接名就可以完成不同的功能。如ln -s busybox ls,则ls就能实现查看文件的功能。如ln -s busybox cp,则cp就能实现文件复制的功能。

3. 根文件系统的构建过程

创建根文件系统的基本步骤如下。

1) 建立基本的目录结构

在宿主机上创建一个目录作为目标系统的根目录rootfs,并在rootfs目录下建立各个子目录，命令如下。

```
# mkdir rootfs
# cd rootfs
# mkdir etc dev lib mnt proc tmp usr var
```

2) 交叉编译 BusyBox

交叉编译 BusyBox 的目的是对 BusyBox 进行设置和选择命令，不能将 BusyBox 的全部命令放到开发板中，所以根据开发板的要求对 BusyBox 中的命令进行裁剪，然后再编译，最后将_install 下的目录和文件复制到根文件系统中。具体方法如下。

下载 BusyBox 源代码并将其解压至根目录，命令如下。

```
# tar jxvf busybox-1.00.tar.bz2
# cd busybox-1.00
# make menuconfig
```

命令执行完后，弹出 BusyBox Configuration 对话框，如图 4.17 所示。[ * ]表示选择，[ ]表示不选择，使用空格键切换。配置的主要内容如下。

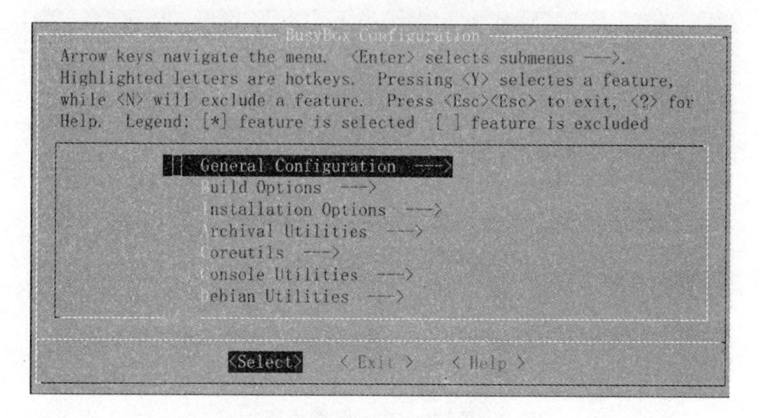


图 4.17　BusyBox 配置界面(1)

(1) 配置系统是否支持设备文件系统。选择 General Configuration，弹出 General Configuration 对话框，如图 4.18 所示，选中 Support for devfs 选项。

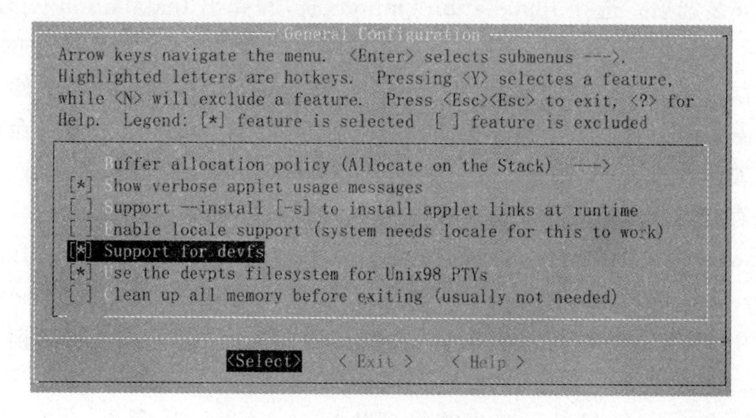


图 4.18　BusyBox 配置界面(2)

(2) 配置交叉编译器。选择 Build Options 选项,弹出 Build Options 对话框,如图 4.19 所示。选中 Do you want to build BusyBox with a Cross Compiler?,弹出“交叉编译器选择”对话框,如图 4.20 所示。在对话框中输入交叉编译器安装的路径。

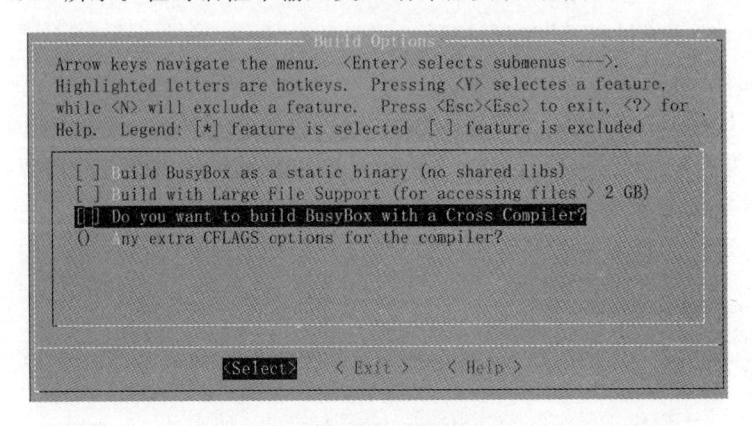


**图 4.19　BusyBox 配置界面(3)**

```
Build Options
Arrow keys navigate the menu.  <Enter> selects submenus --->.
Highlighted letters are hotkeys.  Pressing <Y> selectes a feature,
Cross Compiler prefix
Please enter a string value. Use the <TAB> key to move from the input
field to the buttons below it.
/opt/host/armv4l/bin/armv4l-unknown-linux-
< Ok >   < Help >
<Select>   < Exit >   < Help >
```

**图 4.20　BusyBox 配置界面(4)**

(3) 配置运行库。选择 Build Options,弹出 Build Options 对话框,如图 4.19 所示。选中 Build BusyBox as a static binary(no shared libs)。

(4) 配置安装选项。选择 Installation Options 选项,弹出 Installation Options 对话框,如图 4.21 所示,选中“Don't use/usr”。这是必选项,告诉编译器不要将生成的 BusyBox 文件存放到原系统/usr 下。这样才能把 BusyBox 编译成静态链接的可执行文件。

(5) 选择需要的命令。由于目标板的资源限制,不可能将 Linux 的所有命令都生成,对于那些 Linux 基本命令选项,则根据需要进行选择和配置,这是很关键的步骤。命令选择完成后就可以保存并退出 menuconfig。

下面以 chmod 命令为例介绍命令的选择过程,其他命令类似。在“BusyBox 配置”对话框中,选择 Coreutils 选项,弹出 Coreutils 对话框,如图 4.22 所示,选中 chmod。

(6) 编译生成 BusyBox 文件。执行 make 命令进行交叉编译,在当前目录下产生 BusyBox 文件。

(7) 安装生成_install 目录。在当前目录执行 make install 命令,会在当前目录下创建_install 目录,同时在_install 下生成 bin 和 sbin 子目录,另外还有 linuxrc 文件。make

install 命令会将当前目录下的 BusyBox 文件复制到_install/bin 目录下，在_install/bin 中会有相应的命令文件。如 ls、cp 等。复制_install 下的目录和文件到目标根文件系统中的命令为：cp_install/ * /home/rootfs/。

3）创建配置文件

在/home/rootfs/etc 目录下创建如下目录和文件：inittab、/init. d/rcS、passwd、group、profile hosts、fstab、inetd. conf。

4）利用工具创建根文件系统映像文件

在 home 目录下，执行命令：# mkcramfs rootfs root. cramfs。

上面的命令会生成 root. cramfs 文件，将其下载到目标板上运行。到此，根文件系统构建完成。

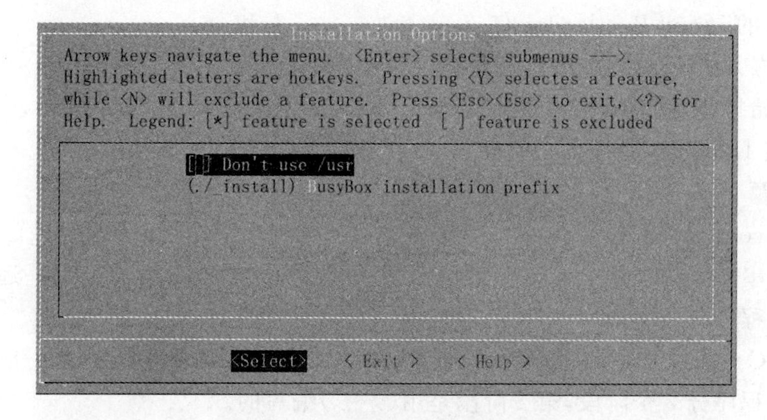


图 4.21　BusyBox 配置界面(5)

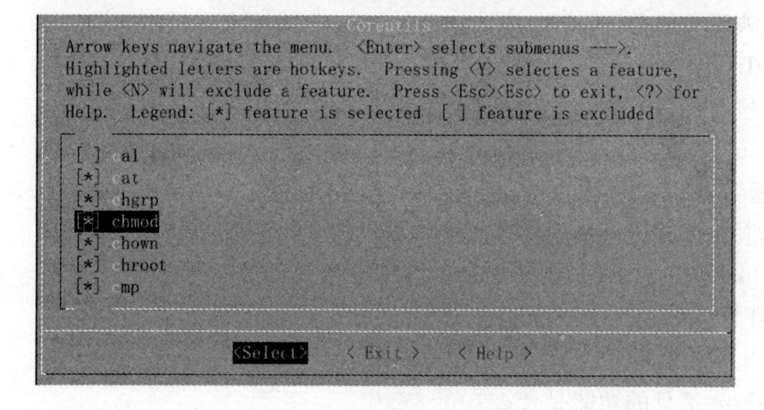


图 4.22　BusyBox 命令选择

# 4.4　练　习　题

**1. 填空题**

(1) 当宿主机使用 Linux 操作系统的 minicom 操作实验箱时，宿主机和实验箱之间是利用________口来传输数据。

(2) 配置minicom时，一般参数为波特率________，数据位________位，停止位________位，奇偶校验位________，软硬件控制流为________。

(3) 对嵌入式系统Flash存储器烧写可以通过________、________和________等不同方式。

(4) 在构建一个嵌入式系统，最先被烧写到Flash存储器中的软件是________。

(5) JTAG仿真器有两种功能，即________和________。

(6) 嵌入式Linux的内核映像文件是________，根映像文件是________。

(7) 大多数Bootloader程序包括两种不同的操作模式，即________和________模式。

(8) Bootloader程序有stage1和stage2，它们分别是用________和________语言来编写的。

(9) 流行的Linux Bootloader有________、________和________。

(10) 在嵌入式Linux系统中，创建根文件系统的工具是________。

(11) 开始操作实验箱，当出现提示Press Return start the LINUX now ,any other key for vivi时，按Enter键，则进入vivi的________模式。

**2. 选择题**

(1) minicom是(　　)。

A. 串口通信工具　　B. 图像软件　　C. 操作系统　　D. 远程控制软件

(2) vivi程序分2个阶段，第1阶段是用(　　)编写的。

A. C语言　　B. 机器语言　　C. 汇编语言　　D. Basic语言

(3) vivi程序分2个阶段，第2阶段是用(　　)编写的。

A. C语言　　B. 机器语言　　C. 汇编语言　　D. Basic语言

(4) 内核映像文件是(　　)。

A. zImage　　B. kernel　　C. root.cramfs　　D. Yaffs

(5) 创建根文件系统映像文件使用的工具是(　　)。

A. BusyBox　　B. cramfs　　C. make　　D. vi

**3. 简答题**

(1) 简述嵌入式开发环境的搭建过程。

(2) Bootloader的结构分两部分，简述各部分的功能。

(3) ARM常用的Bootloader程序有哪些？

(4) 简述生成内核映像文件zImage的步骤。

(5) BusyBox工具的功能是什么？

(6) 简述根文件系统的创建过程。

# 第5章　Linux驱动程序设计

本章主要介绍Linux驱动程序工作原理、设备分类、设备文件接口和驱动程序加载方法，总结归纳字符设备驱动程序使用到的重要数据结构和常用函数，最后通过两个实例介绍字符设备驱动程序的设计，以及编译、安装和测试等过程。

## 5.1　Linux驱动程序概述

驱动程序是应用程序与硬件之间的一个中间软件层，它为应用程序屏蔽了硬件的细节。不同的硬件设备需要不同的驱动程序，如网卡、声卡、键盘和鼠标等，它们的驱动程序都不一样。如果某个硬件设备在操作系统中没有对应的驱动程序，系统就无法对该硬件设备进行操作，这时就需要为该硬件设备开发驱动程序。Linux操作系统预留了安装驱动程序的接口，可以非常方便地将驱动程序加载到操作系统。

大多数驱动程序都是用来控制某一个硬件设备的，但是驱动程序并不一定要控制某一个物理性的硬件设备，如/dev/null/、dev/random，这些设备与真实的硬件没有什么联系，只是从内核获取数据再送往应用程序的一种手段。

在嵌入式系统开发过程中，因为系统不同，硬件结构也有所不同，所以很少有通用的驱动程序可以使用。因此，驱动程序开发是整个嵌入式系统设计过程中必不可少的一部分。本节主要介绍Linux驱动程序的一些基础知识。

### 5.1.1　设备驱动原理

设备驱动程序的目标是屏蔽具体物理设备的操作细节，实现设备无关性。在嵌入式操作系统中，设备驱动程序是内核的重要部分，它为内核提供了一组统一的I/O接口，用户可以使用这些接口实现对设备的操作。

1. 设备驱动程序的功能

设备驱动程序作为操作系统最基本的组成部分，它的功能通常包括以下3部分。

(1) 对设备初始化和释放。驱动程序加载时，完成设备注册、中断申请、初始化等操作。当驱动程序卸载时，则将使用的设备号、中断和内存空间等资源释放出来。

(2) 数据传送。驱动程序最重要的功能就是在内核、硬件和应用程序之间传送数据，从而实现对设备的具体操作。

(3) 检测和处理设备出现的错误。驱动程序应能够对设备出现的一些常见错误具有检测和纠错等功能。

2. 设备驱动程序的组成

设备驱动程序的组成通常包括以下3部分。

(1) 自动配置和初始化子程序。这部分负责检测所要驱动的硬件设备是否存在，以及是否工作正常。如果设备工作正常,则对这个设备及其相关的设备驱动程序还需要的软件状态进行初始化。这部分驱动程序仅在系统初始化的时候被调用一次。

(2) 服务于I/O请求的子程序,又称为驱动程序的上半部分。调用这部分程序是由于系统调用的结果。这部分程序在执行的时候,系统仍认为是和进行调用的进程属于同一个进程,只是由用户态变成了内核态,具有进行此系统调用的用户程序的运行环境,因此可以在其中调用 sleep 等与进程运行环境有关的函数。

(3) 中断服务子程序,又称为驱动程序的下半部分。在 Linux 系统中,并不是直接从中断向量表中调用设备驱动程序的中断服务子程序,而是由 Linux 系统来接收硬件中断,再由系统调用中断服务子程序。中断可以产生在任何一个进程运行的时候,因此在中断服务程序被调用的时候,不能依赖于任何进程的状态,也就不能调用任何与进程运行环境有关的函数。因为设备驱动程序一般支持同一类型的若干设备,所以一般在系统调用中断服务子程序的时候,都带有一个或多个参数,以唯一标识请求服务的设备。

3. 驱动程序与应用程序的区别

驱动程序与应用程序的区别主要表现在以下3个方面。

(1) 应用程序一般有一个 main 函数,并从头到尾执行一个任务;驱动程序没有 main 函数,它在加载时,通过调用 module_init 宏,完成驱动设备的初始化和注册工作之后便停止,并等待被应用程序调用。

(2) 应用程序可以和 GLIBC 库连接,因此可以包含标准的头文件;驱动程序不能使用标准的C库,因此不能调用所有的C库函数,例如输出函数不能使用 printf,只能使用内核的 printk,包含的头文件只能是内核的头文件,例如 Linux/module.h。

(3) 驱动程序运行在内核空间(又称内核态)比应用程序执行的优先级要高很多。应用程序则运行在最低级别的用户空间(又称用户态),在这一级别禁止对硬件的直接访问和对内存的未授权访问。

### 5.1.2　设备分类

1. 设备的分类

Linux 系统通常将设备分为3类,即字符设备(character device)、块设备(block device)和网络设备(network device)。应用程序对不同类型设备的操作有一些差别,如图5.1所示。应用程序通过字符设备文件(又称设备节点)来操作字符设备;通过块设备文件来操作块设备;通过套接字来操作网络设备。

1) 字符设备

字符设备是指数据处理以字节为单位,并按顺序进行访问的设备,它一般没有缓冲区,不支持随机读写。嵌入式系统中的简单按键、触摸屏、鼠标、A/D转换等设备都属于字符设备。

字符设备是 Linux 中最简单的设备,可以像文件一样访问。初始化字符设备时,字符设备驱动程序向 Linux 登记,并在字符设备向量

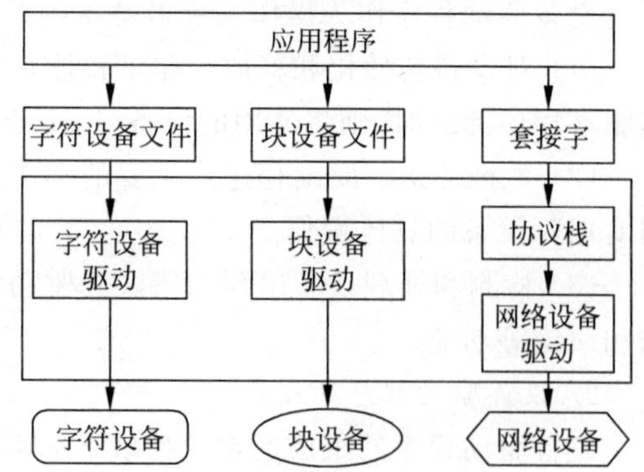


图5.1　应用程序操作设备框图

表 chrdevs 中增加一个 device_struct 数据结构条目，这个设备的主设备号用做这个向量表的索引，即 chrdevs[]数组的下标值就是主设备号，如图 5.2 所示。chrdevs 向量表中的每一个条目就是一个 device_struct 结构，这个结构的定义如下。

```
struct device_struct{
    const char * name;                  //指向设备驱动程序名称
    struct file_operations  * fops;     //指向设备文件操作例程指针
}
```

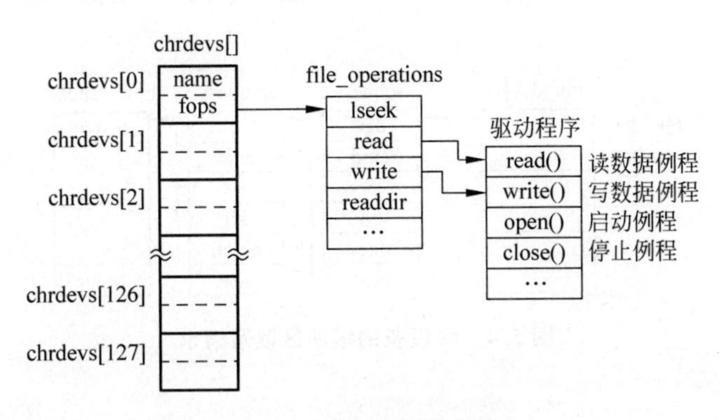


图 5.2　字符设备向量表

2）块设备

块设备是指在输入输出时数据处理以块为单位的设备，它一般都采用缓存技术，支持数据的随机读写。典型的块设备有硬盘、U 盘、内存、Flash、CD-ROM 等。

块设备是文件系统的物质基础，它也可以像文件一样访问。Linux 用 blkdevs 向量表维护已经登记的块设备文件。它像 chrdevs 向量表一样，使用设备的主设备号作为索引。blkdevs 向量表的条目也是 device_struct 结构，如图 5.3 所示。

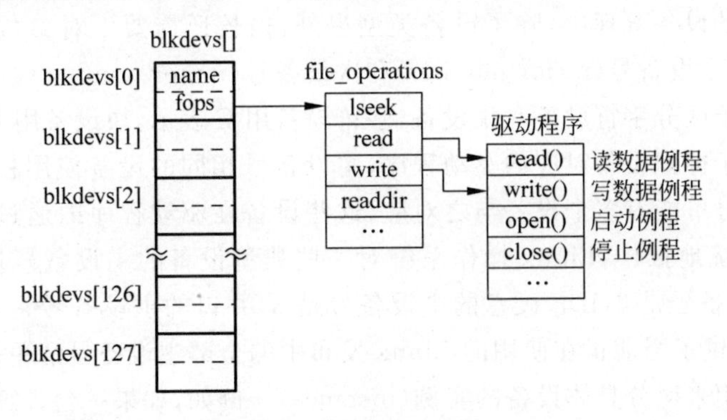


图 5.3　块设备向量表

块设备又分若干种类型，例如 SCSI 类和 IDE 类。类向 Linux 内核登记并向内核提供文件操作。一种块设备类的设备驱动程序向这种类提供和类相关的接口。例如，SCSI 设备驱动程序必须向 SCSI 子系统提供接口，让 SCSI 子系统来对内核提供这种设备的文件操作。

对块设备文件的读写首先要对缓冲区进行操作，所以除了对文件操作的接口，块设备必须提供缓冲区的接口。每一个块设备驱动程序填充 blk_dev 向量表中的 blk_dev_struct 数据结构。这个向量表的索引还是设备的主设备号。blk_dev_struct包含一个请求子程序和一个指向request结构的指针,每个request表示一个来自缓冲区的数据块读写请求。如果数据已存放在缓冲区内,则对缓冲区进行读写操作;否则系统将增加相应个数的request结构到对应的blk_dev_struct中,如图5.4所示。系统以中断方式调用request()函数完成对块设备的读写,以响应请求队列。每个读写请求都有一个或多个buffer_head结构。对缓冲区进行读写操作时,系统可以锁定这个结构,这样会使得进程一直等待直到读写操作完毕。读写请求完成后,系统将相应的buffer_head从request中清除并解除锁定,等待进程被唤醒。

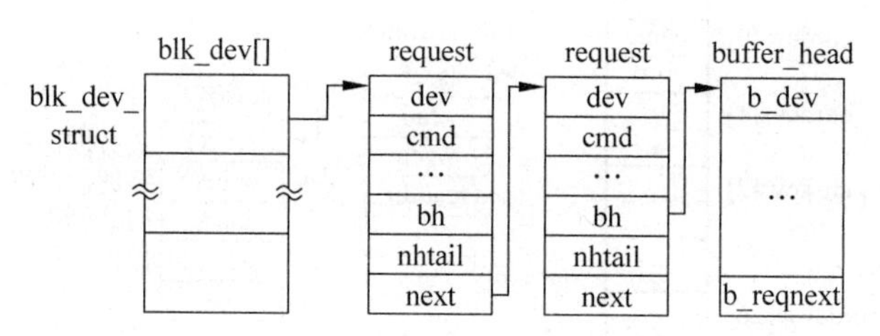


图5.4　块设备的缓冲区读写请求

3）网络设备

网络设备,又称网络接口(network interface),用于网络通信。通常它们指的是硬件设备,但有时也可以是一个纯软件设备(如回环接口loopback)。网络接口由内核中的网络子系统驱动,负责发送和接收数据包,而且它并不需要了解每一项事务是如何映射到实际传送的数据包的。它们的数据传送往往不是面向数据流(少数是,如telnet和FTP是面向数据流的),所以很难把它们映射到一个文件系统的节点上。在Linux中,采用给网络接口设备分配一个唯一的名字的方法来访问该设备。

2. 设备号

在传统方式的设备管理中,除了设备类型以外,内核还需要一对参数才能唯一标识设备,这对参数就是主设备号(major number)和次设备号(minor number)。

设备类型用于区分字符设备和块设备,字符设备用C表示,块设备用B表示。

主设备号用于标识设备对应的驱动程序,主设备号相同的设备使用相同的设备驱动程序。一个主设备号可能有多个设备与之对应,这些设备在驱动程序内通过次设备号来进一步区分。为了系统地推广,Linux操作系统对一些典型设备的主设备号进行了统一编号。例如,软驱的主设备号是2,IDE硬盘的主设备号是3,并口的主设备号是6。文件include/linux/major.h提供了当前正在使用的Linux发布中的全部主设备号清单。

次设备号是用来区分具体设备的实例(instance)。例如,如果一台计算机上配有两个软驱,则两个软驱的主设备号都是2,但次设备号不同,第一个软驱的次设备号为0,第二个软驱的次设备号为1。

在Linux 2.4版内核中有256个主设备号。Linux内核给设备分配主设备号的方法主要有两种,即静态申请和动态申请。静态申请是指由开发人员手工查看系统主设备号的使用情况,然后找到一个未使用的主设备,再向内核申请注册该主设备号。动态申请是指调用系统函数,向内核申请动态分配主设备号。

3. 设备文件

设备类型、主设备号、次设备号是内核与驱动程序通信时所使用的，但是对于开发应用程序的用户来说难于理解和记忆，所以 Linux 使用了设备文件的概念来统一对设备的访问接口。设备文件有时也称为设备节点，一般存放在/dev 目录下。正常情况下，/dev 目录下的每一个设备文件对应一个设备(包括虚拟设备)，设备文件的命名一般为“设备名＋数字或字母”，其中，数字或字母用于表示设备的子类，例如/dev/hda1、/dev/hda2 分别表示第一个 IDE 硬盘的第一个分区和第二个分区。可用 ls -l 命令查看这些文件的属性，代码如下。

```
#ls -l /dev
...
crw-------    1   root   root   5,  64   Jan   1 00:00   cua0
crw-------    1   root   root   5,  65   Jan   1 00:00   cua1
crw-------    1   root   root   4,  64   Jan   1 00:11   ttyS0
crw-------    1   root   root   4,  65   Jan   1 00:00   ttyS1
...
#
```

以上显示，共由 8 列组成，各列属性的含义如表 5.1 所示。

**表 5.1　ls -l 命令下显示的文件各列属性含义**

| 列号 | 含　义 |
|---|---|
| 1 | 文件的类型及文件的权限。第 1 位表示文件的类型。c 表示该文件为字符设备文件；b 表示该文件为块设备文件。第 2～10 位表示文件的权限。r 表示读；w 表示写；x 表示执行 |
| 2 | 文件硬链接数 |
| 3 | 文件所属的用户 |
| 4 | 文件所属的用户组 |
| 5 | 主设备号 |
| 6 | 次设备号 |
| 7 | 文件最后修改的时间 |
| 8 | 文件名 |

从以上的显示可以看出，很多设备的主设备号相同，但它们的次设备号却没有重复，这也体现了主、次设备号的分工。

Linux 2.4 版本内核中引入了设备文件系统，所有的设备文件作为一个可以挂装的文件，这样就可以由文件系统进行统一管理，从而设备文件就可以挂装到任何需要的地方。设备文件的命名规则也发生了变化，一般将主设备建立一个目录，再将具体的子设备文件建立在此目录下。例如将 UP-NETARM2410-S 中的 MTD 设备文件保存在/dev/mtdblock 目录下，该目录有两个设备文件 0 和 1。

设备文件的创建方式有两种，即自动创建和手动创建。自动创建是驱动程序在加载时，驱动程序内部调用了自动创建设备文件的函数，从而由内核完成设备文件的创建工作。手动创建是用户通过 mknod 命令来创建设备文件。mknod 的语法为：

mknod name type major minor。

其中：name 是设备文件名；type 是设备类型；major 是主设备号；minor 是次设备号。

实例：创建一个字符设备文件。要求设备名为：/dev/demo，主设备号是100，次设备号是0。

创建的命令如下。

```
# mknod /dev/demo c 100 0
```

### 5.1.3　设备文件接口

Linux应用程序可以通过设备文件的一组固定的入口点来访问驱动程序，这组入口点是由每个设备的设备驱动程序提供的。一般来说，字符设备驱动程序能够提供给应用程序的常用入口点如下。

1. open入口点

对字符设备文件进行操作，都需要调用设备的open入口点。open子程序的功能是：对将要进行的I/O操作做好必要的准备工作，如清除缓冲区等。如果设备是独占的，即同一时刻只能有一个程序访问此设备，则open子程序必须设置一些标志以表示设备处于忙状态。其调用格式如下。

```
int open(char * filename, int access);
```

其中：参数filename是设备文件名；access为文件描述字，它包含基本模式和修饰符两部分内容，两部分内容可用"&"或"|"方式连接。修饰符可以有多个，但基本模式只能有一个。access的规定如表5.2所示。

表5.2　access的规定

| 基本模式 | 含　义 | 修饰符 | 含　义 |
|---|---|---|---|
| O_RDONLY | 只读 | O_APPEND | 文件指针指向末尾 |
| O_WRONLY | 只写 | O_CREAT | 无文件时创建文件，属性按基本模式属性 |
| O_RDWR | 读写 | O_TRUNC | 若文件存在，将其长度缩为0，属性不变 |
| O_BINAR | 打开二进制文件 | | |
| O_TEXT | 打开文本文件 | | |

open()函数打开成功，返回值就是文件描述字的值(非负值)，否则返回−1。

2. close入口点

当设备操作结束时，需要调用close子程序关闭设备。独占设备必须标记设备可再次使用。其调用格式如下。

```
int close(int handle);
```

其中：参数handle为文件描述字(或称设备文件句柄)。

3. read入口点

当从设备上读取数据时，需要调用read子程序。其调用格式如下。

```
int read(int handle, void * buf, int count);
```

其中：参数handle为文件描述字；buf为存放数据的缓冲区；count为读取数据的字节数。

若函数返回值等于 count 参数值，则表示请求的数据传输成功；返回值大于 0，但小于 count 参数值，则表明部分数据传输成功；返回值等于 0，表示到达文件的末尾；返回值为负数，则表示出现错误，并且指明是何种错误，错误号的定义参见<linux/errno.h>；在阻塞型 I/O 中，read 调用会出现阻塞。

4. write 入口点

向设备上写数据时，需要调用 write 子程序。其调用格式如下。

```
int write(int handle, void * buf, int count);
```

其中：参数 handle 为文件描述字；buf 为待写数据的缓冲区；count 为向设备写数据的字节数。

若函数返回值等于 count 参数值，则表示请求的数据传输成功；返回值大于 0，但小于 count 参数值，则表明部分数据传输成功；返回值等于 0，则表示没有写任何数据；返回值为负数，表示出现错误，并且指明是何种错误；在阻塞型 I/O 中，write 调用会出现阻塞。

5. ioctl 入口点

ioctl 入口点主要用于对设备进行读写之外的其他操作，比如配置设备、进入或退出某种操作模式等，这些操作一般无法通过 read 或 write 子函数完成操作。例如 UP-NETARM2410-S 中的 SPI 设备通道的选择操作，无法通过 write 操作控制，只有通过 ioctl 操作来完成。其调用格式如下。

```
int ioctl(int fd, int cmd, …);
```

其中：…代表可变数目的参数表。如果在实际中只有一个可选参数，可以将其定义为如下形式。

```
int ioctl(int fd,int cmd,char * argp);
```

其中：参数 fd 是文件描述符；cmd 是直接传递给驱动程序的一个值；可选参数 argp 则无论用户应用程序使用的是指针还是其他类型值，都以 unsigned long 的形式传递给驱动程序。

下面通过一个实例来学习字符设备文件接口的使用方法。

**【程序 5.1】** 编写应用程序实现向串口发送字符串 ATD2109992。

假设不需要对串口属性进行设置，则具体程序如下。

```
#include <stdio.h>
#include <fcntl.h>
#include <termios.h>
#include<string.h>
#define MAX 20
int main()
{
    int fd,n;
    char buf[MAX]="ATD2109992";
    fd=open("/dev/ttyS0",O_RDWR);              //open 入口点,ttyS0 是设备文件
    if( fd < 0)
```

```
    {
        perror("Unable open /dev/ttyS0\n ");
        return 1;
    }
    n = write(fd, buf, strlen(buf));                    //write 入口点
    if ( n < 0 )
        printf( "write() of %d bytes failed!\n", strlen(buf));
    else
        printf( "write() of %d bytes ok!\n", strlen(buf));
    close(fd);                                          //close 入口点
}
```

### 5.1.4 驱动程序的加载方法

Linux 设备驱动程序属于内核的一部分，那么驱动程序是如何连接到内核？驱动程序连接到内核有两种方法，即静态连接和动态连接。

静态连接是指将驱动程序源码保存在内核源码指定的位置，作为内核源码的一部分，然后重新编译内核，这时驱动程序被编译到内核映像文件之中。

动态连接是指将驱动程序作为一个模块(module)单独编译，在需要它的时候再动态加载到内核中，如果不需要它时，又可以将它从内核中删除。

在嵌入式系统开发阶段，为了方便调试，驱动程序一般采用动态连接；在产品发布阶段，驱动程序一般采用静态连接。

设备驱动模块化编程一般分为加载、系统调用和卸载 3 个过程，如图 5.5 所示。

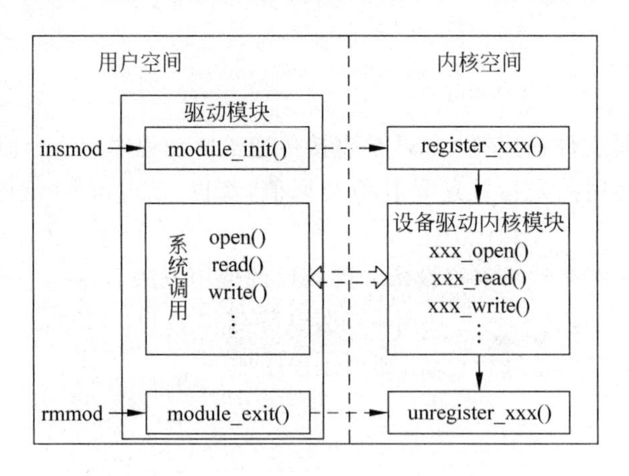


图 5.5　设备驱动加载、系统调用和卸载过程

加载过程是指：当执行 insmod 命令加载驱动程序时，首先调用驱动程序中的入口函数 module_init，该函数完成设备驱动的初始化工作，例如寄存器置位、中断申请、数据结构初始化等一系列工作。另外还有一个最重要的工作就是向内核注册该设备，如果是字符设备，可以调用 register_chrdev 函数完成注册；如果是块设备，可以调用 register_blkdev 函数完成注册。注册成功后，该设备获得了系统分配的主设备号、自定义的次设备号，并建立起与文件系统的关联。

系统调用过程是指：当驱动程序加载后，就一直等待应用程序来调用。应用程序可以利用设备文件对其进行操作，如调用 open、read、write、ioctl 和 close 等函数。

卸载过程是指：当执行 rmmod 命令卸载驱动程序时，则会调用驱动程序中的 module_exit 函数，该函数完成后回收相应的资源，比如令设备的响应寄存器值复位并从系统中注销设备。字符设备可调用 unregister_chrdev 函数完成注销，块设备可调用 unregister_blkdev 函数完成注销。

下面简单介绍设备驱动程序操作命令的使用方法。

1. lsmod 命令

功能：显示当前已加载的模块。

语法：lsmod。

**【实例 5.1】** 查看系统当前已加载的模块。

```
#lsmod
Module        Size      Used by
ov511         67140      0 (unused)
videodev      5824       0 [ov511]
motor         1608       0 (unused)
ad            1712       0 (unused)
#
```

**说明**：从列表中可以看到系统已加载了 ov511、videodev、motor 和 ad 四个驱动程序模块。

2. insmod 命令

功能：将驱动模块加载到操作系统内核。

语法：insmod file_name。

**【实例 5.2】** 将数码管驱动程序(tube.o)加载到内核。

```
#insmod tube.o
Using tube.o
Warning: loading tube will taintsthe kernel: no 3icense
  See hctp://www.tux.or2/lkml/#export-t4inted for inforlation about tainted modules
0-numeric tube : Dprintk   device open
s3c2410-hc595 initialized
#
```

**说明**：以上显示是加载过程的提示信息。

用户可以利用 lsmod 查看加载是否成功。

```
#lsmod
Module        Size      Used by
tube          2072      0 (unused)
ov511         67140     0 (unused)
videodev      5824      0 [ov511]
motor         1608      0 (unused)
ad            1712      0 (unused)
#
```

从以上列表中可以看到tube驱动模块已经加载到了内核。

3. rmmod命令

功能：将驱动模块从内核中删除。

语法：rmmod module_name。

**【实例5.3】** 请将tube模块删除。

```
# rmmod tube
s3c2410-hc595 unloaded
#
```

**说明**：以上显示是删除过程的提示信息。

### 5.1.5 设备驱动的重要数据结构

设备驱动程序所提供的入口点主要由3个重要结构向系统进行说明，这3个结构分别是file_operations、file和inode。下面简要介绍这3个结构，为后面的驱动程序开发打下基础。

1. file_operations结构

内核内部通过file结构识别设备，通过file_operations数据结构提供文件系统的入口点函数，也就是访问设备驱动的函数。file_operations定义在<linux/fs.h>头文件。

```
struct file_operations {
    struct module * owner;
    loff_t ( * llseek) (struct file * , loff_t, int);
    ssize_t ( * read) (struct file * , char * , size_t, loff_t * );
    ssize_t ( * write) (struct file * , const char * , size_t, loff_t * );
    int ( * readdir) (struct file * , void * , filldir_t);
    unsigned int ( * poll) (struct file * , struct poll_table_struct * );
    int ( * ioctl) (struct inode * , struct file * , unsigned int, unsigned long);
    int ( * mmap) (struct file * , struct vm_area_struct * );
    int ( * open) (struct inode * , struct file * );
    int ( * flush) (struct file * );
    int ( * release) (struct inode * , struct file * );
    int ( * fsync) (struct file * , struct dentry * , int datasync);
    int ( * fasync) (int, struct file * , int);
    int ( * lock) (struct file * , int, struct file_lock * );
    ssize_t ( * readv) (struct file * , const struct iovec * , unsigned long, loff_t * );
    ssize_t ( * writev) (struct file * , const struct iovec * , unsigned long, loff_t * );
    ssize_t ( * sendpage) (struct file * , struct page * , int, size_t, loff_t * , int);
    unsigned long ( * get_unmapped_area)(struct file * , unsigned long, unsigned long, unsigned
long, unsigned long);
#ifdef MAGIC_ROM_PTR
    int ( * romptr) (struct file * , struct vm_area_struct * );
#endif / * MAGIC_ROM_PTR * /
};
```

file_operations结构是整个Linux内核的重要数据结构，它也是file{}、inode{}结构的重要成员，结构中的主要成员说明如表5.3所示。

**表 5.3　file_operations 结构主要成员说明**

| 成　　员 | 功　　能 |
|---|---|
| owner | module 的拥有者 |
| llseek | 重新定位读写位置 |
| read | 从设备中读取数据 |
| write | 向字符设备中写入数据 |
| readdir | 只用于文件系统，对设备无用 |
| ioctl | 控制设备，除读写操作外的其他控制命令 |
| mmap | 将设备内存映射到进程地址空间，通常只用于块设备 |
| open | 打开设备并初始化设备 |
| flush | 清除内容，一般只用于网络文件系统中 |
| release | 关闭设备并释放资源 |
| fsync | 实现内存与设备的同步，如将内存数据写入硬盘 |
| fasync | 实现内存与设备之间的异步通信 |
| lock | 文件锁定，用于文件共享时的互斥访问 |
| readv | 在进行读操作前要验证地址是否可读 |
| writev | 在进行写操作前要验证地址是否可写 |

目前对此结构体采用“标记化”方法进行赋值，主要是应对由此结构日益庞大而带来的赋值冗余问题，即可能只使用其中的部分成员。例如在嵌入式系统开发中，一般只需实现其中几个接口函数，如 read、write、ioctl、open、release 等，就可以完成应用系统需要的功能。所以没有必要采用传统的方法对其所有变量全部进行赋值。下面是对此结构体变量 s3c44b0_fops 用“标记化”方法进行赋值。

```
static struct file_operations s3c440_fops={
    owner: THIS_MODULE,
    open: s3c2410_ts_open,
    read: s3c2410_ts_read,
    write: s3c2410_ts_write,
    release: s3c2410_ts_release,
};
```

从定义可以看出，file_operations 就是一个函数指针数组，它们对应于一些系统调用，起名为 open、read、write、release 等，后面的 s3c2410_ts_open、s3c2410_ts_read、s3c2410_ts_write、s3c2410_ts_release 等是真正完成与硬件设备交互的函数。当应用程序中执行 open 系统调用时，系统会通过 file_operations 结构将其映射到 s3c2410_ts_open 函数。

2. file 结构

file 结构主要用于与文件系统对应的设备驱动程序。file 结构代表一个打开的文件。系统中每个打开的文件在内核空间都有一个关联的 file。file 结构是由内核在打开(open)文件时创建的，而且在关闭文件之前作为参数传递给操作在设备上的函数。在文件关闭后，内核释放这个数据结构。

file 结构是由系统默认生成的，驱动程序从不去填写它，只是简单地访问。在内核源代码中，指向 struct file 的指针通常称为 file 或 filp(文件指针)。file 结构定义如下。

```
struct file{
struct list_head f_list;                      //打开的文件形成一个列表
struct dentry * f_dentry;                     //指向相关目录项的指针
struct vfsmount * f_vfsmnt;                   //执行VFS挂载点的指针
struct file_operations * f_op;                //执行文件操作的指针
atomic_t f_count;                             //使用该结构的进程数
unsigned int f_flags;                         //文件标志,阻塞/非阻塞型操作时检查
mode_t f_mode;                                //标识文件的读写权限
loff_t f_pos;                                 //文件当前位置
unsigned long f_reada, f_ramax,               //预读标志、要预读的最多页面数、上次预读后
f_raend,f_ralen, f_rawin;                     //的文件指针、预读的字节数及页面数
struct fown_struct f_owner;                   //文件所有者
unsigned int f_uid, f_gid;                    //用户的UID和GID
int f_error;                                  //网络写操作的错误码
unsigned long f_version;                      //版本号
void * private_data;                          //tty驱动程序使用
struct kiobuf * f_iobuf;
long f_iobuf_lock;
};
```

3. inode结构

inode结构用来记录文件的物理信息。一个文件可以对应多个file结构,但只有一个inode结构。inode结构定义如下。

```
struct inode {
    struct hlist_node          i_hash;       //指向哈希链表的指针
    struct list_head           i_list;       //指向索引节点链表的指针
    struct list_head           i_sb_list;    //超级块列表
    struct list_head           i_dentry;     //指向目录项链表的指针
    unsigned long              i_ino;        //描述索引节点号
    atomic_t                   i_count;      //当前使用该节点的进程数
    umode_t                    i_mode;       //文件类型
    unsigned int               i_nlink;      //与该节点建立链接的文件数
    uid_t                      i_uid;        //文件拥有者的标识号
    gid_t                      i_gid;        //文件拥有者所在组的标识号
    dev_t                      i_rdev;       //实际设备标识号,编写驱动程序需要
    loff_t                     i_size;       //文件大小
    struct timespec            i_atime;      //文件最后访问的时间(类型有变化)
    struct timespec            i_mtime;      //文件最后修改的时间
    struct timespec            i_ctime;      //节点最后修改的时间
    unsigned int               i_blkbits;    //块的位数
    unsigned long              i_blksize;    //块大小
    unsigned long              i_version;    //版本号
    unsigned long              i_blocks;     //文件所占用的块数
    unsigned short             i_bytes;
    spinlock_t                 i_lock;       /* i_blocks,i_bytes, maybe i_size */
    struct semaphore           i_sem;        //用于同步操作的信号量结构
    struct rw_semaphore        i_alloc_sem;
    struct inode_operations * i_op;          //索引节点操作
    struct file_operations * i_fop;          //指向文件操作的指针
```

```
    struct super_block *i_sb;                    //指向该文件系统超级块的指针
    struct file_lock *i_flock;                   //指向文件加锁链表的指针
    struct address_space *i_mapping;             //把所有可交换的页面管理起来
    struct address_space    i_data;              //数据
#ifdef CONFIG_QUOTA
    struct dquot *i_dquot[MAXQUOTAS];            //索引节点的磁盘限额
#endif
    /* These three should probably be a union */
    struct list_head        i_devices;           //设备文件形成的链表
    struct pipe_inode_info *i_pipe;              //指向管道文件
    struct block_device *i_bdev;                 //指向块设备文件的指针
    struct cdev *i_cdev;                         //指向字符设备文件的指针,编写驱动程序需要
    int                     i_cindex;
    __u32                   i_generation;
#ifdef CONFIG_DNOTIFY
    unsigned long           i_dnotify_mask;      /* Directory notify events */
    struct dnotify_struct *i_dnotify;            /* for directory notifications */
#endif
#ifdef CONFIG_INOTIFY
    struct list_head        inotify_watches;     //监视该 inode
    struct semaphore        inotify_sem;         //保护监视列表
#endif
    unsigned long           i_state;             //索引节点状态标志
    unsigned long           dirtied_when;        //变"脏"时刻
    unsigned int            i_flags;             //文件系统的安装标志
    atomic_t                i_writecount;        //写进程的引用计数
    void *i_security;                            //安全相关
    union {  //各个具体文件系统的索引节点,联合体的具体成员在此省略一部分
        struct  minix_inode_info    minix_i;
        ...
        void *generic_ip;
    } u;
#ifdef __NEED_I_SIZE_ORDERED
    seqcount_t          i_size_seqcount;
#endif
};
```

inode 结构包含大量关于文件的信息。作为一个通用的规则,这个结构只有两个成员对编写驱动程序非常重要。一个成员是 dev_t i_rdev,对应于代表设备文件的节点,这个成员包含实际的设备编号。另一个成员是 struct cdev *i_cdev,它是内核的内部结构,代表字符设备。当节点指的是一个字符设备文件时,这个成员包含一个指向这个结构的指针。

### 5.1.6 驱动程序常用函数介绍

在 Linux 系统中,设备驱动程序能够使用的库函数很多,本节简要介绍几个常用的函数。

1. 字符设备注册及注销函数

字符设备驱动程序可通过 register_chrdev 函数向内核注册设备,又可通过 unregister_chrdev 函数向内核注销设备。这两个函数在 fs/devices.c 文件中,它们的定义如下。

```
int register_chrdev(unsigned int major, const char * name, struct file_operations * fops);
void unregister_chrdev(unsigned int major, const char * name);
```

其中：参数major是设备的主设备号，如果major为0，则系统会为该设备动态分配一个主设备号，系统分配的这个主设备号是临时的；name是设备的名称；fops是设备文件操作数据结构指针。

若register_chrdev函数返回值为0，则表示函数执行成功；返回值为-INVAL，则表示申请的主设备号非法；返回值为-EBUSY，则表示申请的主设备号正在被其他设备驱动程序使用。如果动态分配主设备号成功，则此函数返回值就是所分配的主设备号。如果register_chrdev操作成功，则设备名就会出现在/proc/devices文件中。

2. 中断申请和释放函数

设备驱动程序可通过request_irq函数向内核申请中断，又可通过free_irq函数释放中断。它们的定义如下。

```
int request_irq(unsigned int irq,
                void ( * handler)(int, void * , struct pt_regs * ),
                unsigned long flags,
                const char * dev_name,
                void * dev_id);
void free_irq(unsigned int  irq, void * dev_id);
```

其中：参数irq表示所要申请的中断号；handler是向系统登记的中断处理子程序，中断产生时由系统来调用；dev_name是设备名，申请成功后会出现在/proc/interrupts文件里；dev_id是申请时告诉系统的设备标识；flags是申请时的选项，它决定中断处理程序的一些特性。当flags里设置了SA_INTERRUPT时，表示中断处理程序是快速处理程序；当flags里设置了SA_SHIRQ时，表示中断可以在设备之间共享。

若request_irq函数返回值为0，则表示函数执行成功；返回值为-INVAL，则表示irq>15或handler==NULL；返回值为-EBUSY，则表示中断已被占用且不能共享。

一般应该在设备第一次open时使用request_irq函数，在设备最后一次关闭时使用free_irq。

编写中断处理函数的注意事项，中断处理程序与C语言代码没有太大的不同，不同的是中断处理程序在中断期间运行，它有这样的限制：不能向用户空间发送或接收数据；不能执行有睡眠操作的函数；不能调用调度函数。

3. 阻塞型I/O操作函数

当对设备进行read和write操作时，如果驱动程序无法立刻满足请求，则应当如何响应？驱动程序应当(默认地)阻塞进程，使它进入睡眠直到请求可继续，即阻塞型I/O操作。可以通过调用以下函数让进程进入睡眠状态。

```
void sleep_on(struct wait_queue ** q);
void interrutible_sleep_on(struct wait_queue ** q);
```

又可以通过调用以下函数唤醒进程。

```
void wake_up(struct wait_queue ** q);
void wake_up_interrutible(struct wait_queue ** q);
```

sleep_on 和 interrutible_sleep_on 的区别为：sleep_on 不能被信号取消，但是 interrutible_sleep_on 可以，也就是说，前者适用于不可中断进程，后者适用于可中断进程。wake_up 和 wake_up_interrutible 的区别也同样如此。

4. 并发处理函数

在编写驱动程序时，需要考虑进程并发处理。当一个进程请求内核驱动程序模块服务时，如果此时内核模块正忙，则可以将进程放入睡眠状态直到驱动程序模块空闲。

可以通过调用以下函数完成并发处理。

```
void up(struct semaphore * sem);
void down(struct semaphore * sem);
int down_interruptible(struct semaphore * sem);
```

其中：sem 是信号。down_interruptible 是可以中断的，如果操作被中断，该函数会返回非零值，而调用者不会拥有该信号量，使用时需要始终检查返回值，并做出相应的响应。

5. 内核空间和用户空间的数据传递函数

Linux 运行在两种模式下：内核模式和用户模式，又叫内核态和用户态。内核模式对应于内核空间，用户模式对应于用户空间。驱动程序运行于内核空间，应用程序运行于用户空间。这两种空间的数据不能直接访问，必须利用 copy_to_user 函数将内核空间的数据传递给用户空间；利用 copy_from_user 函数把用户空间的数据传递给内核空间。它们的定义如下。

```
unsigned long copy_to_user(void * to, const void * from, unsigned long count);
unsigned long copy_from_user(void * to, const void * from, unsigned long count);
```

其中：参数 to 是指传递的目标地址；from 是指传递的起始地址；count 是指传递的数据长度。函数的返回值为实际传递数据的长度。

6. 设备文件自动创建函数

可通过 devfs_register 函数完成设备的注册，以及设备文件的自动创建。函数的定义如下。

```
devfs_register(devfs_handle_t dir, const char * name, unsigned int flags, unsigned int major, unsigned
int minor, umode_t mode, void * ops, void * info);
```

其中：参数 dir 是新创建的设备文件的父目录，如果为 NULL，则表示父目录为/dev；name 是新建设备文件的名称；flags 是标志的位掩码；major 是设备驱动程序向内核申请的主设备号；minor 是次设备号；mode 是设备的访问模式；ops 是设备的文件操作数据结构指针。

## 5.2　虚拟字符设备 Demo 驱动程序设计

驱动程序一般是针对某一种具体硬件来编写的，所以编写驱动程序之前，必须对硬件的工作原理和流程非常清楚。本节讲解一个与硬件无关的虚拟字符设备驱动程序的设计，让读者了解驱动程序的基本框架。

### 5.2.1　Demo字符设备

假设有一个简单的虚拟字符设备Demo，该设备只在内核空间开辟一个40B的缓冲区(drv_buf)。要求为该设备设计一个驱动程序，它能够为应用程序提供读、写两种操作。

Demo驱动程序的功能说明如下。

(1) 将驱动程序编译成模块，以模块方式动态加载。

(2) 模块加载时，完成设备的注册。设备名为demo，主设备号为249，次设备号为0。

(3) 打开设备时，完成对缓冲区的初始化。

(4) 读操作时，将内核缓冲区中的数据读出。

(5) 写操作时，将数据写入内核缓冲区。

(6) 模块卸载时，完成设备的注销。

### 5.2.2　Demo驱动程序设计

1. 驱动程序分析

Demo设备驱动程序的结构如图5.6所示。

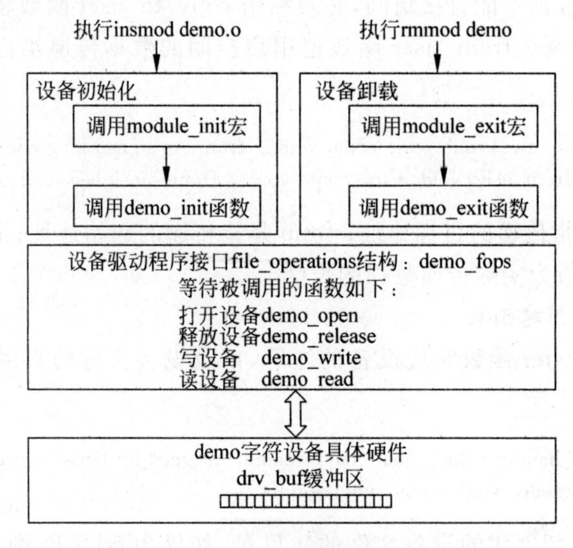


图5.6　Demo设备的驱动程序结构

**【程序5.2】**　demo设备驱动程序demo.c。

```
#include <linux/module.h>
#include <linux/init.h>
#include <linux/kernel.h>                        // printk()
#include <linux/fs.h>
#include <linux/poll.h>                          //copy_to_user、copy_from_user 等
#define DEVICE_NAME       "demo"                 //设备名称
#define demo_MAJOR 249                           //主设备号
#define demo_MINOR 0                             //次设备号
#define MAX_BUF_LEN    40                        //demo 设备容量上限
static char drv_buf[40];                         //demo 缓冲区
```

```
/ ************************************************************ /
static int demo_open(struct inode * inode, struct file * file)
{
    MOD_INC_USE_COUNT;                              //维护递增计数器
    sprintf(drv_buf,"device open sucess!\n");       //给 drv_buf 赋初值
    printk("device open sucess!\n");
    return 0;
}
/ ************************************************************ /
static int demo_release(struct inode * inode, struct file * filp)
{
    MOD_DEC_USE_COUNT;                              //维护递减计数器
    printk("device release\n");
    return 0;
}
/ ************************************************************ /
static ssize_t demo_read(struct file * filp, char * buffer, size_t count, loff_t * ppos)
{
    if(count > MAX_BUF_LEN)
        count=MAX_BUF_LEN;
    copy_to_user(buffer, drv_buf,count);
    printk("user read data from driver\n");
    return count;
}
/ ************************************************************ /
static ssize_t demo_write(struct file * filp,const char * buffer, size_t count)
{
    copy_from_user(drv_buf , buffer, count);
    printk("user write data to driver\n");
    return count;
}
/ ************************************************************ /
static struct file_operations demo_fops = {
    write:    demo_write,
    read:     demo_read,
    open:     demo_open,
    release:  demo_release,
};
/ ************************************************************ /
#ifdef CONFIG_DEVFS_FS
static devfs_handle_t   devfs_demoraw;
#endif
/ ************************************************************ /
static int __init demo_init(void)
{
#ifdef CONFIG_DEVFS_FS
    //向内核注册字符设备 demo,并自动生成设备文件/dev/demo
    devfs_demoraw = devfs_register(NULL, "demo", DEVFS_FL_DEFAULT,
            demo_MAJOR, demo_MINOR, S_IFCHR | S_IRUSR | S_IWUSR,
            &demo_fops, NULL);
#else
```

```
    int  result;
    SET_MODULE_OWNER(&demo_fops);
    //向内核注册字符设备 demo
    result = register_chrdev(demo_MAJOR, "demo", &demo_fops);
    if (result < 0) return result;
#endif
    printk(DEVICE_NAME "initialized\n");
    return 0;
}
/***************************************************************/
static void __exit demo_exit(void)
{
  //向内核注销字符设备 demo
  unregister_chrdev(demo_MAJOR, "demo");
  printk(DEVICE_NAME "unloaded\n");
}
/***************************************************************/
module_init(demo_init);
module_exit(demo_exit);
```

2. 驱动程序编译

驱动程序一般采用Make工具进行编译。使用Make工具的关键是编写Makefile文件。以下是编译成x86平台上的Makefile文件的内容。

```
KERNELDIR = /usr/src/linux
INCLUDEDIR = $(KERNELDIR)/include
CROSS_COMPILE=
CC = $(CROSS_COMPILE)gcc
CFLAGS += -I..
CFLAGS += -Wall -O -D__KERNEL__ -DMODULE -I$(INCLUDEDIR)
TARGET = demo.o
OBJS = demo.c
$(TARGET): $(OBJS)
    $(CC) -c $(CFLAGS) $^ -o $@
clean:
    rm -f *.o *~ core .depend
```

其中：

INCLUDEDIR变量是头文件的路径；

CC变量是使用的编译器；

CFLAGS变量是编译参数。

编写完Makefile文件后，运行make命令，就可以生成demo.o驱动程序。

如果需要编译成ARM平台上的驱动程序，只需修改Makefile中KERNELDIR和CROSS_COMPILE变量即可，具体修改如下。

```
KERNELDIR = /arm2410s/kernel-2410s;
CROSS_COMPILE=/opt/host/arm/bin/arm-linux-
```

3. 驱动程序加载和设备文件创建

加载驱动程序可以使用insmod命令。

```
#insmod demo.o
```

驱动程序加载时,如果系统支持设备文件系统,则系统会自动创建设备文件,否则需要手动创建。手动创建可使用mknod命令。

```
#mknod /dev/demo c 249 0
```

### 5.2.3　Demo测试程序设计

1. 程序分析

编写一个应用程序来测试驱动程序是否正确,要求测试程序test_demo.c的功能是:首先从设备上读出数据,并将数据显示在屏幕上,这时读到的数据为初始化值,然后向设备写入数据,再从设备上读出数据,又将数据显示在屏幕上,这时读到的数据应为上一步写入的数据。测试程序的具体代码如下。

**【程序5.3】** Demo设备测试程序test_demo.c。

```
#include <stdio.h>
#include <stdlib.h>
#include <fcntl.h>
#include <unistd.h>
#include <sys/ioctl.h>

int main()
{
    int fd;
    int i;
    char buf[255];

    fd=open("/dev/demo",O_RDWR);                    //打开设备文件
    if(fd < 0){
        printf("####DEMO  device open fail####\n");
        return (-1);
    }

    read(fd,buf,40);                                //从设备读取数据
    printf("Frist read data: %s\n",buf);

    printf("Please input string\n");
    scanf("%s",buf);
    write(fd,buf,40);                               //向设备写数据

    read(fd,buf,40);                                //从设备读取数据
    printf("Second read data: %s\n",buf);

    close(fd);                                      //关闭设备
    return 0;

}
```

2. 编译和运行

1) 编译测试程序

将测试程序编译成 x86 平台上运行的可执行程序,命令如下。

```
#gcc test_demo.c -o test_demo
```

将测试程序编译成 ARM 平台上运行的可执行程序,命令如下。

```
#arm-linux-gcc test_demo.c -o test_demo
```

2) 运行测试程序

测试程序运行结果如下。

```
#./test_demo
Frist read data: device open sucess!
Please input string
Nanchang
Second read data: Nanchang
```

## 5.3　A/D 驱动程序设计

5.2 节介绍了一个与硬件无关的虚拟设备驱动程序设计,它不是系统中真正的硬件设备。本节以博创公司生产的 UP-NETARM2410 开发板为平台,介绍 S3C2410X 内置 A/D 转换器的驱动程序设计。

### 5.3.1　ADC 工作原理

模数转换器(Analog-to-Digital Converter,ADC)的任务是将连续变换的模拟信号转换为数字信号,以便计算机和数字系统进行存储、控制、显示和其他各种处理,它建立起模拟信号源和 CPU 之间的连接,在工业控制、数据采集及其他许多领域中都是不可缺少的。

ADC 种类繁多,分类方法不一。按照工作原理可分为:计数型、逐次逼近型、并行比较型和双积分型等。S3C2410X 的内置 A/D 转换器是逐次逼近型。下面介绍逐次逼近型 ADC 的工作原理。

1. 逐次逼近型 ADC 的工作原理

逐次逼近型 ADC 通常由比较器、数模转换器(Digital-to-Analog Converter,DAC)、寄存器和控制逻辑电路组成,如图 5.7 所示。

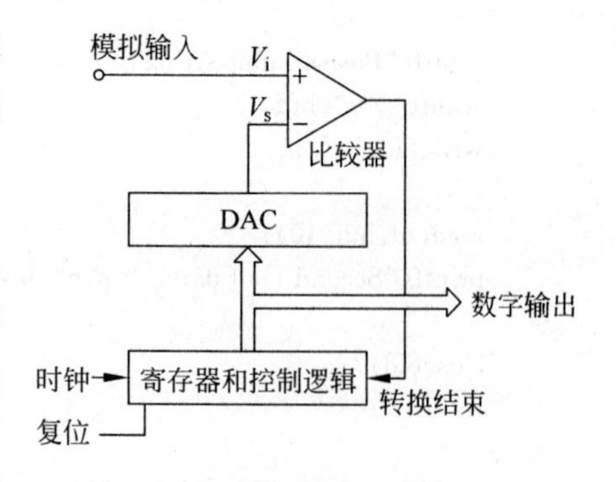

图 5.7　逐次逼近型 A/D 转换原理

逐次逼近型 ADC 的转换过程如下。

(1) 初始化时,先将寄存器各位清零。

(2) 转换时,先将寄存器的最高位置 1,再将寄存器的数值送入 DAC,经 D/A 转换后生成的模拟量送入比较器中与输入模拟量进行比较,若 $V_s < V_i$,则该位的 1 被保留,否则被清除;然后再将次高

位置 1，再将寄存器的数值送入 DAC，经 D/A 转换后生成的模拟量送入比较器中与输入模拟量进行比较，若 $V_s < V_i$，则该位的 1 被保留，否则被清除；重复上述过程，直至最低位，最后寄存器中的内容即为输入模拟值转换成的数字量。

对于 $n$ 位逐次逼近型 ADC，要比较 $n$ 次才能完成一次转换。因此，逐次逼近型 ADC 的转换时间取决于位数和时钟周期，转换精度取决于 DAC 的比较器的精度。逐次逼近型 ADC 寄存器的数字量设置方法叫对分搜索法。逐次逼近型 ADC 可应用于许多场合，是应用最为广泛的一种 ADC。

2. ADC 的主要性能指标

1）分辨率

分辨率（resolution）是指 ADC 对输入电压微小变化响应能力的度量，它是数字输出的最低有效位（Least Significant Bit，LSB）所对应的模拟输入电平值。若输入电压的满刻度值用 VFS（Value of Full Scale）表示，转换器的位数为 $n$，则分辨率为 $(1/2^n)$VFS。由于分辨率与转换器的位数 $n$ 直接有关，所以常用位数来表示分辨率，如 8 位、10 位、12 位和 16 位等。

值得注意的是，ADC 的分辨率和精度是两个不同的概念。分辨率是指转换器所能分辨的模拟信号的最小变化值，精度是指转换器实际值与理论值之间的偏差。ADC 分辨率的高低取决于转换器位数的多少，但影响转换器精度的因素很多。分辨率高的 ADC，并不一定精度也高。

2）绝对精度

绝对精度是指在输出端产生给定的数字量条件下，实际需要的模拟输入值与理论上要求的模拟输入值之差。

3）相对精度

相对精度是指满刻度值校准以后，任意数字输出所对应的实际模拟输入值（中间值）与理论值（中间值）之差。

4）转换时间

转换时间是指完成一次 A/D 转换所需要的时间，即从启动信号开始到转换结束并得到稳定的数字输出量为止的总时间。一般来说，转换时间越短，转换速度越快。转换时间的倒数称为转换率。

5）量程

量程指所能转换的输入电压范围，分单极性和双极性两种类型。例如单极性量程为 0～+5V，0～+10V 等；双极性量程为 −5～+5V，−10～+10V 等。

6）积分线性误差

积分线性误差又称做线性误差，是指在没有偏移误差和增益误差的情况下，实际传输曲线与理想传输曲线之差。由于线性误差是由 ADC 特性随输入信号幅值变化而变化所引起的，因此线性误差是不能进行补偿的，而且线性误差的数值会随温度的升高而增加。

7）微分线性误差

微分线性误差是指实际代码宽度与理想代码宽度之间的最大偏差，以 LSB 为单位。微分线性误差也常用无失码分辨率表示。

3. S3C2410X 中的 ADC

S3C2410X 内置一个 8 通道 10 位 A/D 转换器，并且支持触摸屏功能，如图 2.8 所示。

内置 ADC 主要由 8 通道模拟输入复用器、A/D 转换器、A/D 数据寄存器(ADCDAT0)、A/D 控制寄存器(ADCCON)和中断发生器等组成。内置 ADC 是逐次逼近型 A/D 转换器。

ADC 控制寄存器的主要功能是选择输入通道、控制 A/D 转换等。ADCCON 的地址为 0x58000000,复位值为 0x3FC4。ADCCON 各位的描述如表 2.29 所示。

## 5.3.2　A/D 驱动程序设计

在设计驱动程序之前,必须了解 A/D 转换的详细过程。S3C2410X 内置 A/D 转换器的工作过程如下。

(1) 首先设置 A/D 转换器的相关参数,如工作模式、比例因子使能、比例因子值等。这些相关参数是通过设置控制寄存器 ADCCON 来完成的。

(2) 选择 A/D 转换器的输入通道。A/D 转换器有 8 个输入通道,但一次只能选择 1 个输入通道。通过设置 ADCCON 寄存器的第 3~5 位来选择输入通道。

(3) 命令 A/D 转换器开始进行 A/D 转换。通过将 ADCCON 寄存器的第 0 位置 1 实现。

(4) A/D 转换开始后,需要花费一段时间才能完成转换,转换结束后,A/D 转换器会向处理器发送一个中断请求(INT_ADC),并将 A/D 转换的结果存放在 ADCDAT0 数据寄存器的低 10 位。

(5) 读取 ADCDAT0 数据寄存器的低 10 位数据,就是 A/D 转换的结果。

1. 驱动程序分析

A/D 驱动程序的结构如图 5.8 所示。

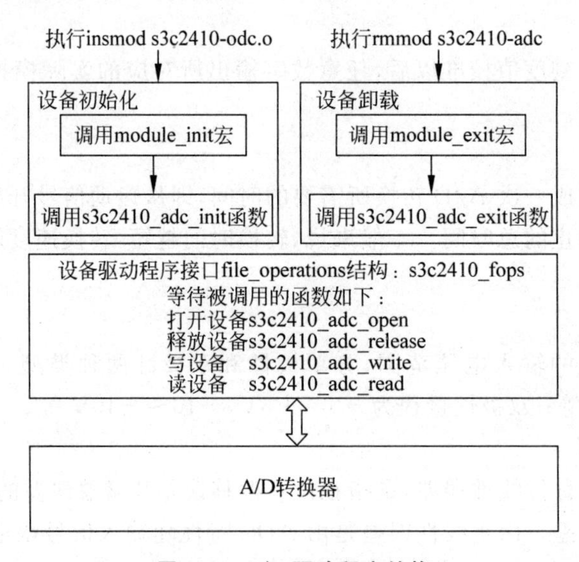


图 5.8　A/D 驱动程序结构

**【程序 5.4】**　A/D 设备驱动程序 s3c2410-adc.c。

```
#include <linux/config.h>
#include <linux/module.h>
#include <linux/kernel.h>
#include <linux/init.h>
```

```
#include <linux/sched.h>
#include <linux/irq.h>
#include <linux/delay.h>
#include <asm/hardware.h>
#include <asm/semaphore.h>
#include <asm/uaccess.h>
#include "s3c2410-adc.h"

#undef DEBUG
#ifdef DEBUG
#define DPRINTK(x...) {printk(__FUNCTION__"(%d):",__LINE__);printk(##x);}
#else
#define DPRINTK(x...) (void)(0)
#endif

#define DEVICE_NAME      "s3c2410-adc"
#define ADCRAW_MINOR      1

static int adcMajor = 0;

typedef struct {
    struct semaphore lock;
    wait_queue_head_t wait;
    int channel;
    int prescale;
}ADC_DEV;

static ADC_DEV adcdev;

/** AD 控制寄存器赋值,并开始 AD 转换 **/
#define START_ADC_AIN(ch, prescale) \
    do{ \
        ADCCON = PRESCALE_EN | PRSCVL(prescale) | ADC_INPUT((ch)) ; \
        ADCCON |= ADC_START; \
    }while(0)

/** 发生中断时执行的函数 **/
static void adcdone_int_handler(int irq, void *dev_id, struct pt_regs *reg)
{
    wake_up(&adcdev.wait);
}

/** 向设备写数据的函数 **/
static ssize_t s3c2410_adc_write(struct file *file, const char *buffer, size_t count, loff_t * ppos)
{
    int data;

    if(count!=sizeof(data)){
        DPRINTK("the size of  input data must be %d\n", sizeof(data));
        return 0;
    }
```

```
    copy_from_user(&data, buffer, count);
    adcdev.channel=ADC_WRITE_GETCH(data);
    adcdev.prescale=ADC_WRITE_GETPRE(data);

    DPRINTK("set adc channel=%d, prescale=0x%x\n", adcdev.channel, adcdev.prescale);

    return count;
}

/** 从设备读数据的函数 **/
static ssize_t s3c2410_adc_read(struct file * filp, char * buffer, size_t count, loff_t * ppos)
{
    int ret = 0;

    if (down_interruptible(&adcdev.lock))
        return -ERESTARTSYS;

    START_ADC_AIN(adcdev.channel, adcdev.prescale);
    interruptible_sleep_on(&adcdev.wait);

    ret = ADCDAT0;
    ret &= 0x3ff;                              //只保存低10位的数据
    DPRINTK("AIN[%d]=0x%04x, %d\n",adcdev.channel,ret,ADCCON & 0x80 ? 1:0);

    copy_to_user(buffer, (char *)&ret, sizeof(ret));

    up(&adcdev.lock);

    return sizeof(ret);
}

/** 打开设备的函数 **/
static int s3c2410_adc_open(struct inode * inode, struct file * filp)
{
    init_MUTEX(&adcdev.lock);
    init_waitqueue_head(&(adcdev.wait));

    adcdev.channel=0;
    adcdev.prescale=0xff;

    MOD_INC_USE_COUNT;
    DPRINTK( "adc opened\n");
    return 0;
}

/** 释放设备的函数 **/
static int s3c2410_adc_release(struct inode * inode, struct file * filp)
{
    MOD_DEC_USE_COUNT;
    DPRINTK( "adc closed\n");
```

```
    return 0;
}

/** 驱动程序接口结构 **/
static struct file_operations s3c2410_fops = {
    owner:      THIS_MODULE,
    open:       s3c2410_adc_open,
    read:       s3c2410_adc_read,
    write:      s3c2410_adc_write,
    release:    s3c2410_adc_release,
};

#ifdef CONFIG_DEVFS_FS
static devfs_handle_t devfs_adc_dir, devfs_adcraw;
#endif

int __init s3c2410_adc_init(void)
{
    int ret;

    /* normal ADC */
    ADCTSC = 0; //XP_PST(NOP_MODE);
    ret = request_irq(IRQ_ADC_DONE, adcdone_int_handler, SA_INTERRUPT, DEVICE_
    NAME, NULL);                                    //向内核申请中断
    if (ret) {
        return ret;
    }
    /** 向内核注册字符设备,并动态申请主设备号 **/
    ret = register_chrdev(0, DEVICE_NAME, &s3c2410_fops);
    if (ret < 0) {
        printk(DEVICE_NAME " can't get major number\n");
        return ret;
    }
    adcMajor=ret;

#ifdef CONFIG_DEVFS_FS
    /** 创建设备文件目录 **/
    devfs_adc_dir = devfs_mk_dir(NULL, "adc", NULL);
    /** 向内核注册设备,并创建设备文件 **/
    devfs_adcraw = devfs_register(devfs_adc_dir, "0raw", DEVFS_FL_DEFAULT, adcMajor,
ADCRAW_MINOR, S_IFCHR | S_IRUSR | S_IWUSR, &s3c2410_fops, NULL);
#endif
    printk (DEVICE_NAME"\tinitialized\n");

    return 0;
}

module_init(s3c2410_adc_init);

#ifdef MODULE
void __exit s3c2410_adc_exit(void)
```

```
{
#ifdef CONFIG_DEVFS_FS
    devfs_unregister(devfs_adcraw);
    devfs_unregister(devfs_adc_dir);
#endif
    unregister_chrdev(adcMajor, DEVICE_NAME);

    free_irq(IRQ_ADC_DONE, NULL);
}

module_exit(s3c2410_adc_exit);
MODULE_LICENSE("GPL");
#endif
```

s3c2410-adc.h 头文件的内容如下。

```
#ifndef _S3C2410X_ADC_H_
#define _S3C2410X_ADC_H_
/** 将通道号与比例因子组合 **/
#define ADC_WRITE(ch, prescale)      ((ch)<<16|(prescale))
/** 从组合数中得到通道号 **/
#define ADC_WRITE_GETCH(data)      (((data)>>16)&0x7)
/** 从组合数中得到比例因子 **/
#define ADC_WRITE_GETPRE(data)      ((data)&0xff)
#endif /* _S3C2410X_ADC_H_ */
```

2. 驱动程序编译和加载

因为驱动程序将运行于ARM平台，所以要进行交叉编译，Makefile文件内容如下。

```
KERNELDIR = /arm2410s/kernel-2410s
INCLUDEDIR = $(KERNELDIR)/include
CROSS_COMPILE=/opt/host/arm/bin/arm-linux-
CC = $(CROSS_COMPILE)gcc
CFLAGS += -I..
CFLAGS += -Wall -O -D__KERNEL__ -DMODULE -I$(INCLUDEDIR)
TARGET = s3c2410-adc.o
OBJS = s3c2410-adc.c

$(TARGET): $(OBJS)
    $(CC) -c $(CFLAGS) $^ -o $@

clean:
    rm -f *.o *~ core .depend
```

编写完Makefile文件后，运行make命令，就可以生成s3c2410-adc.o驱动程序。

将编译好的驱动程序下载到UP-NETARM2410开发板上，然后使用insmod s3c2410-adc.o命令安装驱动程序。安装完成后，系统会自动创建/dev/adc目录，然后再自动生成设备文件/dev/adc/0raw。

### 5.3.3 温度采集应用程序设计

下面通过一个温度采集应用程序来测试A/D驱动程序。在UP-NETARM2410开发板上连接一个温度传感器，就可以进行室内温度采集。下面介绍温度采集系统的实现方法。

1. 温度采集硬件电路

温度采集的硬件电路如图5.9所示。TC1047是温度传感器，该传感器有3个引脚，VDD是电源，VSS是地；VOUT是输出端。将VOUT连接到S3C2410X自带A/D转换器的第2个输入通道上，即AIN2引脚。TC1047温度传感器输出电压与温度的关系如图5.10所示，电压与温度的转换公式如下。

$$T=(V-0.5)*100$$

式中：$T$——温度值，单位℃；

$V$——输出的电压值，单位V。

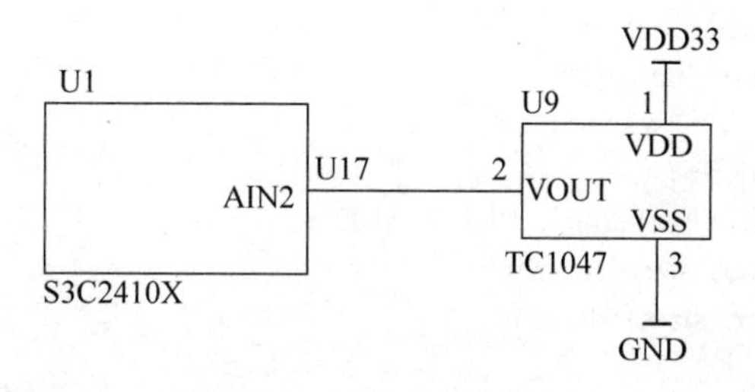


图5.9 温度采集电路

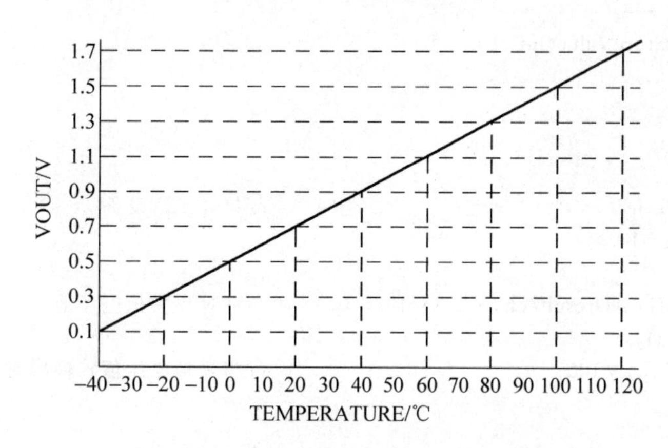


图5.10 TC1047温度与输出电压关系图

2. 程序分析

温度采集程序temperature.c的功能是：首先读出第2通道的A/D值，然后转换成模拟电压，再将模拟电压转换成对应的温度值，最后将温度值显示在屏幕上。

**【程序5.5】** 温度采集程序temperature.c。

```
#include <stdio.h>
#include <unistd.h>
#include <sys/types.h>
#include <sys/ipc.h>
#include <sys/ioctl.h>
#include <pthread.h>
#include <fcntl.h>
#include "s3c2410-adc.h"
```

```
#define ADC_DEV        "/dev/adc/0raw"  //设备文件
static int adc_fd = -1;

/** 打开设备 ***/
static int init_ADdevice(void)
{
    if((adc_fd=open(ADC_DEV, O_RDWR))<0){
        printf("Error opening %s adc device\n", ADC_DEV);
        return -1;
    }
}

/** 获取某通道的 AD 转换结果 ***/
static int GetADresult(int channel)
{
    int PRESCALE=0XFF;
    int data=ADC_WRITE(channel, PRESCALE);
    write(adc_fd, &data, sizeof(data));
    read(adc_fd, &data, sizeof(data));
    return data;
}
/** 获得温度值 ***/
float GetTemperatureValue(int ch)
{
    int i;
    float d,tem;

    if(init_ADdevice()<0)                          //打开 AD 设备
        return -1;

    d=((float)GetADresult(ch) * 3.3)/1024.0;       //计算出模拟电压值
    close(adc_fd);
    tem=(d-0.5) * 100;                             //将模拟电压值转换成对应的温度值
    return tem;
}

int main()
{
   int channel=2;                                  //选择第 2 通道
   printf("The temperature is: %4.2f ℃\n",GetTemperatureValue(channel));
   return 0;
}
```

3. 编译和运行

编译应用程序,因为应用程序是在 ARM 平台上运行的,所以要使用 arm-linux-gcc 编译器,具体命令如下。

```
#arm-linux-gcc -o temperature temperature.c
```

将应用程序下载到 UP-NETARM2410 开发板上,然后运行./temperature,参考结果如下。

The temperature is：31.08℃

## 5.4 练 习 题

**1. 选择题**

(1) 驱动程序的主要功能包括 3 个方面，但(　　)不属于。

A. 对设备初始化和释放　　B. 控制应用程序

C. 检测和处理设备出现的错误　　D. 数据传送

(2) 驱动程序主要由 3 部分组成，但(　　)不属于。

A. 自动配置和初始化子程序　　B. 服务于 I/O 请求的子程序

C. 中断服务子程序　　D. 服务于 CPU 子程序

(3) 字符设备提供给应用程序的入口点有很多，但(　　)不是。

A. ioctl　　B. read　　C. main　　D. open

(4) Linux 系统通常将设备分为 3 类，但(　　)不属于。

A. 输入设备　　B. 字符设备　　C. 块设备　　D. 网络设备

(5) Linux 系统用(　　)字母表示字符设备。

A. A　　B. B　　C. C　　D. N

(6) 设备文件包括了较多信息，但没有包括(　　)。

A. 设备类型　　B. 主设备号　　C. 次设备号　　D. 驱动程序名称

**2. 填空题**

(1) 驱动程序运行在________，应用程序运行在用户态。

(2) Linux 系统的设备一般分为三类，即________、________和网络设备。

(3) 在 Linux 系统中，设备号包括两部分，即________和________设备号。

(4) Linux 驱动程序的编译方法有两种，即________和________。

(5) Linux 系统中，用于加载模块化驱动程序的命令是________。

**3. 问答题**

(1) 简述驱动程序的主要功能。

(2) 简述驱动程序的组成。

(3) 简述设备驱动程序和应用程序的区别。

(4) 简述设备文件、驱动程序、主设备号和次设备号之间的关系。

(5) 简述字符设备驱动程序提供的常用入口点及各自的功能。

(6) 简述逐次逼近型 ADC 的结构及工作原理。

**4. 编程题**

S3C2410X 通过 GPG3 端口来控制 LED 的亮和灭，具体电路如图 5.11 所示。请为该字符设备设计一个驱动程序和应用程序，应用程序能够根据用户需要来控制 LED 的亮和灭。

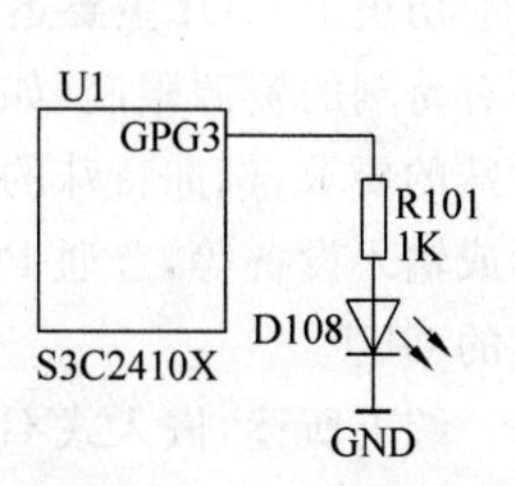


图 5.11 LED 控制电路

# 第6章　Qtopia Core应用程序设计

本章首先介绍GUI的基本概念，以及几种常见的GUI软件；然后重点介绍Qtopia Core的体系结构、开发环境构建，以及程序开发的基础知识；最后通过实例学习Qtopia Core程序的设计。

## 6.1　嵌入式GUI概述

在嵌入式系统发展的初期，由于硬件资源的制约，用户界面一般采用字符界面，用户需要记忆大量的命令，使用不便利。随着嵌入式硬件技术的不断发展，嵌入式系统的应用越来越普及，人们对用户界面的要求也越来越高。尤其是随着近年来PDA、手机等手持设备的普及，图形界面在嵌入式设备中的应用日益增加。

图形用户接口（Graphical User Interface，GUI）使用图形方式，借助菜单、按钮等标准界面元素，通过鼠标等进行操作，帮助用户方便地向计算机系统发出指令，并将系统运行的结果以图形方式显示给用户。图形用户界面画面生动、操作简单，省去了字符界面用户必须记忆各种命令的麻烦，深受广大用户喜爱和欢迎，越来越多的应用软件使用了GUI。

GUI的主要特征有三点。

(1) WIMP。其中，W(window)指窗口，是用户或系统的一个工作区域。一个屏幕上可以有多个窗口。I(icon)指图标，是形象化的图形标志，便于用户理解屏幕对象的功能。M(menu)指菜单，供用户选择需要的功能模块。P(pointing device)指鼠标、触摸屏等，便于用户直接对屏幕对象进行操作。

(2) 用户模型。GUI采用了不少Desktop桌面办公的隐喻，让使用者共享一个直观的界面框架。由于人们熟悉办公桌的情况，因而对计算机显示的图标含义容易理解，诸如文件夹、收件箱、画笔、工作簿、时钟等。

(3) 直接操作。在字符界面下用户不仅要记忆大量命令，而且要指定操作对象的位置，如行号、空格数、X及Y的坐标等。采用GUI，用户可直接对屏幕上的对象进行操作；程序执行后，屏幕能立即给出反馈信息或结果，称为所见即所得。

历史上GUI主要运用于PC，但是运用于PC的GUI并不适合嵌入式系统。嵌入式设备有苛刻的资源限制（如有限的存储空间、功能简单的外设等），同时嵌入式系统经常有一些特殊的要求，例如特殊的外观效果、提供给用户的可定制函数、提高装载速度、特殊的底层图形或输入设备等，普通PC上的图形窗口系统并不能胜任这些需求，因此嵌入式系统需要自己的GUI。

综上所述，嵌入式GUI就是在嵌入式系统中为特定的硬件设备或环境而设计的图形用户界面系统。所以嵌入式GUI不仅具有以上关于GUI的特征，而且在实际应用中，嵌入式系统对它还有如下要求。

(1) 轻型,占用资源少。嵌入式 GUI 要求是轻量级的,这主要是受限于嵌入式硬件资源。

(2) 可配置。由于嵌入式设备的可定制性,要求相应的 GUI 系统也是可以定制的,所以嵌入式 GUI 一般都具有可裁剪性。

(3) 高性能。耗用系统资源较少,能在硬件性能受限的情况下、尤其是 CPU 资源较少的情况下达到相对较快的系统响应速度,同时减少能源消耗。

(4) 高可靠性。系统独立,能适用于不同的硬件,在高性能的同时保证高可靠性。

目前,嵌入式 GUI 系统的种类比较多,常见的有 X Window、MicroWindows、MiniGUI、Qtopia Core 等,下面对这些系统进行简单介绍,并对它们的优缺点进行比较。

1. X Window

X 窗口系统(X Window System)也常称为 X11 或 X,是一种以位图方式显示的软件窗口系统。源自于 1984 年麻省理工学院的研究成果,之后变成 UNIX、类 UNIX 以及 OpenVMS 等操作系统一致适用的标准化软件工具包及显示架构的运作协议。X 窗口系统通过软件工具及架构协议来建立操作系统所用的图形用户界面,此后逐渐扩展适用于各形各色的其他操作系统上。现在几乎所有的操作系统都能支持与使用 X 窗口系统。更重要的是,当今知名的桌面环境——GNOME 和 KDE 也都是以 X 窗口系统为基础建构而成的。

2. MicroWindows

MicroWindows 是一个较早出现的开放源码的嵌入式 GUI 软件,目前由 Century 软件公司维护。它的主要特点在于支持多种外部设备输入,包括液晶显示器、鼠标和键盘等。在嵌入式 Linux 平台上,从 Linux 2.2.x 内核开始,为了方便图形的显示,使用了 Framebuffer 技术。MicroWindows 可以运行在支持 32 位 Framebuffer 的 Linux 系统上,支持每个像素为 1、2、4、8、16、24 和 32 位的色彩空间/灰度,还实现了 VGA16 平面模式的支持,能通过调色板技术将 RGB 格式的颜色空间转换成目标机上最相近的颜色,然后显示出来。

MicroWindows 的核心是其显示设备接口,绝大部分是用 C 语言开发的,移植性很强。目前已经移植到包括 ARM 在内的多种平台上。MicroWindows 有自己的 Framebuffer,因此并不局限于 Linux 开发平台,在其他操作系统上也能很好地运行。此外,MicroWindows 能够在宿主机上仿真目标机,这意味着开发和调试 MicroWindows 应用程序可以在普通的个人电脑上进行,而不需要使用“宿主机-目标机”调式模式。

MicroWindows 起源于 NanoGUI 项目,它提供类 Win32/WinCE API 和 XLIB API 的 Nano-X 两种接口。Win32/WinCE API 的版本包含了一组和微软的 Win32 图形用户接口相似的 API,这个版本就是 MicroWindows 版本; 类 Xlib API 的 Nano-X 版本是基于 X-Window 的一组 Xlib 风格的 API 函数库,这个版本甚至允许 X11 的二进制代码直接在 MicroWindows 的 Nanx-X 服务器上运行,称为 Nano-X。

3. MiniGUI

MiniGUI 是一款面向实时嵌入式系统或者实时系统的轻量级图形用户界面支持系统。由魏永明先生于 1998 年底开始研发。2002 年,魏永明先生创建北京飞漫软件技术有限公司,为 MiniGUI 提供商业技术支持,同时也继续提供开源版本,飞漫软件是中国地区为开源社区贡献代码最多的软件企业。最后一个采用 GPL 授权的 MiniGUI 版本是 1.6.10,从 MiniGUI 2.0.4 开始 MiniGUI 被重写并使用商业授权。

历经十余年时间，MiniGUI已经成为性能优良、功能丰富的跨操作系统嵌入式图形用户界面支持系统，支持Linux/μClinux、eCos、μC/OS-Ⅱ、VxWorks、ThreadX、Nucleus、pSOS、OSE等操作系统和数十种SoC芯片，已验证的硬件平台包括ARM-based SoCs、MIPS based SoCs、IA-based SoCs、PowerPC、M68K(DragonBall /ColdFire)、Intel x86等，广泛应用于通信、医疗、工控、电力、机顶盒、多媒体终端等领域。使用MiniGUI成功开发产品的企业有华为、中兴通讯、大唐移动、长虹、TCL、联想、迈瑞、南瑞、炬力、D2等。这些用户广泛分布在中国、新加坡、韩国、美国、德国、意大利、印度、以色列等国家和地区。

2010年，飞漫软件把最新版的MiniGUI、mDolphin、mPeer、mStudio等系统整合在一起，推出了合璧操作系统(HybridOS)解决方案，是一整套专为嵌入式设备打造的快速开发平台，集成了飞漫软件10年的嵌入式行业研发经验和众多成熟的产品，使众多希望在嵌入式设备上做开发的中小型企业，摆脱了“不稳定的内核以及驱动程序”“交叉编译工具链”“基础函数库存在大量缺陷”“不恰当的开源软件”“高水平嵌入式开发工程师缺乏”等问题的困扰，从而能够在一个运行稳定、功能强大的小巧系统内核的基础上，专注开发产品。合璧操作系统采用新的商业授权模式，性价比颇高。

4. Qtopia Core

Qtopia Core是著名的Qt库开发商Trolltech公司开发的面向嵌入式系统的Qt版本。因为Qt是KDE等项目使用的GUI支持库，所以许多基于Qt的X Window程序可以非常方便地移植到Qtopia Core上。Qtopia Core是基于Server-Client结构。

Qtopia Core延续了Qt在X窗口系统上的强大功能，在底层摒弃了Xlib，仅采用Framebuffer作为底层图形接口。同时，将外部输入设备抽象为keyboard和mouse输入事件，底层接口支持键盘、GPM鼠标、触摸屏以及用户自定义的设备等。

Qtopia Core类库完全采用C++封装。丰富的控件资源和较好的可移植性是Qtopia Core最为优秀的特点。它的类库接口完全兼容于同版本的Qt-X11，使用X窗口系统下的开发工具可以直接开发基于Qtopia Core的应用程序QUI界面。

与前几种GUI系统不同的是，Qtopia Core的底层图形引擎只能采用Framebuffer。这就注定了它是针对高端嵌入式图形领域的应用而设计的。由于该库的代码追求面面俱到，以增加它对多种硬件设备的支持，造成了其底层代码比较凌乱，各种补丁较多的问题。Qtopia Core的结构也过于复杂臃肿，很难进行底层的扩充、定制和移植，尤其是用来实现signal/slot机制的moc文件时这种弊端更加突出。

MicroWindows、MiniGUI与Qtopia Core的比较如表6.1所示。

**表6.1　部分常见嵌入式GUI特征汇总表**

| 名　　称 | MicroWindows | MiniGUI | Qtopia Core |
| --- | --- | --- | --- |
| 厂商 | Century | 飞漫 | Trolltech |
| 开发语言 | C | C | C++ |
| 体系结构 | X、WIN32 | 类WIN32 | 类MFC |
| 函数库大小 | 600KB | 500KB | 1.5MB |
| 可移植性 | 很好 | 很好 | 较好 |
| 授权 | MPL/LGPL | GPL/商业许可证 | QPL/GPL/商业许可证 |
| 多语种支持 | 一般 | 多字符集 | Unicode,效率低 |

续表

| 名　称 | MicroWindows | MiniGUI | Qtopia Core |
|---|---|---|---|
| 可定制性 | 一般 | 好 | 差 |
| 消耗系统资源 | 较大 | 小 | 最大 |
| 效率 | 好 | 较差 | 差 |
| 支持的操作系统 | Linux | Linux/μClinux，μC/OS-Ⅱ，VxWorks | Linux，Windows |
| 支持的硬件平台 | x86、ARM、MIPS | x86、ARM、MIPS、PowerPC | x86、ARM |

## 6.2　Qtopia Core 简介

6.1 节介绍了嵌入式系统常见的 GUI，本书将着重介绍 Qtopia Core。为了更好地了解 Qtopia Core，在展开具体的学习内容之前，先回顾 Qt 家族的发展轨迹和特点。

### 6.2.1　Qt 简介

Qt 是一个跨平台的 C++图形用户界面库，由挪威 Trolltech 公司出品。Trolltech 公司于 1994 年成立。

1995 年 5 月 26 日，Qt 0.90 在 comp.os.linux.announce 上发布，这是 Qt 的第一个商业版本。Qt 0.90 可以在 Windows 和 UNIX 两种平台上进行应用程序开发，Qt 0.90 为两个平台提供了相同的 API。Trolltech 公司为 Qt 提供了两种授权模式，一种用于商业性质的授权，另一种用于免费的开源授权。

1996 年 5 月底 Qt 0.97 发布，1996 年 9 月 24 日 Qt 1.0 出现，1996 年年底 Qt 版本达到 1.1。同时，1996 年 10 月，由 Matthias Ettrich 领导创建了 KDE 组织。

1997 年 4 月 Qt 1.2 发布。Matthias Ettrich 决定用 Qt 来搭建 KDE，使 Qt 成为在 Linux 下 C++GUI 开发的标准。1997 年 9 月 Qt 1.3 发布，1998 年 9 月 Qt 1.4 发布。

1999 年 6 月 25 日 Qt 2.0 发布，Qt 2.0 有很多主要的框架发生了变化，与 Qt 以前的版本相比，Qt 2.0 更健壮、更成熟，Qt 2.0 还增加了 40 个新类和对 Unicode 的支持。1998 年 8 月，Qt 以"最佳的库及工具"获得了 LinuxWorld 的赞誉。

2000 年嵌入式 Qt 发布(Qt/Embedded)。Qt/Embedded 建立在 Embedded Linux 设备上，Qt/Embedded 在嵌入式系统上提供了轻量级的窗口系统来取代 X11。2000 年 10 月，Qt/X11 和 Qt/Embedded 开始使用 GPL。2000 年年底，Trolltech 公司发布了第一个版本的 Qtopia(Qtopia 1.0)，Qtopia 是为手持设备提供的库环境。

2001 年及 2002 年，Qt/Embedded 在 LinuxWorld 中赢得了 Best Embedded Linux Solution 的荣誉。

2001 年发布了 Qt 3，此时 Qt 已经可以应用于 Windows、UNIX、Linux、Mac OS X 等多种平台上。Qt 3 又增加了 42 个新类，并且代码已经超过了 500 000 行。2002 年 Qt 3 在 Software 开发行列中赢得了 Jolt Productivity Award 的荣誉。

2005 年夏天发布了 Qt 4。Qt 4 拥有 500 多个类和 9000 多个函数，Qt 4 比以前的版本更大、更完善。Qt 4的库被分成几部分,以节省开发人员的链接时间。Qt 4为它所支持的所有平台提供了商业和开源两个版本。

2007年3月,Qtopia最后一个版本4.3.2发布,它基于Qt 4.3。

2008年1月28诺基亚收购了Trolltech,加速了Qt的跨平台开发战略。

2008年9月Qtopia被诺基亚改名为Qt Extended。

2009年12月1日,诺基亚发布了Qt 4.6——最新版的跨平台应用程序和用户界面框架。Qt 4.6对全新平台提供支持,具有强大的全新图形Q处理能力并支持多点触摸和手势输入,让高级应用程序和设备的开发过程变得更加轻松和快乐。

Qt泛指Qt的所有桌面版本:Qt/Windows,Win32版,适用于Windows平台;Qt/X11,X11版,适用于使用了X系统的各种Linux和UNIX的平台;Qt /Mac,Mac版,适用于苹果Mac OS。

Qt/Embedded是Qt的嵌入式版本,在原始Qt的基础上,做了许多出色的调整以适应嵌入式环境。同Qt/X11相比,Qt/Embedded很节省内存,它不需要X server或是Xlib库,采用Framebuffer作为底层图形接口,Qt/Embedded的应用程序可以直接写内核帧缓冲。

在Qt/Embedded版本4之前,Qt/Embedded和Qtopia是两套不同的程序,Qt/Embedded是基础类库;Qtopia是构建于Qt/Embedded之上的一系列应用程序,包括PDA和移动设备的常见功能,如电话簿、图像浏览、日程表、影音播放器等。但从版本4开始,Trolltech将Qt/Embedded与Qtopia合并,命名为Qtopia Core,并以此作为嵌入式版本的核心。

综合而言,Qt的功能可以概括为以下几点。

(1) 直观的C++类库。

(2) 跨桌面和嵌入式操作系统的移植性。

(3) 具有跨平台IDE的集成开发工具。

(4) 在嵌入式系统上的高运行时间性能,占用资源少。

### 6.2.2　Qt的体系结构

Qt优良的跨平台特性是其得以广泛应用的重要原因之一。Qt通过调用操作系统底层与绘制图形界面相关的API来绘图,在不同的操作系统下开发出来的应用程序,图形界面风格与操作系统非常贴切。

针对不同操作系统发布的Qt版本,提供给应用程序开发人员的API一致。用Qt/Windows开发的应用程序移植到Linux环境,只需要将开发好的应用程序用Qt/X11版本重新编译,就可以顺利运行在Linux环境中,这种强大的跨平台特性使得跨平台的应用开发非常便利。Qt/Windows和Qt/X11版本在对应的操作系统上的系统架构如表6.2所示。

**表6.2　Qt/X11和Qt/Windows的系统架构图**

<table>
<tr><th colspan="2">Qt应用程序</th></tr>
<tr><td colspan="2">Qt API</td></tr>
<tr><td>Qt/X11</td><td>Qt/Windows</td></tr>
<tr><td>X Window</td><td>GDI</td></tr>
<tr><td>Linux/UNIX内核</td><td>Windows内核</td></tr>
</table>

Qt/X11与Qtopia Core最大的区别在于Qt/X11依赖于X Window Server或Xlib，而Qtopia Core是直接访问帧缓存(Framebuffer)。它们所依赖的底层显示基础是不同的，从而导致了体系结构上的差异。

Qtopia Core的效率比Qt/X11高，它省略了一些X Window Server中的一些特性，从而节约了大量系统资源。但是从体系结构上来看，Qtopia Core包含的内容其实比Qt/X11广泛，因为它需要直接调用Framebuffer来实现图形的绘制。Qt/X11与Qtopia Core的系统架构如表6.3所示。

**表6.3　Qt/X11和Qtopia Core的系统架构图**

<table>
<tr><th colspan="2">Qt应用程序</th></tr>
<tr><td colspan="2">Qt API</td></tr>
<tr><td>Qt/X11</td><td rowspan="3">Qtopia Core</td></tr>
<tr><td>Xlib</td></tr>
<tr><td>X Window Server</td></tr>
<tr><td colspan="2">Framebuffer</td></tr>
<tr><td colspan="2">Linux内核</td></tr>
</table>

Qt/X11直接操作Framebuffer的方式会牺牲X架构的灵活性，在嵌入式系统中，这种牺牲灵活换取效率提高的做法是值得的，甚至是必需的。

Qtopia Core的窗口系统采用Client-Server模型，任何一个Qtopia Core的应用程序都可以作为系统中唯一的一个GUI Server存在。通常用一个主程序来作为Server应用，后继运行的其他应用程序连接到这个Server来管理自己。

## 6.3　Qtopia Core开发环境的构建

创建Qtopia Core开发环境是指在PC上构建一个可以开发和运行Qtopia Core程序的平台。本节在Red Hat Linux系统中构建Qtopia Core开发环境，使用了两个软件包：qt-x11-opensource-src-4.2.2.tar.gz和qtopia-core-opensource-src-4.2.2.tar.gz。

qtopia-core-opensource-src-4.2.2.tar.gz是Qtopia Core的安装包，是一个完整的包含GUI和基于Linux的嵌入式平台开发工具。

Qtopia Core应用程序一般在宿主机上开发，最终可以在嵌入式平台上运行。如果要在宿主机上运行Qtopia Core的应用程序，通常需要qvfb来协助实现。qvfb是一个虚拟Frambuffer的应用程序，它的目的是把Qtopia Core应用程序的运行结果显示在其中，并提供键盘和鼠标的外设仿真。

qt-x11-opensource-src-4.2.2.tar.gz是Qt/X11安装包，本节通过这个安装包获取工具qvfb。

以下是开发环境的具体安装步骤。

1. 解压软件包

```
(1) tar xzvf qt-x11-opensource-src-4.2.2.tar.gz
(2) tar xzvf qtopia-core-opensource-src-4.2.2.tar.gz
```

成功解压会生成目录 qt-x11-opensource-src-4.2.2 和 qtopia-core-opensource-src-4.2.2。

2. 安装 Qtopia Core

```
#cd qtopia-core-opensource-src-4.2.2
#./configure -platform qws/linux-x86-g++/ -qvfb -depths 4,8,16,24,32 -no-qt3support
#gmake
#gmake install
```

在.profile 或.bash_profile 文件加上如下路径。

```
PATH=/usr/local/Trolltech/QtopiaCore-4.2.2-i386/bin/:$PATH
export PATH
```

3. 安装 qvfb

```
#cd qt-x11-opensource-src-4.2.2
#./configure
```

系统会提示是否同意 GPL/QPL 协议,选择 yes 完成安装。configure 程序可以用来配置 Qt 的安装选项,输入命令./configure-help 可以看到配置选项和说明。在 root 权限下,Qt 的默认安装路径是/usr/local/Trolltech/Qt-4.2.2。

```
#make
```

make 命令用来编译 Qt 需要的工具和库。

```
#make install
```

成功安装后,可以在目录/usr/local/Trolltech/Qt-4.2.2 看到 Qt 的头文件、库文件以及工具。

进入目录 qt-x11-opensource-src-4.2.2/tools/qvfb,准备安装 qvfb。

```
#make
```

编译成功会在目录 qt-x11-opensource-src-4.2.2/bin 下生成 qvfb。

```
#qvfb
```

执行 qvfb 程序,在屏幕上会显示一个 qvfb 的窗口,如图 6.1 所示。

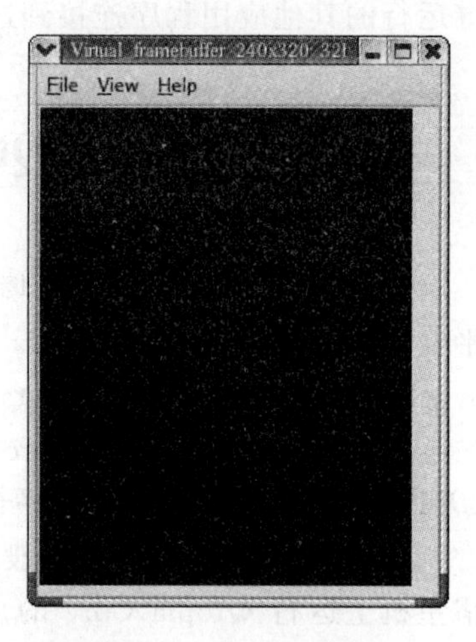


**图 6.1　qvfb 运行结果**

## 6.4　Qtopia Core 程序开发基础

针对不同操作系统发布的 Qt 版本,提供给应用程序开发人员的 API 一致。基于 Qt/X11 开发的应用程序移植到嵌入式环境,只需要将开发好的应用程序用 Qtopia Core 版本重新编译,就可以顺利运行在嵌入式环境中。本节将针对不同操作系统发布的 Qt 版本统称为

Qt，Qtopia Core 程序开发基础也被包含在 Qt 程序开发基础中。

Qt 为专业应用提供了大量的函数，约包含 250 个 C++类，这些类覆盖了基本 GUI 窗口部件类、布局管理类、窗口部件外观类、与数据库相关的类、处理事件的类、图像处理类、日期与时间的处理类等。QObject、QApplication、QWidget 是 Qt 中三个主要的类。

Qt 使用信号和槽在对象之间进行交流，信号和槽机制是 Qt 的核心特色，是 Qt 与别的嵌入式 GUI 框架设计结构最为不同的方面。

### 6.4.1　Qt 中的主要类

Qt 为专业应用提供了大量的函数，大约含有 250 个 C++类，这里面包括窗口部件的外观类、基本的 GUI 窗口部件类、布局管理类、与数据库相关的类、生成和处理事件的类、图像处理类、处理日期与时间的类等。

下面介绍一下 Qt 重要的三个基类：QObject、QApplication、QWidget。

1. QObject

QObject 类是所有能够处理 signal、slot 和事件的 Qt 对象的基类，它的原型如下。

```
QObject :: QObject ( QObject * parent=0, const char * name = 0)
```

在 QObject 的原型函数中，如果 parent 为 0，则构造一个无父的对象，如果对象是一个组件，则它就会成为顶层的窗口。

建立一个 TestQt 类，该类继承于 QObject 类。具体代码如程序 6.1 所示。

【程序 6.1】　TestQt 类的定义和构造函数。

```
/ **************** TestQt 类的定义 ******************** /
Class TestQt:public QObject
{
        Q_OBJECT
        public:
        TestQt(QObject * parent=0, const char * name)
            ...
        private slots:
                void calulate();
        prrivate:
                Qtimer timer;
                    ...
};
/ ************* TestQt 类构造函数 **************** /
TestQt:: TestQt(QObject * parent=0, const char * name):QObject(parent,name)
{
        Connect(&timer,SIGNAL(timeout()),this,SLOT(calculate()));
        ...
}
```

Qt 中的类如果需要采用 signal 和 slot 机制，则在类的定义体前需要加上 Q_OBJECT 宏。QObject 类的继承树如图 6.2 所示。

2. QApplication

QApplication 类负责 GUI 应用程序的控制流和主要的设置。它包括主事件循环体，负责处理和调度所有来自窗口系统和其他资源的事件，处理应用程序的开始、结束及会话管理。对于一个应用程序来说，建立此类的对象是必需的。QApplication 类是 QObject 类的子类。

QApplication 类中包含的方法如下。

(1) 系统设置：font()、setFont()、desktopSettingAware()等。

(2) 事件处理：exec()、exit()、quit()、postEvent()、processEvent()等。

(3) 图形用户界面风格：stytle()、setStyle()、polish()等。

(4) 颜色使用：colorSpec()、setColorSpec()、qwsSetCustomColors()等。

(5) 文本处理：SetDefaultCodec()、translate()等。

(6) 窗口部件：mainWidget()、setMainWidget()、focusWidget()等。

(7) 对话管理：isSeddionRestord()、sessionId()等。

(8) 线程相关：lock()、unlock()、wakeUpGuiThread()等。

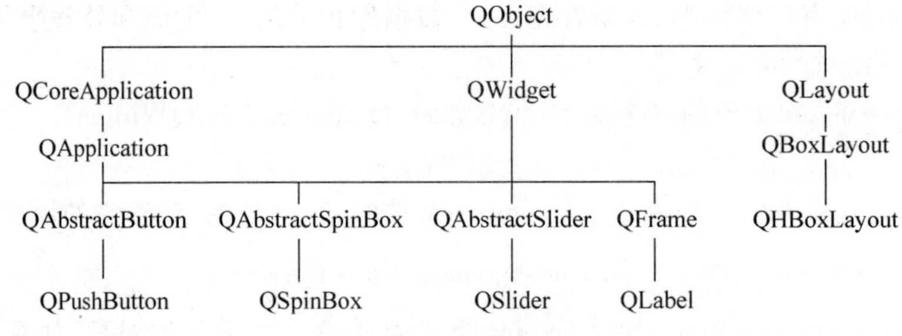


**图 6.2　QObject 类的继承树**

3. QWidget

QWidget 类是所有用户接口对象的基类，它继承了 QObject 类的属性。用户接口对象也可以称为组件，是用户界面的组成部分，它们不仅可以把自己绘制在终端屏幕上，而且也可以对键盘、鼠标及从窗口系统发送过来的事件进行处理。QWidget 有很多成员函数，但一般不直接使用，而是通过子类继承来使用其函数功能，如 QPushButton、QListBox 等都是它的子类。QWidget 类是 QObject 类的子类。常用的基本部件类如表 6.4 所示。

**表 6.4　基本部件类**

| 基本部件 | 说　明 |
|---|---|
| QActive | 可以同时出现在菜单和工具条上的抽象用户界面操作 |
| QActionGroup | 该类把操作组合在一起 |
| QCheckBox | QCheckBox 窗口部件提供一个带文本标签的复选框 |
| QComboBox | 提供按钮列表 |
| QDial | 该类提供刻度盘控件类(类似于速度表或压力表) |
| QLabel | 该类提供文本或图像显示 |
| QLCDNumber | 该类提供显示数字 |
| QLineEdit | 该类提供单行文本编辑 |
| QPopupMenu | 弹出式菜单部件类 |
| QPushButton | 命令按钮类 |
| QRadioButton | 单选按钮类 |
| QScrollBar | 垂直或水平滚动条部件类 |
| QSlider | 垂直或水平滑动块部件类 |
| QSpinBox | 旋转盒部件类 |
| QTextEdit | QTextEdit 窗口部件提供强大的单页面的多信息文本编辑器 |
| QToolButton | 工具条按钮类 |

### 6.4.2 信号和槽

信号和槽机制是Qt的一个主要特征，是Qt与其他工具包最不相同的部分。在图形界面编程中，经常将窗口中的一个部件发生的变化通知给另一个部件。在许多面向对象程序设计的开发工具包中采用事件响应机制来实现对象部件之间的通信，这种机制很容易崩溃、不够健全，同时也不是面向对象的。而在Qt中采用信号和槽来实现对象部件之间的通信，这种机制既灵活，又面向对象，并且用C++来实现，完全可以取代传统工具中的回调和消息映射机制。

以前，使用回调函数机制关联某段响应代码和一个按钮的动作时，需要将相应代码的函数指针传递给按钮。当按钮被单击时，函数被调用。这种方式不能保证回调函数被执行时传递的参数都有着正确的类型，很容易造成进程崩溃，并且回调方式将GUI元素与其功能紧紧地捆绑在一起，使开发独立的类变得很困难。

Qt的信号与槽机制则不同，Qt的窗口在事件发生后会激发信号。例如，当一个按钮被单击时会激发clicked信号。程序员通过创建一个函数（称做一个槽）并调用connect()函数来连接信号，这样就可以将信号与槽连接起来。

Qt的窗口部件中有很多预定义的信号，用户也可以通过继承定义自己的信号。当Qt窗口某个对象发生特定事件的时候，意味着一个信号被发射。槽就是可以被调用处理特定信号的函数。Qt的窗口部件也有很多预定义的槽，但通常用户可以设计自己的槽处理指定的信号。

下面通过几个实例来介绍信号和槽的定义及连接。

(1) 信号和槽的定义

这个机制可以在对象之间彼此并不了解的情况下将它们的行为联系起来。在前几个例子中，已经连接了信号和槽，声明了控件自己的信号和槽，并实现了槽函数，发送了自己的信号。现在来更深入地了解这个机制。

槽和普通的C++成员函数很像。它们可以是虚函数(virtual)，也可被重载(overload)，可以是公有的(public)，保护的(protective)，也可以是私有的(private)，它们可以像任何C++成员函数一样被直接调用，可以传递任何类型的参数。不同之处在于一个槽函数能和一个信号相连接，只要信号触发了，这个槽函数就会自动被调用。

(2) 信号和槽的连接

connect函数语法如下。

```
connect(sender, SIGNAL(signal), receiver, SLOT(slot));
```

sender和receiver是QObject对象指针，signal和slot是不带参数的函数原型。SIGNAL()和SLOT()宏的作用是把参数转换成字符串。信号与槽通过connect()有多种连接方式，如图6.3所示。

实际使用中还要考虑如下一些规则。

(1) 一个信号可以连接到多个槽

```
connect(slider, SIGNAL(valueChanged(int)),spinBox, SLOT(setValue(int)));
connect(slider, SIGNAL(valueChanged(int)),this, SLOT(updateStatusBarIndicator(int)));
```

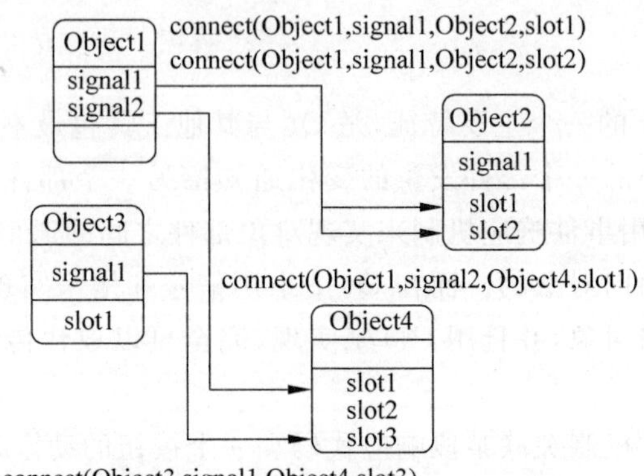


**图 6.3 信号和槽的连接**

当信号触发后,槽函数都会被调用,但是调用的顺序是随机的,不确定的。

(2) 多个信号可以连接到同一个槽

```
connect(lcd, SIGNAL(overflow()), this, SLOT(handleMathError()));
connect(calculator, SIGNAL(divisionByZero()),this, SLOT(handleMathError()));
```

任何一个信号触发后,槽函数都会执行。

(3) 一个信号可以和另一个信号相连

```
connect(lineEdit, SIGNAL(textChanged(const QString &)),
    this, SIGNAL(updateRecord(const QString &)));
```

第一个信号触发后,第二个信号也同时发送。除此之外,信号与信号的连接和信号与槽的连接相同。

(4) 连接可以被删除

```
disconnect(lcd, SIGNAL(overflow()),this, SLOT(handleMathError()));
```

这个函数很少使用,因为一个对象被删除后,Qt会自动删除这个对象关联的连接。信号和槽函数必须有着相同的参数类型及顺序,这样信号和槽函数才能成功连接。

```
connect(ftp, SIGNAL(rawCommandReply(int, const QString &)),
    this, SLOT(processReply(int, const QString &)));
```

如果信号里的参数个数多于槽函数的参数,多余的参数被忽略。

```
connect(ftp, SIGNAL(rawCommandReply(int, const QString &)),
    this, SLOT(checkErrorCode(int)));
```

如果参数类型不匹配,或者信号和槽不存在,应用程序在debug状态下时,Qt会在运行期间给出警告。如果信号和槽连接时包含了参数的名字,Qt也将会给出警告。

下面这个例子介绍了如何声明和定义信号与槽。

```
class Employee : public QObject
{
    Q_OBJECT
public:
```

```
    Employee() { mySalary = 0; }
    int salary() const { return mySalary; }
public slots:
    void setSalary(int newSalary);
signals:
    void salaryChanged(int newSalary);
private:
    int mySalary;
};
void Employee::setSalary(int newSalary)
{
    if (newSalary != mySalary) {
        mySalary = newSalary;
        emit salaryChanged(mySalary);
    }
}
```

## 6.5 Qtopia Core程序的结构与实例

Qtopia Core应用程序的结构与Qt应用程序的结构基本一样，为了阐述方便，本节将Qtopia Core应用程序和Qt应用程序统称为Qt应用程序。

1. 应用程序Hello world

以Hello world程序为例，开始学习Qt应用程序结构。创建一个项目文件夹helloworld，在其中编写应用程序helloworld.cpp，代码如程序6.2所示。

**【程序6.2】** helloworld.cpp文件的源代码。

```
1  #include <QApplication>
2  #include <QLabel>
3  int main(int argc, char *argv[])
4  {
5      QApplication app(argc, argv);
6      QLabel hello("Hello world!");
7      hello.show();
8      return app.exec();
9  }
```

编写好helloworld.cpp后，对其进行编译。因为Qt中对C++进行了扩展，所以不用gcc命令或者Makefile来编译应用程序，而采用qmake工具来编译应用程序。

```
# qmake -project
```

成功执行后，在当前目录生成helloworld.pro文件。

```
# qmake
```

成功执行后，在当前目录生成Makefile文件。

```
# make
```

成功执行后，在当前目录生成可执行文件helloworld，可以运行查看效果。

```
# qvfb &
# ./helloworld -qws
```

运行结果如图6.4所示。

**图6.4　Hello world运行结果**

第1、第2行包含所需的头文件，分别包含了QApplication类和QLabel类的定义。每一个Qt的应用程序都必须使用一个QApplication对象，用来管理应用程序的字体、光标等资源。QLabel为静态文本框组件。

第3行的main()函数是程序的入口，这是C/C++的特征，其中argc是命令行变量的数量，argv是命令行变量的数组，main()把控制权交给Qt之前完成相应的初始化操作。

第5行创建QApplication对象app，处理命令行变量。

第6行创建一个静态文本，文本内容设定为Hello world!。QLable类是Qt控件集中的一员，用来显示一个标签。

第7行用来显示静态文本。一个窗口部件创建后，是不可见的，需要调用show()方法使其可见。

第8行将控制权交给Qt，通常控制台程序都是顺序执行的，而GUI应用程序总是进入一个循环等待，响应用户的动作。main()把控制权转交给Qt /E，在exec()中，Qt接受并处理用户和系统的事件，当应用程序退出时exec()将返回。

2. 简单的交互应用程序

本例主要学习Qt如何响应用户的动作，应用程序包含一个按钮，当用户单击按钮时，程序退出，具体代码如程序6.3所示。

**【程序6.3】**　quit.cpp文件的源代码。

```
1  #include <QApplication>
2  #include <QPushButton>
3  int main(int argc, char * argv[])
4  {
5      QApplication app(argc, argv);
6      QPushButton * button = new QPushButton("Quit");
7      QObject::connect(button, SIGNAL(clicked()), &app, SLOT(quit()));
8      button -> show();
9      return app.exec();
10 }
```

运行结果如图6.5所示。

**图6.5　quit运行结果**

第6行创建了按钮button。

第7行将button按钮发出的clicked()信号连接到app的槽quit()，当用户单击按钮时，clicked()信号被发射，从而槽quit()被执行，应用程序关闭。

3. Qt Designer的应用：显示室内温度

Qt提供了非常强大的GUI编辑工具Qt Designer，可以用于便捷地实现嵌入式GUI的设计和布局。在Qt Designer中完成界面设计之后，生成后缀为.ui的文件，再使用工具由.ui文件生成包含界面信息的.h头文件，在应用程序代码中使用，用来简化界面开发。

显示室内温度的运行结果如图 6.6 所示，当单击 Show 按钮时，在文本框里显示温度和时间，应用程序共包含 5 个文件：mainwindow. ui、ui_mainwindow. h、mianwindow. h、mianwindow. cpp、main. cpp。

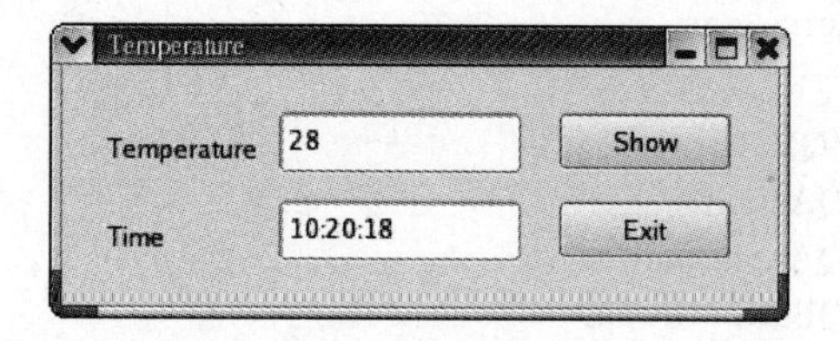


图 6.6　显示室内温度运行结果

在 Qt Designer 中提供了许多窗口部件，管理界面如图 6.7 所示。

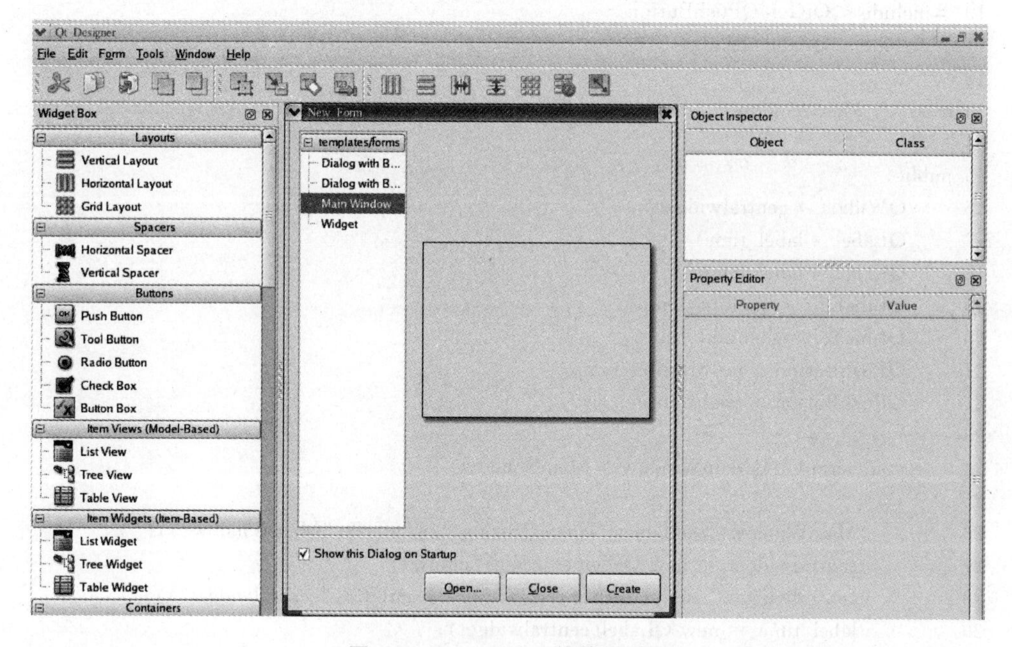


图 6.7　Qt Designer 的管理界面

新建一个 Main Window，将需要的部件用鼠标拖曳到窗口，进行位置的布局和参数的调整，最终的应用界面如图 6.8 所示。

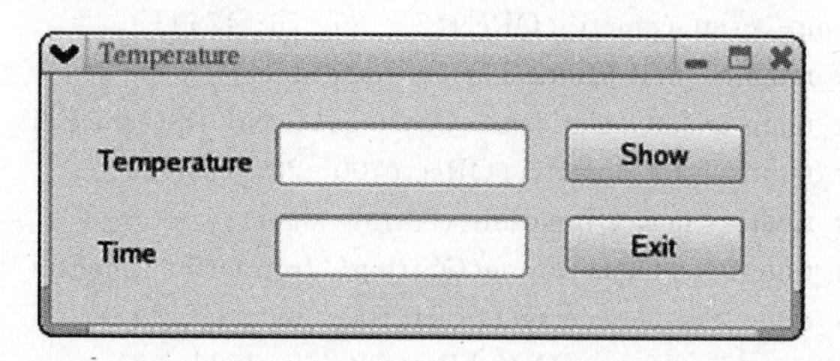


图 6.8　显示室内温度界面

将界面保存在项目文件夹 temperature 中，命名为 mainwindow. ui。

```
uic -o ui_mainwindow.h mainwindow.ui
```

Qt中的工具uic根据mainwindow.ui文件生成ui_mainwindow.h文件。

【程序6.4】 ui_mainwindow.h文件的源代码。

```
1  #ifndef UI_MAINWINDOW_H
2  #define UI_MAINWINDOW_H

3  #include <QtCore/QVariant>
4  #include <QtGui/QAction>
5  #include <QtGui/QApplication>
6  #include <QtGui/QButtonGroup>
7  #include <QtGui/QLabel>
8  #include <QtGui/QLineEdit>
9  #include <QtGui/QMainWindow>
10 #include <QtGui/QPushButton>
11 #include <QtGui/QWidget>
12
13 class Ui_MainWindow
14 {
15 public:
16     QWidget *centralwidget;
17     QLabel *label_time;
18     QLabel *label_temp;
19     QLineEdit *lineEdit_temp;
20     QLineEdit *lineEdit_time;
21     QPushButton *pushButton_temp;
22     QPushButton *pushButton_exit;
23
24     void setupUi(QMainWindow *MainWindow)
25     {
26         MainWindow->setObjectName(QString::fromUtf8("MainWindow"));
27         centralwidget = new QWidget(MainWindow);
28         centralwidget->setObjectName(QString::fromUtf8("centralwidget"));
29         label_time = new QLabel(centralwidget);
30         label_time->setObjectName(QString::fromUtf8("label_time"));
31         label_time->setGeometry(QRect(20, 70, 71, 17));
32         label_temp = new QLabel(centralwidget);
33         label_temp->setObjectName(QString::fromUtf8("label_temp"));
34         label_temp->setGeometry(QRect(20, 30, 70, 17));
35         lineEdit_temp = new QLineEdit(centralwidget);
36         lineEdit_temp->setObjectName(QString::fromUtf8("lineEdit_temp"));
37         lineEdit_temp->setGeometry(QRect(100, 20, 113, 29));
38         lineEdit_time = new QLineEdit(centralwidget);
39         lineEdit_time->setObjectName(QString::fromUtf8("lineEdit_time"));
40         lineEdit_time->setGeometry(QRect(100, 60, 113, 29));
41         pushButton_temp = new QPushButton(centralwidget);
42         pushButton_temp->setObjectName(QString::fromUtf8("pushButton_temp"));
43         pushButton_temp->setGeometry(QRect(230, 20, 80, 27));
44         pushButton_exit = new QPushButton(centralwidget);
45         pushButton_exit->setObjectName(QString::fromUtf8("pushButton_exit"));
46         pushButton_exit->setGeometry(QRect(230, 60, 80, 27));
```

```
47          MainWindow->setCentralWidget(centralwidget);
48          retranslateUi(MainWindow);
49          QSize size(332, 109);
50          size = size.expandedTo(MainWindow->minimumSizeHint());
51          MainWindow->resize(size);
52
53          QMetaObject::connectSlotsByName(MainWindow);
54      } // setupUi
55
56      void retranslateUi(QMainWindow * MainWindow)
57      {
58              MainWindow-> setWindowTitle ( QApplication :: translate ("MainWindow",
    "Temperature", 0, QApplication::UnicodeUTF8));
59            label _ time-> setText ( QApplication :: translate ("MainWindow", " Time", 0,
   QApplication::UnicodeUTF8));
60          label_temp-> setText(QApplication::translate(" MainWindow", "Temperature", 0,
  QApplication::UnicodeUTF8));
61          pushButton_temp-> setText(QApplication::translate(" MainWindow", " Show", 0,
  QApplication::UnicodeUTF8));
62           pushButton_exit-> setText(QApplication::translate(" MainWindow", " Exit", 0,
  QApplication::UnicodeUTF8));
63          Q_UNUSED(MainWindow);
64      } // retranslateUi
65  };
66
67  namespace Ui {
68  class MainWindow: public Ui_MainWindow {};
69  } // namespace Ui
70  #endif // UI_MAINWINDOW_H
```

第 13 行创建了类 Ui_MainWindow，包含了窗口显示的所有部件。

应用程序的界面代码主要在 ui_mainwindow 文件中，而应用程序的逻辑功能在 mainwindow.h 和 mainwindow.cpp 中实现，代码如程序 6.5 和程序 6.6 所示。

**【程序 6.5】** mainwindow.h 文件的源代码。

```
1   #ifndef MAINWINDOW_H
2   #define MAINWINDOW_H
3
4   #include <QMainWindow>
5   namespace Ui {
6       class MainWindow;
7   }
8   class MainWindow : public QMainWindow
9   {
10      Q_OBJECT
11
12  public:
13      explicit MainWindow(QWidget * parent = 0);
14      ~MainWindow();
15
```

```
16 private:
17       Ui::MainWindow * ui;
18
19 private slots:
20       void pushButton_temp_clicked();
21 };
22 #endif // MAINWINDOW_H
```

第10行的宏Q_OBJECT,在所有包含自定义信号与槽的类中都必须存在。

第20行声明了一个槽,命名为pushButton_temp_clicked(),而这个槽的真正实现在mainwindows.cpp中。

**【程序6.6】** mainwindow.cpp文件的源代码。

```
1  #include "mainwindow.h"
2  #include "ui_mainwindow.h"
3
4  MainWindow::MainWindow(QWidget * parent):
5  QMainWindow(parent),
6  ui(new Ui::MainWindow)
7  {
8       ui->setupUi(this);
9       connect(ui->pushButton_temp,SIGNAL(clicked()),
   this,SLOT(pushButton_temp_clicked()));
10      connect(ui->pushButton_exit,SIGNAL(clicked()),qApp,SLOT(quit()));
11 }
12
13 MainWindow::~MainWindow()
14 {
15      delete ui;
16 }
17
18 void MainWindow::pushButton_temp_clicked()
19 {
20      ui->lineEdit_temp->setText("28");
21      ui->lineEdit_time->setText("10:20:18");
22 }
```

第9行将按钮pushButton_temp的单击信号与自定义的槽pushButton_temp_clicked()绑定,即单击了Show按钮,就运行槽pushButton_temp_clicked()。

第10行将按钮pushButton_exit的单击信号与应用程序的槽quit()绑定,即单击了Exit按钮,应用程序关闭。

第18行实现了槽pushButton_temp_clicked(),在相应的文本框显示相应的内容,实际应用中温度的采集分析过程可以参考5.3.3节。

ui_mainwindow.h文件中完成了应用程序的界面代码,mainwindow.h和mainwindow.cpp文件中完成了应用程序逻辑功能代码。接下来创建main.cpp文件,程序的入口在该文件中完成,代码如程序6.7所示。

**【程序 6.7】** main. cpp 文件的源代码。

```
1  #include <QtGui/QApplication>
2  #include "mainwindow.h"
3
4  int main(int argc, char *argv[])
5  {
6      QApplication a(argc, argv);
7      MainWindow w;
8      w.show();
9      return a.exec();
10 }
```

编译链接，应用程序就可以运行了，运行结果如图 6.8 所示，单击 Show 按钮后显示结果如图 6.6 所示。

4. 应用实例：计算器

实现计算器的基本功能，实现加减乘除的运算，运行结果如图 6.9 所示，具体步骤如下。

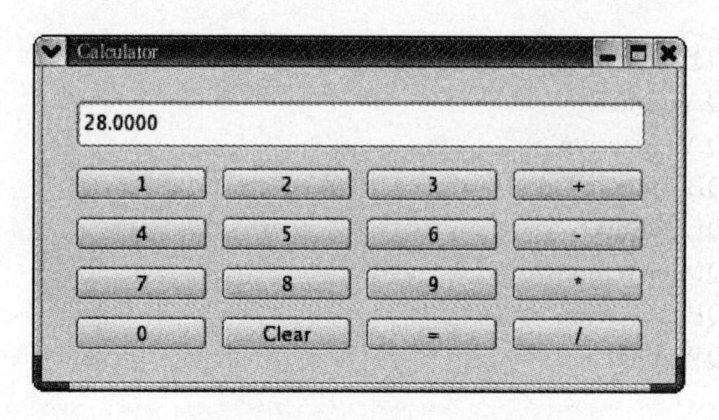


图 6.9　计算器运行结果

(1) 创建项目文件夹 calculator，所有的源代码都放在该目录下，编译前包含 5 个文件：mainwindow. ui、ui_mainwindow. h、main. cpp、mainwindow. h、mainwindow. cpp。

(2) 创建主函数。main. cpp 代码如程序 6.8 所示。

**【程序 6.8】** main. cpp 文件的源代码。

```
#include <QtGui/QApplication>
#include "mainwindow.h"
int main(int argc, char *argv[])
{
    QApplication a(argc, argv);
    MainWindow w;
    w.show();
    return a.exec();
}
```

(3) 用 Qt Designer 搭建主界面，如图 6.10 所示，保存为 mainwindow. ui，使用工具生成 ui_mainwindow. h 文件。

```
uic -o ui_mainwindow.h mainwindow.ui
```

ui_mainwindow. h 文件包含了主界面的界面信息，逻辑功能在 mainwindow. h 和

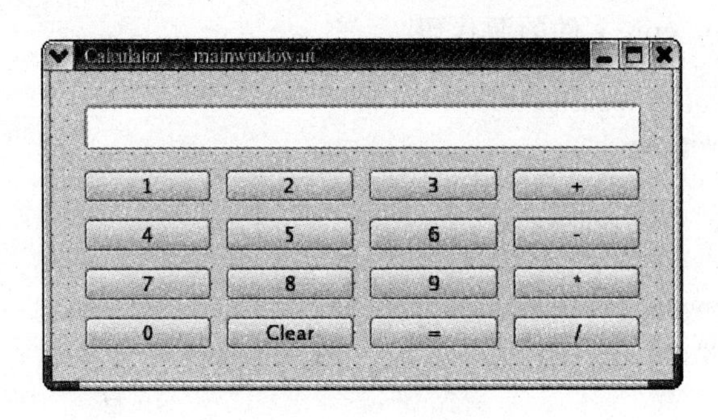


图 6.10 主界面窗口

mainwindow.cpp 文件中实现。

【程序 6.9】 ui_mainwindow.h 文件的源代码。

```
#ifndef UI_MAINWINDOW_H
#define UI_MAINWINDOW_H

#include <QtCore/QVariant>
#include <QtGui/QAction>
#include <QtGui/QApplication>
#include <QtGui/QButtonGroup>
#include <QtGui/QLineEdit>
#include <QtGui/QMainWindow>
#include <QtGui/QPushButton>
#include <QtGui/QWidget>

class Ui_MainWindow
{
public:
    QWidget *centralwidget;
    QPushButton *pushButton_1;
    QPushButton *pushButton_2;
    QPushButton *pushButton_3;
    QPushButton *pushButton_4;
    QPushButton *pushButton_5;
    QPushButton *pushButton_6;
    QPushButton *pushButton_7;
    QPushButton *pushButton_8;
    QPushButton *pushButton_9;
    QPushButton *pushButton_0;
    QPushButton *pushButton_clear;
    QPushButton *pushButton_equ;
    QPushButton *pushButton_div;
    QPushButton *pushButton_mul;
    QPushButton *pushButton_sub;
    QPushButton *pushButton_add;
    QLineEdit *lineEdit;

    void setupUi(QMainWindow *MainWindow)
```

```
{
MainWindow->setObjectName(QString::fromUtf8("MainWindow"));
centralwidget = new QWidget(MainWindow);
centralwidget->setObjectName(QString::fromUtf8("centralwidget"));
pushButton_1 = new QPushButton(centralwidget);
pushButton_1->setObjectName(QString::fromUtf8("pushButton_1"));
pushButton_1->setGeometry(QRect(20, 60, 80, 21));
pushButton_2 = new QPushButton(centralwidget);
pushButton_2->setObjectName(QString::fromUtf8("pushButton_2"));
pushButton_2->setGeometry(QRect(110, 60, 80, 21));
pushButton_3 = new QPushButton(centralwidget);
pushButton_3->setObjectName(QString::fromUtf8("pushButton_3"));
pushButton_3->setGeometry(QRect(200, 60, 80, 21));
pushButton_4 = new QPushButton(centralwidget);
pushButton_4->setObjectName(QString::fromUtf8("pushButton_4"));
pushButton_4->setGeometry(QRect(20, 90, 80, 21));
pushButton_5 = new QPushButton(centralwidget);
pushButton_5->setObjectName(QString::fromUtf8("pushButton_5"));
pushButton_5->setGeometry(QRect(110, 90, 80, 21));
pushButton_6 = new QPushButton(centralwidget);
pushButton_6->setObjectName(QString::fromUtf8("pushButton_6"));
pushButton_6->setGeometry(QRect(200, 90, 80, 21));
pushButton_7 = new QPushButton(centralwidget);
pushButton_7->setObjectName(QString::fromUtf8("pushButton_7"));
pushButton_7->setGeometry(QRect(20, 120, 80, 21));
pushButton_8 = new QPushButton(centralwidget);
pushButton_8->setObjectName(QString::fromUtf8("pushButton_8"));
pushButton_8->setGeometry(QRect(110, 120, 80, 21));
pushButton_9 = new QPushButton(centralwidget);
pushButton_9->setObjectName(QString::fromUtf8("pushButton_9"));
pushButton_9->setGeometry(QRect(200, 120, 80, 21));
pushButton_0 = new QPushButton(centralwidget);
pushButton_0->setObjectName(QString::fromUtf8("pushButton_0"));
pushButton_0->setGeometry(QRect(20, 150, 80, 21));
pushButton_clear = new QPushButton(centralwidget);
pushButton_clear->setObjectName(QString::fromUtf8("pushButton_clear"));
pushButton_clear->setGeometry(QRect(110, 150, 80, 21));
pushButton_equ = new QPushButton(centralwidget);
pushButton_equ->setObjectName(QString::fromUtf8("pushButton_equ"));
pushButton_equ->setGeometry(QRect(200, 150, 80, 21));
pushButton_div = new QPushButton(centralwidget);
pushButton_div->setObjectName(QString::fromUtf8("pushButton_div"));
pushButton_div->setGeometry(QRect(290, 150, 80, 21));
pushButton_mul = new QPushButton(centralwidget);
pushButton_mul->setObjectName(QString::fromUtf8("pushButton_mul"));
pushButton_mul->setGeometry(QRect(290, 120, 80, 21));
pushButton_sub = new QPushButton(centralwidget);
pushButton_sub->setObjectName(QString::fromUtf8("pushButton_sub"));
pushButton_sub->setGeometry(QRect(290, 90, 80, 21));
pushButton_add = new QPushButton(centralwidget);
pushButton_add->setObjectName(QString::fromUtf8("pushButton_add"));
```

```
    pushButton_add->setGeometry(QRect(290, 60, 80, 21));
    lineEdit = new QLineEdit(centralwidget);
    lineEdit->setObjectName(QString::fromUtf8("lineEdit"));
    lineEdit->setGeometry(QRect(20, 20, 351, 29));
    MainWindow->setCentralWidget(centralwidget);

    retranslateUi(MainWindow);

    QSize size(391, 190);
    size = size.expandedTo(MainWindow->minimumSizeHint());
    MainWindow->resize(size);


    QMetaObject::connectSlotsByName(MainWindow);
} // setupUi

    void retranslateUi(QMainWindow * MainWindow)
    {
    MainWindow->setWindowTitle(QApplication::translate("MainWindow", "Calculator", 0,
QApplication::UnicodeUTF8));
    pushButton_1->setText(QApplication::translate("MainWindow", "1", 0, QApplication::
UnicodeUTF8));
    pushButton_2->setText(QApplication::translate("MainWindow", "2", 0, QApplication::
UnicodeUTF8));
    pushButton_3->setText(QApplication::translate("MainWindow", "3", 0, QApplication::
UnicodeUTF8));
    pushButton_4->setText(QApplication::translate("MainWindow", "4", 0, QApplication::
UnicodeUTF8));
    pushButton_5->setText(QApplication::translate("MainWindow", "5", 0, QApplication::
UnicodeUTF8));
    pushButton_6->setText(QApplication::translate("MainWindow", "6", 0, QApplication::
UnicodeUTF8));
    pushButton_7->setText(QApplication::translate("MainWindow", "7", 0, QApplication::
UnicodeUTF8));
    pushButton_8->setText(QApplication::translate("MainWindow", "8", 0, QApplication::
UnicodeUTF8));
    pushButton_9->setText(QApplication::translate("MainWindow", "9", 0, QApplication::
UnicodeUTF8));
    pushButton_0->setText(QApplication::translate("MainWindow", "0", 0, QApplication::
UnicodeUTF8));
    pushButton_clear->setText(QApplication::translate("MainWindow", "Clear", 0, QApplication
::UnicodeUTF8));
    pushButton_equ->setText(QApplication::translate("MainWindow", "=", 0, QApplication::
UnicodeUTF8));
    pushButton_div->setText(QApplication::translate("MainWindow", "/", 0, QApplication::
UnicodeUTF8));
    pushButton_mul->setText(QApplication::translate("MainWindow", "*", 0, QApplication::
UnicodeUTF8));
    pushButton_sub->setText(QApplication::translate("MainWindow", "-", 0, QApplication::
UnicodeUTF8));
    pushButton_add->setText(QApplication::translate("MainWindow", "+", 0, QApplication::
```

```
UnicodeUTF8));
    Q_UNUSED(MainWindow);
    } // retranslateUi

};

namespace Ui {
    class MainWindow: public Ui_MainWindow {};
} // namespace Ui

#endif // UI_MAINWINDOW_H
```

**【程序 6.10】** mainwindow.h 文件的源代码。

```
#ifndef MAINWINDOW_H
#define MAINWINDOW_H
#include <QMainWindow>
namespace Ui {
    class MainWindow;
}
class MainWindow : public QMainWindow
{
    Q_OBJECT
public:
    explicit MainWindow(QWidget *parent = 0);
    ~MainWindow();
private:
    Ui::MainWindow *ui;
    double op1;
    double op2;
    bool flag_lineEdit_clear;
    int operation;
private slots:
    void pushButton_0_clicked();
    void pushButton_1_clicked();
    void pushButton_2_clicked();
    void pushButton_3_clicked();
    void pushButton_4_clicked();
    void pushButton_5_clicked();
    void pushButton_6_clicked();
    void pushButton_7_clicked();
    void pushButton_8_clicked();
    void pushButton_9_clicked();
    void pushButton_add_clicked();
    void pushButton_sub_clicked();
    void pushButton_mul_clicked();
    void pushButton_div_clicked();
    void pushButton_equ_clicked();
    void pushButton_clear_clicked();
};
#endif // MAINWINDOW_H
```

【程序6.11】 mainwindow.cpp文件的源代码。

```
#include "mainwindow.h"
#include "ui_mainwindow.h"
MainWindow::MainWindow(QWidget * parent) :
    QMainWindow(parent),
    ui(new Ui::MainWindow)
{
    ui->setupUi(this);
    connect(ui->pushButton_0,SIGNAL(clicked()),this,SLOT(pushButton_0_clicked()));
    connect(ui->pushButton_1,SIGNAL(clicked()),this,SLOT(pushButton_1_clicked()));
    connect(ui->pushButton_2,SIGNAL(clicked()),this,SLOT(pushButton_2_clicked()));
    connect(ui->pushButton_3,SIGNAL(clicked()),this,SLOT(pushButton_3_clicked()));
    connect(ui->pushButton_4,SIGNAL(clicked()),this,SLOT(pushButton_4_clicked()));
    connect(ui->pushButton_5,SIGNAL(clicked()),this,SLOT(pushButton_5_clicked()));
    connect(ui->pushButton_6,SIGNAL(clicked()),this,SLOT(pushButton_6_clicked()));
    connect(ui->pushButton_7,SIGNAL(clicked()),this,SLOT(pushButton_7_clicked()));
    connect(ui->pushButton_8,SIGNAL(clicked()),this,SLOT(pushButton_8_clicked()));
    connect(ui->pushButton_9,SIGNAL(clicked()),this,SLOT(pushButton_9_clicked()));
    connect(ui->pushButton_add,SIGNAL(clicked()),this,SLOT(pushButton_add_clicked()));
    connect(ui->pushButton_sub,SIGNAL(clicked()),this,SLOT(pushButton_sub_clicked()));
    connect(ui->pushButton_mul,SIGNAL(clicked()),this,SLOT(pushButton_mul_clicked()));
    connect(ui->pushButton_div,SIGNAL(clicked()),this,SLOT(pushButton_div_clicked()));
    connect(ui->pushButton_equ,SIGNAL(clicked()),this,SLOT(pushButton_equ_clicked()));
    connect(ui->pushButton_clear,SIGNAL(clicked()),this,SLOT(pushButton_clear_clicked()));
}
MainWindow::~MainWindow()
{
    delete ui;
}
void MainWindow::pushButton_0_clicked()
{
    QString str;
    if (flag_lineEdit_clear)
        ui->lineEdit->clear();
    str = ui->lineEdit->text() + ui->pushButton_0->text();
    ui->lineEdit->setText(str);
    flag_lineEdit_clear = false;
}
void MainWindow::pushButton_1_clicked()
{
    QString str;
    if (flag_lineEdit_clear)
        ui->lineEdit->clear();
    str = ui->lineEdit->text() + ui->pushButton_1->text();
    ui->lineEdit->setText(str);
    flag_lineEdit_clear = false;
}
void MainWindow::pushButton_2_clicked()
{
    QString str;
```

```
    if (flag_lineEdit_clear)
        ui->lineEdit->clear();
    str = ui->lineEdit->text() + ui->pushButton_2->text();
    ui->lineEdit->setText(str);
    flag_lineEdit_clear = false;
}
void MainWindow::pushButton_3_clicked()
{
    QString str;
    if (flag_lineEdit_clear)
        ui->lineEdit->clear();
    str = ui->lineEdit->text() + ui->pushButton_3->text();
    ui->lineEdit->setText(str);
    flag_lineEdit_clear = false;
}
void MainWindow::pushButton_4_clicked()
{
    QString str;
    if (flag_lineEdit_clear)
        ui->lineEdit->clear();
    str = ui->lineEdit->text() + ui->pushButton_4->text();
    ui->lineEdit->setText(str);
    flag_lineEdit_clear = false;
}
void MainWindow::pushButton_5_clicked()
{
    QString str;
    if (flag_lineEdit_clear)
        ui->lineEdit->clear();
    str = ui->lineEdit->text() + ui->pushButton_5->text();
    ui->lineEdit->setText(str);
    flag_lineEdit_clear = false;
}
void MainWindow::pushButton_6_clicked()
{
    QString str;
    if (flag_lineEdit_clear)
        ui->lineEdit->clear();
    str = ui->lineEdit->text() + ui->pushButton_6->text();
    ui->lineEdit->setText(str);
    flag_lineEdit_clear = false;
}
void MainWindow::pushButton_7_clicked()
{
    QString str;
    if (flag_lineEdit_clear)
        ui->lineEdit->clear();
    str = ui->lineEdit->text() + ui->pushButton_7->text();
    ui->lineEdit->setText(str);
    flag_lineEdit_clear = false;
}
```

```
void MainWindow::pushButton_8_clicked()
{
    QString str;
    if (flag_lineEdit_clear)
        ui->lineEdit->clear();
    str = ui->lineEdit->text() + ui->pushButton_8->text();
    ui->lineEdit->setText(str);
    flag_lineEdit_clear = false;
}
void MainWindow::pushButton_9_clicked()
{
    QString str;
    if (flag_lineEdit_clear)
        ui->lineEdit->clear();
    str = ui->lineEdit->text() + ui->pushButton_9->text();
    ui->lineEdit->setText(str);
    flag_lineEdit_clear = false;
}
void MainWindow::pushButton_add_clicked()
{
    QString str;
    operation = 1;
    str = ui->lineEdit->text();
    if (str!="")
        op1 = str.toDouble();
    ui->lineEdit->clear();
    flag_lineEdit_clear = true;
}
void MainWindow::pushButton_sub_clicked()
{
    QString str;
    operation = 2;
    str = ui->lineEdit->text();
    if (str!="")
        op1 = str.toDouble();
    ui->lineEdit->clear();
    flag_lineEdit_clear = true;
}
void MainWindow::pushButton_mul_clicked()
{
    QString str;
    operation = 3;
    str = ui->lineEdit->text();
    if (str!="")
        op1 = str.toDouble();
    ui->lineEdit->clear();
    flag_lineEdit_clear = true;
}
void MainWindow::pushButton_div_clicked()
{
    QString str;
```

```
    operation = 4;
    str = ui->lineEdit->text();
    if (str!="")
        op1 = str.toDouble();
    ui->lineEdit->clear();
    flag_lineEdit_clear = true;
}
void MainWindow::pushButton_equ_clicked()
{
    double result;
    QString str;
    str = ui->lineEdit->text();
    if (str!="")
        op2 = str.toDouble();
    switch(operation)
    {
    case 1: result = op1 + op2;break;
    case 2: result = op1 - op2;break;
    case 3: result = op1 * op2;break;
    case 4: result = op1 / op2;break;
    }
    str.setNum(result,'f',4);
    ui->lineEdit->setText(str);
    flag_lineEdit_clear = true;
}
void MainWindow::pushButton_clear_clicked()
{
    ui->lineEdit->clear();
    operation = 0;
    flag_lineEdit_clear = true;
}
```

## 6.6　Qtopia Core 交叉编译

在实际的嵌入式系统开发中，要在开发板上运行 Qtopia Core 应用程序。因此，需要在宿主机上构建一个 Qtopia Core 的交叉编译环境。以 UP-2410S 开发板平台为例，讲解一下具体的环境搭建过程。

**1. 安装交叉编译器**

解压交叉编译器包，笔者使用的交叉编译器包是 arm-linux-gcc-3.4.1.tar.bz2，默认会解压到/usr/local/arm/3.4.1/bin/目录下。

```
#tar jxvf arm-linux-gcc-3.4.1.tar.bz2 -C /
```

**2. 设置环境变量**

编辑.bash_profile 文件，在环境变量中添加交叉编译器的路径。进入 root 目录。

```
#cd /root
```

然后编辑该目录下的.bash_profile文件,添加交叉编译器的路径。

```
PATH=$PATH:/usr/local/arm/3.4.1/bin
export PATH
```

重启后环境变量会生效,若要立刻生效环境变量,执行以下指令。

```
#source .bash_profile
```

3. 编译安装Qtopia Core

```
#tar zxvf qtopia-core-opensource-src-4.2.2
#cd qtopia-core-opensource-src-4.3.2
#./configure -xplatformqws/linux-arm-g++/-qvfb -qconfig qpe -depths 4, 8, 16, 24, 32 -no-qt3support -v
#gmake
#gmake install
```

编译完成后,就会生成Qtopia Core在ARM体系上运行所需要的库。将这些库文件下载到开发板的lib目录,在开发板上就可以运行Qtopia Core程序了。

如果要生成在开发板上运行的Qtopia Core应用程序,只需将Qtopia Core源程序在宿主机上进行交叉编译,然后将它下载到开发板上就可以运行了。

## 6.7 练习题

**1. 选择题**

(1) 下列关于嵌入式GUI特点的描述,不正确的是(　　)。

A. 体积小、可裁剪　　B. 耗用系统资源较少

C. 开源免费　　D. 系统独立,高性能、高可靠

(2) 以下不是嵌入式GUI的是(　　)。

A. Qtopia Core　　B. MiniGUI

C. OpenGUI　　D. TinyOS

(3) 以下关于信号和槽的描述,错误的是(　　)。

A. 一个信号可以连接到一个槽　　B. 一个信号可以连接多个槽

C. 多个信号不能连接同一个槽　　D. 一个信号连接另一个信号

**2. 填空题**

(1) 常见的嵌入式GUI有________、________和________等。

(2) Qt/X11与Qtopia Core所依赖的底层显示基础是不同的,从而导致了体系结构上的差异,Qt/X11依赖于________或者________,而Qtopia Core是直接访问________。

**3. 问答题**

(1) 简述嵌入式GUI的特点。

(2) 简述Qt/X11和Qtopia Core的异同点。

(3) 简述信号与槽的作用。

**4. 编程题**

编写 Qtopia Core 程序：在窗口建立两个按钮，单击 Show Text 按钮时在单行文本框中显示 Hello World!!!；单击 Quit 按钮时关闭窗口，参考视图如图 6.11 所示。

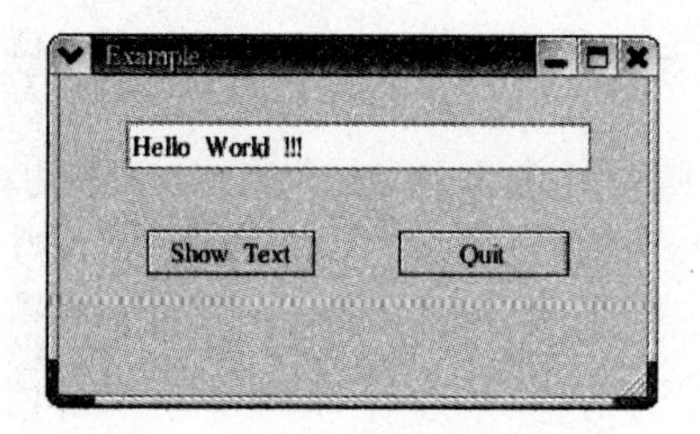


**图 6.11　参考视图**

# 第7章　嵌入式数据库

本章首先介绍嵌入式数据库的基本概念，以及几种常见的嵌入式数据库；然后介绍SQLite数据库的安装和使用，重点讲述SQLite命令行和API的使用；最后通过实例学习基于Qtopia Core应用程序与SQLite数据库的连接。

## 7.1　嵌入式数据库概述

嵌入式系统对数据处理的要求正在逐步增加，用户不仅要求处理大量复杂的数据，还需要在应用变得更复杂时使数据的处理保持一致性。传统的基于文件系统的数据管理系统，因为功能匮乏、开发周期长和维护困难等缺点，已经不能满足应用的需求。

嵌入式数据库的名称来自其独特的运行模式，这种数据库嵌入到了应用程序进程中，消除了与客户机服务器配置相关的开销。嵌入式数据库是轻量级的，它们运行时需要的内存较少。嵌入式数据库使用精简代码编写，对于嵌入式设备，其速度更快，效果更理想。嵌入式运行模式允许嵌入式数据库通过SQL语句来轻松管理应用程序数据，而不依靠原始的文本文件。

嵌入式系统要求在无人干预的情况下，也能长时间不间断地运行，对数据库可靠性的要求较高。同时要求数据库操作具备可预知性，系统的大小和性能也都必须是可预知的，这样才能保证系统的性能。嵌入式系统中会不可避免地与底层硬件打交道，因此在数据管理时，也要有底层控制的能力，如什么时候会发生磁盘操作，磁盘操作的次数，如何控制等。底层控制的能力是决定数据库管理操作的关键，在嵌入式系统中，对数据库的操作具有定时限制的特性。

嵌入式数据库广泛应用于消费电子产品、移动计算设备、企业实时管理应用、网络存储与管理以及各种专用设备，应用市场仍在高速增长。

### 7.1.1　为什么需要嵌入式数据库

随着微电子技术和存储技术的不断发展，嵌入式系统的内存和各种永久存储介质的容量均不断增加，这意味着嵌入式系统处理的数据量会不断增加，大量的数据如何及时处理成为嵌入式系统必须面对的现实问题。为了解决这个问题，将原本在企业级运用的复杂数据库处理技术引入到嵌入式系统中，应用于嵌入式系统的数据库技术应运而生。

通信等各类领域的嵌入式设备的中间环节逐渐设备化，成为相对独立封闭的系统，对外只留接口，因此嵌入式设备中的数据种类和处理方法虽然有一定的共同规律，但是也有自己的特殊规律。这使得嵌入式数据库不像企业级数据库那样可以依靠较单一的解决方案，而是有着很大的差异性，这是嵌入式数据库差异化的重要原因。

使用嵌入式数据库可以降低应用程序的开发成本、缩短开发周期，使开发者能将精力集中在业务逻辑的处理上，提高开发效率。

例如嵌入式数据库在汽车电子中的应用。随着汽车中的电子装置越来越多，所产生的数据越来越复杂，数据量也越来越大，嵌入式数据库必将成为汽车运行环境中进行数据管理的最佳，也是唯一的选择。以节省汽车油耗的控制系统为例，通过安装在气缸和尾气排放口的传感器，可以实时获取气缸内的压力和温度、尾气温度和 $CO_2$ 含量等数据并保存到嵌入式数据库中，同时触发数据库内的处理过程，判断采集得到的数据是否符合相应要求(如节能减排的指标要求)，然后根据预定策略计算调整参数，将计算结果传给控制器，以控制喷油嘴和引擎，达到环保节能的目的。

又如嵌入式数据库在电信和移动设备中的应用。在电信和移动应用中有许多场合(如短信中心、无线网络中心、电信实时计费系统等)对数据的快速处理和响应要求很高。电信的计费系统如果不能及时得到数据响应，必然会给客户带来损失；短信中心如果不能及时将短信送达目标设备，也会给客户带来沟通上的不便。实践已经证明：使用嵌入式数据库是实现快速处理和响应的最佳方案。

### 7.1.2 什么是嵌入式数据库

嵌入式数据库一般是指运行在嵌入式系统上，且不启动服务端的轻型数据库，它与应用程序紧密集成，被应用程序启动，并伴随应用程序的退出而终止。

为了更好地理解嵌入式数据库，下面从应用和技术两个层面来比较嵌入式数据库和传统数据库。

从应用层面比较，嵌入式数据库有以下特点。

(1) 小内核：可嵌入应用程序和处理能力受限的硬件环境。

(2) 高性能：比企业级数据库速度快，实时性要求高。

(3) 低成本：可嵌入手机、车载导航等批量生产的系统里。

(4) 可裁剪：能够根据实际需要增加或者减少必要的功能模块。

(5) 嵌入性：能够嵌入到软件系统或者硬件系统中，对于终端用户来说是透明的。

从技术层面比较，嵌入式数据库与传统数据库的区别有以下几个方面。

1. 数据处理方式不同

传统企业级数据库，如 Oracle、DB2 等，有庞大的数据库服务器，并且有独立运行的数据库引擎，数据处理方式是引擎响应式。而嵌入式数据库由于软硬件资源有限，不能安装服务器，只需要数据库产品的一些基本特性，并且由程序调用相应的 API 实现对数据的存取操作，是程序驱动方式。

2. 逻辑模式不同

二类数据库都是三级模式，但传统数据库基本上采用关系模型，而嵌入式数据库除采用关系模型外，还会采用网状模型或两者的结合体，主要是为了避免关系模型中数据冗余和索引文件的空间开销。

3. 优化重点不同

传统数据库由于面向通用的应用，优化的重点是：高吞吐量、高效的索引机制、详尽的查询优化策略。而嵌入式数据库是面向特定应用的，并且资源有限，优化的重点是：实时性、开销大小、系统性能、可靠性、可预知性和底层控制能力，即如何针对选用的实时 OS 和嵌入式硬件平台设计合理的数据模型和物理结构。

4. 关键技术不同

嵌入式数据库的很多关键技术与传统数据库不同,如备份恢复、复制与同步(通过上载、下载或混合方式,加上复杂的同步控制,来实现服务器和前端设备的数据同步)、事务和安全性(因为设备具有较高的移动性、便携性加上非固定的工作环境,存在诸多不安全的因素)等。嵌入式数据库的应用领域可分为水平应用与垂直应用两大类。其中,水平应用是指通用性较强的应用,包括公共数据库信息存取,监控系统,基于GPS和GLS的应用、模拟等;而垂直应用指的是专用性较强的应用系统,包括零售业、电信业、医疗业、银行业和运输业等。

### 7.1.3 常用的嵌入式数据库

随着嵌入式数据库的广泛应用,数据库厂商的竞争日趋激烈。Oracle、IBM、InterSystems、日立、Firebird等公司均在这一领域有所行动。Oracle收购了全球用户最多的嵌入式数据库厂商Sleepycat及其Berkeley产品,并进一步完善了嵌入式软件产品线,微软公司也将发布面向小型设备的嵌入式数据库。这种竞争激烈的局面,造就了多种嵌入式数据库,它们各有特色。

目前,常用的嵌入式数据库主要有mSQL、Berkeley DB、SQLite等。下面对这几个嵌入式数据库进行简单介绍

1. mSQL介绍

mSQL(mini SQL)是一个单用户数据库管理系统,开发者为澳大利亚的David J. Hughes,非商业的应用无需付费。由于它短小精悍,适用于对低容量内存数据的快速访问,得到了互联网应用系统开发者的青睐。

mSQL的特点包括:mSQL是一个小数据库引擎,通过ACL文件设定各主机上各用户的访问权限,默认是全部可读/写;mSQL缺乏ANSI SQL的大多数特征,它仅仅实现了一个最少的API,没有事务和参考完整性;mSQL的API函数可以工作在由TCP/IP网络构成的Client-Server环境中,mSQL与Lite(一种类似C的脚本语言)紧密结合,可以得到一个称为W3-mSQL的网站集成包,它包括JDBC、ODBC、Perl和PHP API;mSQL虽然提供了一套标准SQL子集的查询界面,但是无视图和子查询功能。mSQL比较简单,在执行简单的SQL语句时速度优势明显。

2. Berkeley DB

Berkeley DB 2.0及以上版本由Sleepycat Software公司开发,使用基于自由软件许可协议/私有许可协议的双重授权方式提供,附有源代码,是一款小巧、强壮、高效、源码开放的工业级数据库,无论在嵌入式还是在大型系统应用中都有高性能的表现,广泛用于各种操作系统。

Berkeley DB的特点包括:是一个高性能的,嵌入数据库编程库,和C、C++、Java、Perl、Python、PHP、TCl以及其他很多语言都有绑定;Berkeley DB可以保存任意类型的键/值对,而且可以为一个键保存多个数据;Berkeley DB可以支持数千的并发线程同时操作数据库,支持最大256TB的数据;提供四种访问方式B+树方式、Hash方式、Recno方式、Queue方式。

3. SQLite

SQLite是一个开源的嵌入式关系数据库，它在2000年由D. Richard Hipp发布，是采用C语言编写的一个轻量级、跨平台的关系型数据库，开源免费。目前已经在很多嵌入式产品中使用了。它占用非常低的资源，能够支持Windows/Linux/UNIX等主流操作系统。

SQLite的特点包括：无需安装和管理配置，存储在单一磁盘文件中的一个完整的数据库；数据库文件可以在不同字节顺序的机器间自由地共享，支持数据库大小最大为2TB；包含TCL绑定，同时通过Wrapper支持其他语言的绑定；独立，没有额外依赖；支持C、PHP、Perl、Java、ASP. NET、Python等多种开发语言，支持事件，不需要配置、安装。SQLite的SQL语言很大程度上实现了ANSI SQL92标准，支持视图、触发器事务，支持嵌套SQL。它通过SQL编译器来实现SQL语言对数据库的操作，支持大部分的SQL命令；SQLite无数据类型，无论数据表中声明的数据类型是什么，SQLite都不做检查，因此任何类型的数据都可以保存到数据库中，依靠应用程序的控制确定输入与输出数据的类型。

## 7.2 SQLite数据库

和许多著名的嵌入式数据库一样，SQLite是开源的，代码完全开放。SQLite实现了许多ANSI SQL92标准的要求，支持视图、支持嵌套SQL。允许用户通过SQL语言对数据库进行操作。

### 7.2.1 SQLite安装

SQLite是开源软件，可以在http://www. sqlite. org网站获取各个版本的安装包。然后按照安装向导进行安装即可。

由于嵌入式系统软件在开发阶段是在宿主机上完成的，最后产品发布后才下载到目标机上，因此对各种系统软件都需要进行本地安装和交叉编译。

1. 本地安装

本书使用的软件包为sqlite-autoconf-3070701. tar，安装步骤如下。

1) 解压

将软件包复制到目录/home下，解压缩sqlite-autoconf-3070701. tar. gz。

```
# tar zxvf sqlite-autoconf-3070701.tar.gz
```

解压成功后，在/home下生成文件夹sqlite-autoconf-3070701。然后进行以下操作。

```
# cd sqlite-autoconf-3070701
# mkdir sqliteinstall
# cd sqliteinstall
```

在目录/home/sqlite-autoconf-3070701下建立文件夹sqliteinstall，并进入sqliteinstall文件夹。

2) 配置、编译和安装

```
# ../configure -disable-tcl
```

```
# make
# make install
```

成功完成上述步骤后，头文件默认安装在 /usr/local/include 目录、库文件默认安装在 /usr/local/lib 目录、可执行文件 sqlite3 默认安装在 /usr/local/bin 目录。

3）添加环境变量

把库文件的路径添加到系统文件/etc/ld. so. conf 中，在/etc/ld. so. conf 文件的最后加上一行/usr/local/lib。然后执行以下命令，让/etc/ld. so. conf 的更改立刻生效。

```
# /sbin/ldconfig
```

若安装成功，就可以进行相关的操作了。测试是否安装成功，输入以下命令。

```
# sqlite3
```

如果安装成功，显示如下内容。

```
SQLite version 3.7.7.1 2011-06-28 17:39:05
Enter ".help" for instructions
Enter SQL statements terminated with a ";"
sqlite>
```

2. 交叉编译

如果要把 SQLite 3 运行在嵌入式系统上，需要进行交叉编译。以 ARM 体系的交叉编译为例，说明 SQLite 的交叉编译过程。

1）解压

将软件包复制到目录/home 下，解压缩 sqlite-autoconf-3070701. tar. gz。

```
# tar zxvf sqlite-autoconf-3070701.tar.gz
# cd sqlite-autoconf-3070701
# mkdir sqlitearm
# cd sqlitearm
```

在目录/home/sqlite-autoconf-3070701 下建立文件夹 sqlitearm，并进入 sqlitearm 文件夹。

2）配置、编译和安装

```
# ../configure -disable-tcl -host=armv4l-linux -prefix=/usr/local
# make
# make install
```

-prefix 参数指定了安装的路径；-host 参数指定了使用的交叉编译器，交叉编译器需要提前安装好。

交叉编译及安装完成后，ARM 体系上的头文件安装在 /usr/local/include 目录、库文件安装在/usr/local/lib 目录、可执行文件 sqlite3 安装在 /usr/local/bin 目录。然后将库文件和可执行文件下载到 ARM 平台就可以了。

用户可以用 file 命令查看文件属于哪个体系。如查看 sqlite3 文件，则可以输入命令。

```
#file sqlite3
```

如果显示如下，则表示 sqlite3 是 ARM 体系上的可执行文件。

```
sqlite3:ELF 32-bit LSB executable, ARM, version 1(ARM)
```

### 7.2.2 SQLite 命令

SQLite 包含一个名字叫做 sqlite3 的应用程序，它可以允许用户手工输入并执行点命令和 SQL 命令。sqlite3 的功能是：读取输入的命令，并把它们传递到 SQLite 库中去运行。但是，当输入的命令以一个点（"."）开始，这个命令将被 sqlite3 程序自己截取并解释。以一个点（"."）开始的命令叫做"点命令"，它通常被用来改变查询输出的格式等。常用的点命令如表 7.1 所示。

**表 7.1　常用的点命令**

| 命　令 | 功　能 | 命　令 | 功　能 |
|---|---|---|---|
| .database | 查看当前的数据库 | .output 文件名 | 查询结果输出到文件 |
| .dump 表名 | 输出表结构，同时输出记录 | .quit | 退出程序 |
| .exit | 退出程序 | .schema | 显示所有的表的创建语句 |
| .help | 显示 SQLite 的命令及使用方法 | .schema tableX | 显示表的创建语句 |
| .output stdout | 查询结果输出到屏幕 | .tables | 显示数据库中所有的表 |

打开 SQLite 3 数据库后，就可以在 sqlite>提示符下运行命令来操作数据库，下面以一个实例来介绍 SQLite 3 命令的使用方法。

**【实例 7.1】**　创建一个名为 stu.db 的数据库，在该数据库中创建名为 student 的表，表的字段信息如表 7.2 所示，表中插入两条记录，记录信息如表 7.3 所示；最后查询表中的记录并显示在终端上。

**表 7.2　student 表结构**

| 字 段 名 | 类　型 | 说　明 |
|---|---|---|
| ID | Integer | 学生学号，为主键 |
| Name | varchar(20) | 学生姓名 |
| Age | Integer | 学生年龄 |
| Sex | varchar(20) | 学生性别 |

**表 7.3　待插入的记录**

| ID | Name | Age | Sex |
|---|---|---|---|
| 10001 | zhangsan | 20 | female |
| 10002 | lisi | 19 | male |

具体操作步骤如下。

1. 创建数据库文件 stu.db

```
# sqlite3 stu.db
SQLite version 3.7.3
Enter ".help" for instructions
```

```
Enter SQL statements terminated with a";"
sqlite>
```

2. 创建数据表student

```
sqlite>create table student(ID integer primary key, Name varchar(20), Age integer, Sex varchar(10));
sqlite>
```

3. 添加记录

```
sqlite>insert into student values(10001, 'zhangsan', 20, 'female');
sqlite>insert into student values(10002, 'lisi', 19, 'male');
sqlite>
```

4. 查询

```
sqlite>select * from student;
10001|zhangsan|20|female
10002|lisi|19|male
sqlite>
```

5. 查看数据库中包含的数据表

查看数据库stu.db已经拥有的数据表。

```
sqlite> .tables;
student
sqlite>
```

结果表明包含数据表student。

6. 查看数据表的结构

```
sqlite> .schema student;
CREATE TABLE student(ID integer primary key, Name varchar(20), Age integer, Sex varchar(10));
sqlite>
```

7. 把查询结果输出到文件

实际应用中,常需要把数据库的查询结果输出到文件中,例如把数据输出到名为result.txt的文件中。

```
sqlite> .output result.txt;
sqlite> select * from student;
```

其格式如下。

sqlite> .output 结果输出需要用的文件名;

sqlite> 查询语句;

运行成功后,打开文本文件result.txt,发现以下两行文本记录。

```
10001|zhangsan|20|female
10002|lisi|19|male
```

如果需要把结果直接输出到屏幕,命令如下。

```
sqlite> .output stdout;
```

```
sqlite> select * from student;
```

8. 退出

```
sqlite>.quit;
```

### 7.2.3 SQLite数据类型

SQLite 3的字段是无类型的，当某个值插入数据库时，SQLite 3将检查它的类型，如果该类型与关联的列不匹配，则SQLite 3会尝试将该值转换成列类型，如果不能转换，则该值原样存储。

为了增加SQLite 3数据库和其他数据库的兼容性，SQLite 3支持列的“类型亲和性”。列的“类型亲和性”是为该列所存储的数据建议一个类型。理论上来说，任何列都可以存储任何类型的数据，只是针对某些列，如果给出建议类型的话，数据库将按所建议的类型存储。这个被优先使用的数据类型称为“亲和类型”。

SQLite 3支持NULL、INTEGER、REAL、TEXT和BLOB数据类型。数据库中的每一个列被定义为这几个亲和类型中的一种。

(1) NULL：表示值为空。

(2) INTEGER：表示值被标识为整数。

(3) REAL：表示值是浮动的数值，被存储为8字节浮动标记序号。

(4) TEXT：表示值为文本字符串，使用数据库编码存储。

(5) BLOB：表示值是BLOB数据，如何输入就如何存储，不改变格式。

### 7.2.4 SQLite的API函数

SQLite 3提供了C/C++语言进行操作的API，供C/C++应用程序调用，以实现对SQLite 3的操作。SQLite 3一共有83个API函数，此外还有一些数据结构和预定义(#defines)。常用的API函数有如下几个。

1. 打开数据库函数

函数原型如下。

```
int sqlite3_open(
const char * filename,              /* 指数据库的名称 */
sqlite3 ** ppDb                     /* 指输出参数,SQLite数据库句柄 */
);
```

该函数用来打开或创建一个SQLite 3数据库。如果不存在该数据库，则创建一个同名的数据库在该路径下，如果在包含该函数的文件所在路径下有同名的数据库，则打开数据库。打开或创建数据库成功，则该函数返回值为0，输出参数为sqlite3类型变量，后续对该数据库的操作，通过该参数进行传递。

2. 关闭数据库函数

函数原型如下。

```
int sqlite3_close(sqlite3 * db);
```

当结束对数据库的操作时，调用该函数来关闭数据库。

3. 执行函数

函数原型如下。

```
int sqlite3_exec(
sqlite3 *,                          /* 打开的数据库句柄 */
const char * sql,                   /* 要执行的 SQL 语句 */
sqlite_callback,                    /* 回调函数 */
void *,                             /* 回调函数的参数 */
char ** errmsg                      /* 错误信息 */
);
```

实现对数据库的操作时，可以通过调用该函数来完成，sql 参数为具体操作数据库的 SQL 语句。在执行的过程中，如果出现错误，相应的错误信息存放在 errmsg 变量中。

4. 释放内存函数

函数原型如下。

```
void sqlite3_free(char * z);
```

在对数据库操作时，如果需要释放保存在内存中的数据，可以调用该函数来清除内存空间。

5. 显示错误信息函数

函数原型如下。

```
const char * sqlite3_errmsg(sqlite3 *);
```

通过 API 函数对数据库操作的过程中，调用该函数给出错误信息。

6. 获取结果集函数

函数原型如下。

```
int sqlite3_get_table(
sqlite3 *,                          /* 打开的数据库句柄 */
const char * sql,                   /* 要执行的 SQL 语句 */
char *** resultp,                   /* 结果集 */
int * nrow,                         /* 结果集的行数 */
int * ncolumn,                      /* 结果集的列数 */
char ** errmsg                      /* 错误信息 */
);
```

7. 释放结果集函数

函数原型如下。

```
void sqlite3_free_table(char ** result);
```

释放 sqlite3_get_table()函数所分配的空间。

8. 声明 SQL 语句函数

函数原型如下。

```
int sqlite3_prepare(sqlite3 *, const char *, int, sqlite3_stmt **, const char **);
```

该接口把一条 SQL 语句编译成字节码留给后面的执行函数。使用该接口访问数据库是当前比较好的一种方法。

9. 销毁 SQL 语句函数

函数原型如下。

```
int sqlite3_finalize(sqlite3_stmt * );
```

该函数将销毁一个准备好的 SQL 声明。在数据库关闭之前,所有准备好的声明都必须被释放销毁。

10. 重置 SQL 声明函数

函数原型如下。

```
int sqlite3_reset(sqlite3_stmt * );
```

该函数用来重置一个 SQL 声明的状态,使得它可以被再次执行。

11. SQL 模型

Qt/E 提供了三种 SQL 模型。

QSqlQueryModel：为 SELECT SQL 语句结果集提供只读数据模型。

QSqlTableModel：为单个数据表提供可编辑的数据模型。

QSqlRelationTableModel：为单个数据表提供可编辑的数据模型,也支持多张数据表的关联。

下面通过一个程序实例来学习 SQLite 3 中常用 API 函数的使用。

**【实例 7.2】** 用 SQLite 3 中的 API 函数来完成实例 7.1 的要求。

首先编写一个名为 sqlitetest. c 的文件,代码如程序 7.1 所示。

**【程序 7.1】** sqlitetest. c 文件的源代码。

```
#include<stdio.h>
#include<sqlite3.h>

int main()
{
    sqlite3 * db=NULL;
    int rc;
    char * Errormsg, * sql;
    int nrow;
    int ncol;
    char ** Result;
    int i=0;

    rc=sqlite3_open("stu.db", &db);
    if(rc){
        fprintf(stderr, "can't open database:%s\n", sqlite3_errmsg(db));
        sqlite3_close(db);
        return 1;
    }else
        printf("open database successly!\n");
```

```
    sql="create table student(ID integer primary key, Name varchar(20), Age integer, Sex varchar(10))";
    sqlite3_exec(db, sql, 0, 0, &Errormsg);

    sql="insert into student values(10001, 'zhangsan', 20, 'female')";
    sqlite3_exec(db, sql, 0, 0, &Errormsg);

    sql="insert into student values(10002, 'lisi', 19, 'male')";
    sqlite3_exec(db, sql, 0, 0, &Errormsg);

    sql="select * from student";
    sqlite3_get_table(db, sql, &Result, &nrow, &ncol, &Errormsg);

    printf("row=%d column=%d\n", nrow, ncol);
    printf("the result is:\n");
    for(i=0;i<(nrow+1) * ncol;i++)
        {
            printf("%20s", Result[i]);
            if((i+1)%4==0) printf("\n");
        }
    sqlite3_free(Errormsg);
    sqlite3_free_table(Result);
    sqlite3_close(db);
    return 0;
}
```

对 sqlitetest.c 文件进行编译，在编译时需要指定链接库参数-lsqlite3。

```
# gcc -o sqlitetest sqlitetest.c -lsqlite3
```

编译链接成功后，运行 sqlitetest，运行结果如下。

```
# ./sqlitetest
open database successly!
Row=2   column=4
the result is:
ID          Name           Age     Sex
10001      zhangsan         20      female
10002         lisi         19       male
```

## 7.3　基于 Qtopia Core 和 SQLite 的图书管理系统

本节用一个基于 Qtopia Core 和 SQLite 的图书管理系统来学习在 Qtopia Core 中使用嵌入式数据库 SQLite。系统运行主窗口如图 7.1 所示，单击 Display 按钮会显示所有记录；如果需要查找或更新记录单击 Find 按钮，结果如图 7.2 所示，输入需要查询的 id 号，单击 Find 按钮，显示找到的记录信息，如果需要更新记录，在右侧直接修改后单击 Update 按钮；如果需要新增记录，单击 Add 按钮，结果如图 7.3 所示，输入了内容后单击 Add 按钮；如果需要删除记录，单击 Delete 按钮，如图 7.4 所示，填入需要删除记录的 Id 号，单击 Delete 按钮。

通过该实例的学习，重点掌握在 Qt 中如何实现 SQLite 3 数据库的基本操作，包括数据

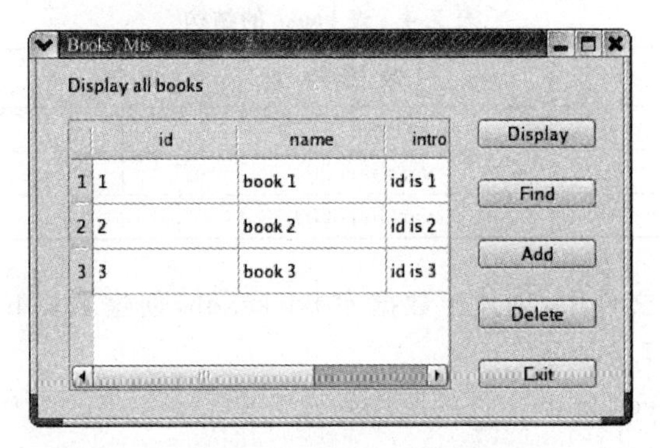


图 7.1　主窗口运行结果

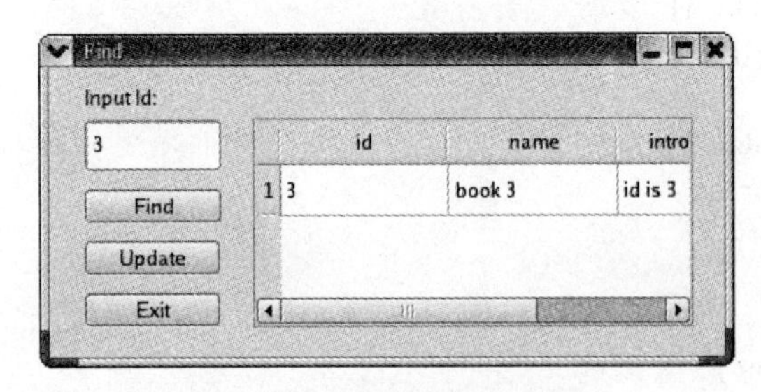


图 7.2　Find 窗口运行结果

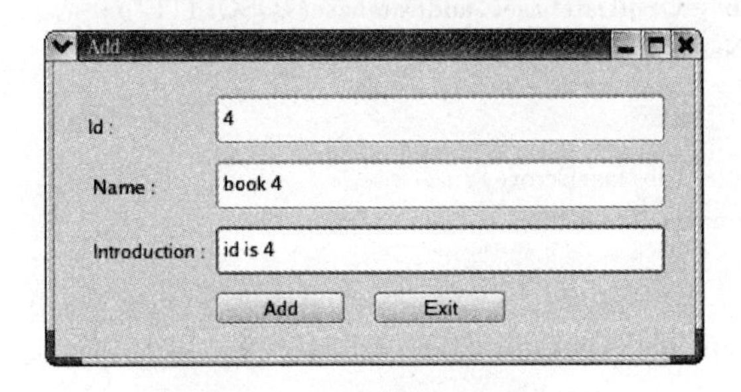


图 7.3　Add 窗口运行结果

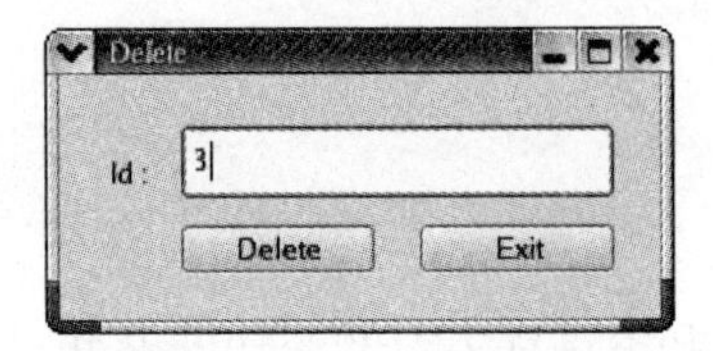


图 7.4　Delete 窗口运行结果

的增加、删除、修改、查询等，具体步骤如下。

(1) 创建项目文件夹 books，所有的源代码都放在该目录下，编译前包含 19 个文件：books.db、connection.h、main.cpp、add.ui、ui_add.h、add.h、add.cpp、delete.ui、ui_delete.h、delete.h、delete.cpp、find.ui、ui_find.h、find.h、find.cpp、mainwindow.ui、ui_mainwindow.h、mainwindow.h、mainwindow.cpp。

(2) books.db 文件是应用程序使用的数据库，包含表 books，表结构如表 7.4 所示。

**表7.4 表books的结构**

| 字段名 | 数据类型 | 备注 |
|---|---|---|
| id | integer | 书的id号 |
| name | varchar(20) | 书的名字 |
| introduction | varchar(20) | 书的简单说明 |

(3) connection.h文件中，创建了数据库books.db，创建了表books，并且实现了数据库的连接，代码如程序7.2所示。

**【程序7.2】** connection.h文件的源代码。

```
#ifndef CONNECTION_H
#define CONNECTION_H
#include <QMessageBox>
#include <QtSql>
#include <QSqlDatabase>
#include <QSqlError>
#include <QSqlQuery>
#include "sqlite3.h"

static bool conncection()
{
    QSqlDatabase db = QSqlDatabase::addDatabase("QSQLITE");
    db.setDatabaseName("books.db");
    if(!db.open())
    {
        qDebug() << db.lastError();
        qFatal ("Connect Failed!");
    }
    QSqlQuery query;
    query.exec("create table books(id interger primary key, name varchar(20), introduction varchar
(20))");
    return true;

}

#endif //CONNECTION_H
```

(4) 创建主函数。main.cpp中包含了connection.h和mainwindows.h，实现了数据库的创建连接以及主画面的显示。代码如程序7.3所示。

**【程序7.3】** main.cpp文件的源代码。

```
#include <QtGui/QApplication>
#include "mainwindow.h"
#include "connection.h"

int main(int argc, char * argv[])
{
    QApplication a(argc, argv);
    MainWindow w;
```

```
    if (!conncection())
        return 1;
    w.show();
    return a.exec();
}
```

(5) 实现主界面。用 Qt Designer 搭建"图书管理系统"的主界面，如图 7.5 所示，保存为 mainwindow.ui，使用 uic 工具生成 ui_mainwindow.h 文件。

```
uic -o ui_mainwindow.h mainwindow.ui
```

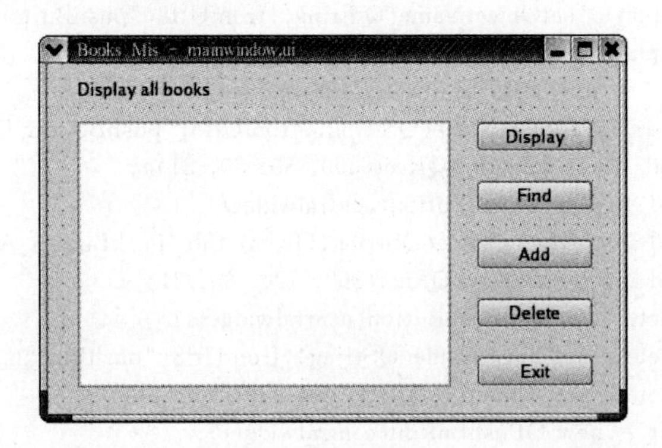


图 7.5　主界面窗口

ui_mainwindow.h 文件包含了主界面的界面信息，逻辑功能在 mainwindow.h 和 mainwindow.cpp 文件中实现。

**【程序 7.4】**　ui_mainwindow.h 文件的源代码。

```
#ifndef UI_MAINWINDOW_H
#define UI_MAINWINDOW_H
#include <QtCore/QVariant>
#include <QtGui/QAction>
#include <QtGui/QApplication>
#include <QtGui/QButtonGroup>
#include <QtGui/QLabel>
#include <QtGui/QMainWindow>
#include <QtGui/QPushButton>
#include <QtGui/QTableView>
#include <QtGui/QWidget>

class Ui_MainWindow
{
public:
    QWidget *centralwidget;
    QLabel *label;
    QPushButton *pushButton_Display;
    QPushButton *pushButton_Find;
    QPushButton *pushButton_Add;
    QPushButton *pushButton_Delete;
    QPushButton *pushButton_Exit;
    QTableView *tableView_Display;
```

```
void setupUi(QMainWindow * MainWindow)
{
MainWindow->setObjectName(QString::fromUtf8("MainWindow"));
centralwidget = new QWidget(MainWindow);
centralwidget->setObjectName(QString::fromUtf8("centralwidget"));
label = new QLabel(centralwidget);
label->setObjectName(QString::fromUtf8("label"));
label->setGeometry(QRect(20, 10, 131, 17));
pushButton_Display = new QPushButton(centralwidget);
pushButton_Display->setObjectName(QString::fromUtf8("pushButton_Display"));
pushButton_Display->setGeometry(QRect(300, 40, 80, 21));
pushButton_Find = new QPushButton(centralwidget);
pushButton_Find->setObjectName(QString::fromUtf8("pushButton_Find"));
pushButton_Find->setGeometry(QRect(300, 80, 80, 21));
pushButton_Add = new QPushButton(centralwidget);
pushButton_Add->setObjectName(QString::fromUtf8("pushButton_Add"));
pushButton_Add->setGeometry(QRect(300, 120, 80, 21));
pushButton_Delete = new QPushButton(centralwidget);
pushButton_Delete->setObjectName(QString::fromUtf8("pushButton_Delete"));
pushButton_Delete->setGeometry(QRect(300, 160, 80, 21));
pushButton_Exit = new QPushButton(centralwidget);
pushButton_Exit->setObjectName(QString::fromUtf8("pushButton_Exit"));
pushButton_Exit->setGeometry(QRect(300, 200, 80, 21));
tableView_Display = new QTableView(centralwidget);
tableView_Display->setObjectName(QString::fromUtf8("tableView_Display"));
tableView_Display->setGeometry(QRect(20, 40, 261, 181));
MainWindow->setCentralWidget(centralwidget);

retranslateUi(MainWindow);

QSize size(399, 239);
size = size.expandedTo(MainWindow->minimumSizeHint());
MainWindow->resize(size);

QMetaObject::connectSlotsByName(MainWindow);
} // setupUi

void retranslateUi(QMainWindow * MainWindow)
{
MainWindow->setWindowTitle(QApplication::translate("MainWindow", "Books Mis", 0,
QApplication::UnicodeUTF8));
label->setText(QApplication::translate("MainWindow", "Display all books", 0, QApplication::
UnicodeUTF8));
pushButton_Display->setText(QApplication::translate("MainWindow", "Display", 0,
QApplication::UnicodeUTF8));
pushButton_Find->setText(QApplication::translate("MainWindow", "Find", 0, QApplication::
UnicodeUTF8));
pushButton_Add->setText(QApplication::translate("MainWindow", "Add", 0, QApplication::
UnicodeUTF8));
pushButton_Delete->setText(QApplication::translate("MainWindow", "Delete", 0,
```

```
QApplication::UnicodeUTF8));
    pushButton_Exit->setText(QApplication::translate("MainWindow", "Exit", 0, QApplication::
UnicodeUTF8));
    Q_UNUSED(MainWindow);
    } // retranslateUi

};

namespace Ui {
    class MainWindow: public Ui_MainWindow {};
} // namespace Ui

#endif // UI_MAINWINDOW_H
```

**【程序 7.5】** mainwindow.h 文件的源代码。

```
#ifndef MAINWINDOW_H
#define MAINWINDOW_H
#include "find.h"
#include "add.h"
#include "delete.h"
#include <QMainWindow>

namespace Ui {
    class MainWindow;
}

class MainWindow : public QMainWindow

{
    Q_OBJECT

public:
    explicit MainWindow(QWidget * parent = 0);
    ~MainWindow();

private:
    Ui::MainWindow * ui;

private slots:

    void pushButton_Display_clicked();
    void pushButton_Find_clicked();
    void pushButton_Add_clicked();
    void pushButton_Delete_clicked();
};
#endif // MAINWINDOW_H
```

**【程序 7.6】** mainwindow.cpp 文件的源代码。

```
#include "mainwindow.h"
#include "ui_mainwindow.h"
```

```
#include <QSqlQuery>
#include <QSqlQueryModel>

MainWindow::MainWindow(QWidget * parent) :
    QMainWindow(parent),
    ui(new Ui::MainWindow)
{
    ui->setupUi(this);
    connect(ui->pushButton_Display, SIGNAL(clicked()), this, SLOT(pushButton_Display_clicked()));
    connect(ui->pushButton_Find, SIGNAL(clicked()), this, SLOT(pushButton_Find_clicked()));
    connect(ui->pushButton_Add, SIGNAL(clicked()), this, SLOT(pushButton_Add_clicked()));
    connect(ui->pushButton_Delete, SIGNAL(clicked()), this, SLOT(pushButton_Delete_clicked()));
    connect(ui->pushButton_Exit, SIGNAL(clicked()), qApp, SLOT(quit()));
}

MainWindow::~MainWindow()
{
    delete ui;
}

void MainWindow::pushButton_Display_clicked()
{
    QSqlQueryModel * model = new QSqlQueryModel();
    model->setQuery("SELECT id, name, introduction FROM books");
    ui->tableView_Display->setModel(model);
    ui->tableView_Display->show();
}

void MainWindow::pushButton_Find_clicked()
{
    Find * FindBook = new Find();
    FindBook->show();
}

void MainWindow::pushButton_Add_clicked()
{
    Add * AddBook = new Add();
    AddBook->show();
}

void MainWindow::pushButton_Delete_clicked()
{
    Delete * DeleteBook = new Delete();
    DeleteBook->show();
}
```

(6) 实现查找界面。用Qt Designer搭建“图书管理系统”的查找Find界面，如图7.6所示，保存为find.ui，使用uic工具生成ui_find.h文件。

```
uic -o ui_find.h find.ui
```

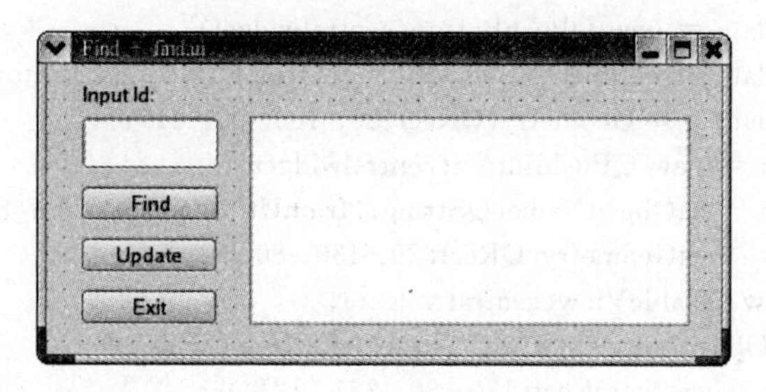


图 7.6　Find 界面窗口

ui_find.h 文件包含了 Find 界面的界面信息，逻辑功能在 find.h 和 find.cpp 文件中实现。

【程序 7.7】　ui_find.h 文件的源代码。

```
#ifndef UI_FIND_H
#define UI_FIND_H

#include <QtCore/QVariant>
#include <QtGui/QAction>
#include <QtGui/QApplication>
#include <QtGui/QButtonGroup>
#include <QtGui/QLabel>
#include <QtGui/QLineEdit>
#include <QtGui/QMainWindow>
#include <QtGui/QPushButton>
#include <QtGui/QTableView>
#include <QtGui/QWidget>

class Ui_Find
{
public:
    QWidget *centralwidget;
    QLabel *label;
    QPushButton *pushButton_Find;
    QPushButton *pushButton_Update;
    QPushButton *pushButton_Exit;
    QTableView *tableView;
    QLineEdit *lineEdit_Id;

    void setupUi(QMainWindow *Find)
    {
    Find->setObjectName(QString::fromUtf8("Find"));
    centralwidget = new QWidget(Find);
    centralwidget->setObjectName(QString::fromUtf8("centralwidget"));
    label = new QLabel(centralwidget);
    label->setObjectName(QString::fromUtf8("label"));
    label->setGeometry(QRect(20, 10, 81, 17));
    pushButton_Find = new QPushButton(centralwidget);
    pushButton_Find->setObjectName(QString::fromUtf8("pushButton_Find"));
    pushButton_Find->setGeometry(QRect(20, 70, 81, 21));
```

```
    pushButton_Update = new QPushButton(centralwidget);
    pushButton_Update->setObjectName(QString::fromUtf8("pushButton_Update"));
    pushButton_Update->setGeometry(QRect(20, 100, 80, 21));
    pushButton_Exit = new QPushButton(centralwidget);
    pushButton_Exit->setObjectName(QString::fromUtf8("pushButton_Exit"));
    pushButton_Exit->setGeometry(QRect(20, 130, 80, 21));
    tableView = new QTableView(centralwidget);
    tableView->setObjectName(QString::fromUtf8("tableView"));
    tableView->setGeometry(QRect(120, 30, 261, 121));
    lineEdit_Id = new QLineEdit(centralwidget);
    lineEdit_Id->setObjectName(QString::fromUtf8("lineEdit_Id"));
    lineEdit_Id->setGeometry(QRect(20, 30, 81, 31));
    Find->setCentralWidget(centralwidget);

    retranslateUi(Find);

    QSize size(400, 168);
    size = size.expandedTo(Find->minimumSizeHint());
    Find->resize(size);

    QMetaObject::connectSlotsByName(Find);
    } // setupUi

    void retranslateUi(QMainWindow * Find)
    {
     Find-> setWindowTitle (QApplication :: translate ( "Find", "Find", 0, QApplication ::
UnicodeUTF8));
     label-> setText (QApplication :: translate ( "Find", "Input Id:", 0, QApplication ::
UnicodeUTF8));
     pushButton_Find-> setText (QApplication :: translate ("Find", "Find", 0, QApplication ::
UnicodeUTF8));
    pushButton_Update->setText(QApplication::translate("Find", "Update", 0, QApplication::
UnicodeUTF8));
     pushButton_Exit-> setText (QApplication :: translate ( "Find", "Exit", 0, QApplication ::
UnicodeUTF8));
    Q_UNUSED(Find);
    } // retranslateUi

};

namespace Ui {
    class Find: public Ui_Find {};
} // namespace Ui

#endif // UI_FIND_H
```

**【程序7.8】** find.h文件的源代码。

```
#ifndef FIND_H
#define FIND_H
#include <QMainWindow>
```

```
#include <QSqlTableModel>

namespace Ui {
    class Find;
}

class Find : public QMainWindow
{
    Q_OBJECT

public:
    explicit Find(QWidget * parent = 0);
    ~Find();

private:
    Ui::Find * ui;
    QSqlTableModel * model;

private slots:
    void pushButton_Find_clicked();
    void pushButton_Update_clicked();
    void pushButton_Exit_clicked();
};

#endif // FIND_H
```

【程序 7.9】　find.cpp 文件的源代码。

```
#include "find.h"
#include "ui_find.h"
#include <QMessageBox>

Find::Find(QWidget * parent):
    QMainWindow(parent),
    ui(new Ui::Find)
{
    ui->setupUi(this);
    connect(ui->pushButton_Find,SIGNAL(clicked()),this,SLOT(pushButton_Find_clicked()));
    connect(ui->pushButton_Update,SIGNAL(clicked()),this,SLOT(pushButton_Update_
clicked()));
    connect(ui->pushButton_Exit,SIGNAL(clicked()),this,SLOT(pushButton_Exit_clicked()));
}

Find::~Find()
{
    delete ui;
}
```

```
void Find::pushButton_Find_clicked()
{
    QString str;
    str = ui->lineEdit_Id->text();
    model = new QSqlTableModel();
    model->setEditStrategy(QSqlTableModel::OnManualSubmit);
    model->setTable("books");
    model->setFilter("id='"+str+"'");
    model->select();
    ui->tableView->setModel(model);
}


void Find::pushButton_Update_clicked()
{
    model->database().transaction();
    if (model->submitAll())
    {
        model->database().commit();
    }
    else
    {
        model->database().rollback();
        QMessageBox::warning(this, tr("Update Error"), tr("Update Error !"), QMessageBox::
Cancel | QMessageBox::Escape);
    }
}

void Find::pushButton_Exit_clicked()
{
    this->close();
}
```

(7) 实现增加界面。用 Qt Designer 搭建"图书管理系统"的 Add 界面,如图 7.7 所示,保存为 add.ui,使用 uic 工具生成 ui_add.h 文件。

```
uic -o ui_add.h add.ui
```

ui_add.h 文件包含了 Add 界面的界面信息,逻辑功能在 add.h 和 add.cpp 文件中实现。

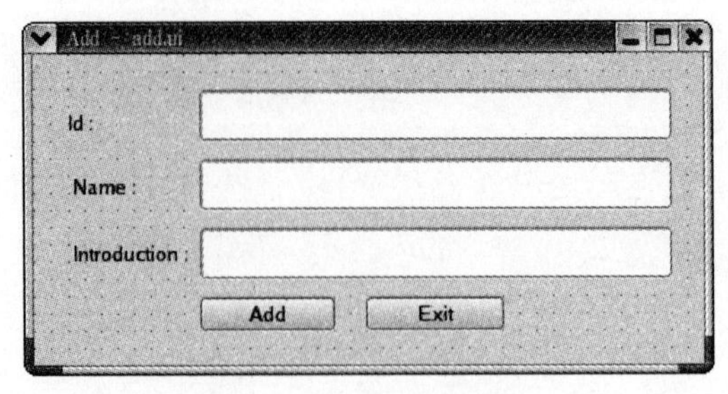


图 7.7　Add 界面窗口

【程序 7.10】 ui_add.h 文件的源代码。

```
#ifndef UI_ADD_H
#define UI_ADD_H

#include <QtCore/QVariant>
#include <QtGui/QAction>
#include <QtGui/QApplication>
#include <QtGui/QButtonGroup>
#include <QtGui/QLabel>
#include <QtGui/QLineEdit>
#include <QtGui/QMainWindow>
#include <QtGui/QPushButton>
#include <QtGui/QWidget>

class Ui_Add
{
public:
    QWidget *centralwidget;
    QPushButton *pushButton_Add;
    QPushButton *pushButton_Exit;
    QLabel *label_Id;
    QLabel *label_Name;
    QLineEdit *lineEdit_Id;
    QLineEdit *lineEdit_Name;
    QLineEdit *lineEdit_Introduction;
    QLabel *label_Introduction;

    void setupUi(QMainWindow *Add)
    {
    Add->setObjectName(QString::fromUtf8("Add"));
    centralwidget = new QWidget(Add);
    centralwidget->setObjectName(QString::fromUtf8("centralwidget"));
    pushButton_Add = new QPushButton(centralwidget);
    pushButton_Add->setObjectName(QString::fromUtf8("pushButton_Add"));
    pushButton_Add->setGeometry(QRect(100, 140, 81, 21));
    pushButton_Exit = new QPushButton(centralwidget);
    pushButton_Exit->setObjectName(QString::fromUtf8("pushButton_Exit"));
    pushButton_Exit->setGeometry(QRect(200, 140, 81, 21));
    label_Id = new QLabel(centralwidget);
    label_Id->setObjectName(QString::fromUtf8("label_Id"));
    label_Id->setGeometry(QRect(20, 30, 71, 21));
    label_Name = new QLabel(centralwidget);
    label_Name->setObjectName(QString::fromUtf8("label_Name"));
    label_Name->setGeometry(QRect(23, 67, 71, 21));
    lineEdit_Id = new QLineEdit(centralwidget);
    lineEdit_Id->setObjectName(QString::fromUtf8("lineEdit_Id"));
    lineEdit_Id->setGeometry(QRect(100, 20, 281, 31));
    lineEdit_Name = new QLineEdit(centralwidget);
    lineEdit_Name->setObjectName(QString::fromUtf8("lineEdit_Name"));
    lineEdit_Name->setGeometry(QRect(100, 60, 281, 31));
```

```
    lineEdit_Introduction = new QLineEdit(centralwidget);
    lineEdit_Introduction->setObjectName(QString::fromUtf8("lineEdit_Introduction"));
    lineEdit_Introduction->setGeometry(QRect(100, 100, 281, 31));
    label_Introduction = new QLabel(centralwidget);
    label_Introduction->setObjectName(QString::fromUtf8("label_Introduction"));
    label_Introduction->setGeometry(QRect(23, 106, 71, 21));
    Add->setCentralWidget(centralwidget);

    retranslateUi(Add);

    QSize size(400, 180);
    size = size.expandedTo(Add->minimumSizeHint());
    Add->resize(size);

    QMetaObject::connectSlotsByName(Add);
    } // setupUi

    void retranslateUi(QMainWindow * Add)
    {
     Add-> setWindowTitle (QApplication :: translate (" Add", " Add", 0, QApplication ::
UnicodeUTF8));
     pushButton_Add-> setText (QApplication :: translate (" Add", " Add", 0, QApplication ::
UnicodeUTF8));
     pushButton_Exit-> setText (QApplication :: translate (" Add", " Exit", 0, QApplication ::
UnicodeUTF8));
     label_Id-> setText (QApplication :: translate (" Add", " Id :", 0, QApplication ::
UnicodeUTF8));
     label_Name-> setText (QApplication :: translate (" Add", " Name :", 0, QApplication ::
UnicodeUTF8));
     label_Introduction-> setText (QApplication :: translate (" Add", " Introduction :", 0,
QApplication::UnicodeUTF8));
    Q_UNUSED(Add);
    } // retranslateUi
};

namespace Ui {
    class Add: public Ui_Add {};
} // namespace Ui

#endif // UI_ADD_H
```

**【程序 7.11】** add.h 文件的源代码。

```
#ifndef ADD_H
#define ADD_H
#include <QMainWindow>

namespace Ui {
    class Add;
}
```

```
class Add : public QMainWindow
{
    Q_OBJECT

public:

    explicit Add(QWidget * parent = 0);
    ~Add();

private:
    Ui::Add * ui;

private slots:
    void pushButton_Add_clicked();
    void pushButton_Exit_clicked();
};
#endif // ADD_H
```

**【程序 7.12】** add.cpp 文件的源代码。

```
#include "add.h"
#include "ui_add.h"
#include <QSqlQuery>

Add::Add(QWidget * parent) :
    QMainWindow(parent),
    ui(new Ui::Add)
{
    ui->setupUi(this);
    connect(ui->pushButton_Add, SIGNAL(clicked()), this, SLOT(pushButton_Add_clicked()));
    connect(ui->pushButton_Exit, SIGNAL(clicked()), this, SLOT(pushButton_Exit_clicked()));

}

Add::~Add()
{
    delete ui;
}

void Add::pushButton_Add_clicked()
{
    QString id, name, introduction;
    QSqlQuery query;
    id = ui->lineEdit_Id->text();
    name = ui->lineEdit_Name->text();
    introduction = ui->lineEdit_Introduction->text();
    query.exec("INSERT INTO books(id, name, introduction) VALUES("+id+",'"+name+"',
'"+introduction+"')");
}

void Add::pushButton_Exit_clicked()
```

```
{
    this->close();
}
```

(8) 实现删除界面。用 Qt Designer 搭建“图书管理系统”的 Delete 界面，如图 7.8 所示，保存为 delete.ui，使用 uic 工具生成 ui_delete.h 文件。

```
uic -o ui_delete.h delete.ui
```

ui_delete.h 文件包含了 Delete 界面的界面信息，逻辑功能在 delete.h 和 delete.cpp 文件中实现。

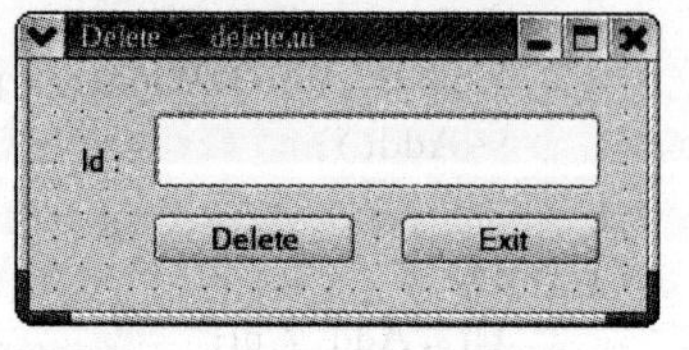


**图 7.8　Delete 界面窗口**

**【程序 7.13】** ui_delete.h 文件的源代码。

```
#ifndef UI_DELETE_H
#define UI_DELETE_H

#include <QtCore/QVariant>
#include <QtGui/QAction>
#include <QtGui/QApplication>
#include <QtGui/QButtonGroup>
#include <QtGui/QLabel>
#include <QtGui/QLineEdit>
#include <QtGui/QMainWindow>
#include <QtGui/QPushButton>
#include <QtGui/QWidget>

class Ui_Delete
{
public:
    QWidget *centralwidget;
    QLabel *label_Id;
    QPushButton *pushButton_Exit;
    QLineEdit *lineEdit_Id;
    QPushButton *pushButton_Delete;

    void setupUi(QMainWindow *Delete)
    {
    Delete->setObjectName(QString::fromUtf8("Delete"));
    centralwidget = new QWidget(Delete);
    centralwidget->setObjectName(QString::fromUtf8("centralwidget"));
    label_Id = new QLabel(centralwidget);
    label_Id->setObjectName(QString::fromUtf8("label_Id"));
    label_Id->setGeometry(QRect(20, 30, 41, 21));
    pushButton_Exit = new QPushButton(centralwidget);
    pushButton_Exit->setObjectName(QString::fromUtf8("pushButton_Exit"));
    pushButton_Exit->setGeometry(QRect(150, 60, 81, 21));
    lineEdit_Id = new QLineEdit(centralwidget);
    lineEdit_Id->setObjectName(QString::fromUtf8("lineEdit_Id"));
    lineEdit_Id->setGeometry(QRect(50, 20, 181, 31));
    pushButton_Delete = new QPushButton(centralwidget);
    pushButton_Delete->setObjectName(QString::fromUtf8("pushButton_Delete"));
```

```
    pushButton_Delete->setGeometry(QRect(50, 60, 81, 21));
    Delete->setCentralWidget(centralwidget);

    retranslateUi(Delete);

    QSize size(249, 99);
    size = size.expandedTo(Delete->minimumSizeHint());
    Delete->resize(size);


    QMetaObject::connectSlotsByName(Delete);
    } // setupUi

    void retranslateUi(QMainWindow * Delete)
    {
    Delete->setWindowTitle(QApplication::translate("Delete", "Delete", 0, QApplication::
UnicodeUTF8));
    label_Id->setText(QApplication::translate("Delete", "Id :", 0, QApplication::
UnicodeUTF8));
    pushButton_Exit->setText(QApplication::translate("Delete", "Exit", 0, QApplication::
UnicodeUTF8));
    pushButton_Delete->setText(QApplication::translate("Delete", "Delete", 0, QApplication::
UnicodeUTF8));
    Q_UNUSED(Delete);
    } // retranslateUi

};

namespace Ui {
    class Delete: public Ui_Delete {};
} // namespace Ui

#endif // UI_DELETE_H
```

**【程序 7.14】** delete.h 文件的源代码。

```
#ifndef DELETE_H
#define DELETE_H
#include <QMainWindow>

namespace Ui {
    class Delete;
}

class Delete : public QMainWindow
{
    Q_OBJECT

public:
    explicit Delete(QWidget * parent = 0);
    ~Delete();
```

```
private:
    Ui::Delete *ui;

private slots:
    void pushButton_Delete_clicked();
    void pushButton_Exit_clicked();
};
#endif // DELETE_H
```

**【程序7.15】** delete.cpp文件的源代码。

```
#include "delete.h"
#include "ui_delete.h"
#include <QSqlQuery>

Delete::Delete(QWidget *parent) :
    QMainWindow(parent),
    ui(new Ui::Delete)
{
    ui->setupUi(this);
    connect(ui->pushButton_Delete,SIGNAL(clicked()),this,SLOT(pushButton_Delete_clicked()));
    connect(ui->pushButton_Exit,SIGNAL(clicked()),this,SLOT(pushButton_Exit_clicked()));
}

Delete::~Delete()
{
    delete ui;
}

void Delete::pushButton_Delete_clicked()
{
    QString id;
    QSqlQuery query;
    id = ui->lineEdit_Id->text();
    query.exec("DELETE FROM books WHERE id="+id);
}

void Delete::pushButton_Exit_clicked()
{
    this->close();
}
```

## 7.4 练习题

**1. 选择题**

(1) SQLite 3支持NULL、REAL、TEXT、BLOB和(　　)数据类型。

　　A. INTEGER　　B. CHAR　　C. FLOAT　　D. BOOL

(2) SQLite 第一个 Alpha 版本,发布于 2000 年 5 月,是用(　　)编写的,并完全开放源代码。

A. Java 语言　　B. C 语言　　C. C++语言　　D. C#语言

(3) SQLite 最大特点是(　　)。

A. 无数据类型　　B. 有数据类型　　C. 有主键　　D. 无主键

**2. 填空题**

(1) 嵌入式数据库特点有体积小、可靠性高、________、________、________、________。

(2) SQLite 特性是:支持 ACID 事务、零配置、程序体积足够小、________、________、________。

(3) 根据数据处理方式的分类,嵌入式数据库属于________,其他数据库属于________。

**3. 问答题**

(1) 常见的嵌入式数据库有哪些?嵌入式数据库和其他数据库的主要区别是什么?

(2) 简述 SQLite 数据库的特点。

(3) 在 SQLite 中有哪些数据类型?

**4. 编程题**

(1) 在命令行下,用 SQLite 3 的相关命令创建数据库 company.db,在该数据库中建立 personnel 表,personnel 表的字段信息如表 7.5 所示;插入表 7.6 所示的 3 条记录,然后查询并在屏幕上显示所有记录。

**表 7.5　personnel 表的字段信息**

| 字　段 | 类　型 | 说　明 |
|---|---|---|
| id | integer | 职员工号,为主键 |
| name | varchar(20) | 职员名称 |
| salary | integer | 职员薪水 |

**表 7.6　personnel 表中的记录**

| id | name | salary |
|---|---|---|
| 001 | Mike | 3248 |
| 002 | Bill | 4789 |
| 003 | Tom | 3899 |

(2) 编写基于 Qtopia Core 和 SQLite 的程序:创建窗口,滑动条的读数和标签显示的数据同步变化,取值范围为 1～100。建立数据库 test.db,数据库里包含表 record,表只有一个类型为 integer 的字段 temperature,初始给定一条记录为 0,关闭程序时记录读数。每次程序运行时,滑动条和标签都设定为数据库里的最后一条记录,运行程序的结果如图 7.9 所示。

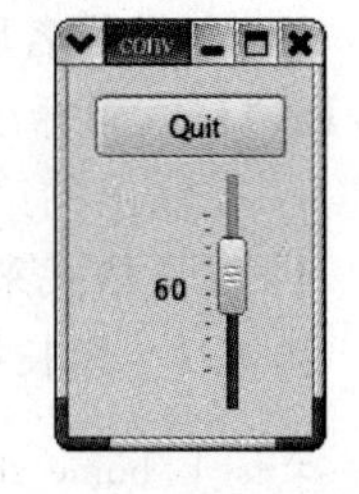


**图 7.9　运行结果**

# 附录 A　Linux 常用命令的使用

本章介绍 Red Hat Linux 操作系统常用命令的使用方法。

## A.1　基本命令

### A.1.1　管理文件和目录命令

常用管理文件和目录的命令如附表 A.1 所示。

**附表 A.1　管理文件和目录命令及其功能**

| 命　令 | 功　能 | 命　令 | 功　能 |
|---|---|---|---|
| ls | 查看文件和目录 | cp | 复制文件 |
| cd | 查看或更改目录 | mv | 移动或重命名 |
| mkdir | 创建目录 | pwd | 查看当前路径 |
| rmdir | 删除目录 | cat | 显示文件内容或合并文件内容 |
| rm | 删除文件或目录 | | |

1. ls 命令

(1) 语法：ls [选项] [目录或文件]。

(2) 功能：查看文件和目录。

(3) 主要选项含义如下。

-a：显示指定目录下所有子目录与文件，包括隐藏文件。

-b：对文件名中的不可显示字符用八进制显示。

-c：按文件的修改时间排序。

-C：分成多列显示各项。

-d：如果参数是目录，只显示其名称而不显示其下的各文件。

-f：不排序。该选项将使-l、-t 和-s 选项失效，并使-a 和-U 选项有效。

-F：在目录名后面标记“/”，可执行文件后面标记“*”，符号链接后面标记“@”，管道(或 FIFO)后面标记“|”，socket 文件后面标记“=”。

-i：在输出的第一列显示文件的 i 节点号。

-l：以长格式来显示文件的详细信息。

**例 A.1**　用长格式查看/home/zhs 目录的内容。

```
# ls -l /home/zhs
```

2. cd 命令

(1) 语法：cd [directory]。

(2) 功能：将当前目录改变至 directory 所指定的目录。若没有指定 directory，则回到用户的个人目录。为了改变到指定目录，用户必须拥有对指定目录的执行和读权限。

**例 A.2** 退回上一级目录。

```
#cd ..
```

**例 A.3** 进入目录/home/zhs。

```
#cd /home/zhs
```

3. mkdir 命令

(1) 语法：mkdir [选项] dir-name。

(2) 功能：用来创建一个以 dir-name 为名称的目录。要求创建目录的用户在当前目录中(dir-name 的父目录中)具有写权限，并且 dir-name 不能是当前目录中已有的目录或文件名。

(3) 主要选项含义如下。

-m：对新建目录设置存取权限。如果在创建目录时不设置权限，以后可以用 chmod 命令来设置文件或目录的权限。

-p：可以是一个路径名称。此时若路径中的某些目录尚不存在，加上此选项后，系统将自动建立好那些尚不存在的目录，即一次可以建立多个目录。

**例 A.4** 在当前目录下创建一个新的目录 abcd。

```
#mkdir abcd
```

4. rmdir 命令

(1) 语法：rmdir [选项] dir-name。

(2) 功能：删除一个或多个子目录项。需要特别注意的是，一个目录被删除之前必须是空的。删除某目录时也必须具有对父目录的写权限。

(3) 主要选项含义如下。

-p：递归删除目录 dir-name，当子目录删除后其父目录为空时，也一同被删除。如果整个路径被删除或者由于某种原因保留部分路径，则系统在标准输出上显示相应的信息。

**例 A.5** 删除/home/zhs/hijk 目录。

```
#rmdir /home/zhs/hijk
```

5. rm 命令

(1) 语法：rm [选项] 文件名或目录名。

(2) 功能：删除一个或多个文件或目录，它也可以将某个目录及其下的所有文件及子目录均删除。对于链接文件，只是断开了链接，原文件保持不变。如果没有使用- r 选项，则 rm 不会删除目录。使用 rm 命令要小心，因为一旦文件被删除，它是不能被恢复的。为了防止这种情况的发生，可以使用-i 选项来逐个确认要删除的文件。如果用户输入 y，文件将被删除。如果输入任何其他东西，文件则不会删除。

(3) 主要选项含义如下。

-f：忽略不存在的文件，从不给出提示。

-r：指示 rm 将参数中查看的全部目录和子目录均递归地删除。

-i：进行交互式删除。

**例A.6**　删除当前目录下的abcd子目录。

```
# rm -i abcd
rm:remove directory 'abcd'?
```

如果输入y,完成删除操作,输入n,放弃删除操作。

6. cp命令

(1) 语法:cp [选项] 源文件或目录 目标文件或目录。

(2) 功能:把指定的源文件复制到目标文件或把多个源文件复制到目标目录中。需要说明的是,为防止用户在不经意的情况下用cp命令破坏另一个文件,如用户指定的目标文件名已存在,用cp命令复制文件后,这个文件就会被新文件覆盖,因此,建议用户在使用cp命令复制文件时,最好使用-i选项。

(3) 主要选项含义如下。

-a:该选项通常在复制目录时使用。它保留链接、文件属性,并递归地复制目录,其作用等于-dpR选项的组合。

-d:复制时保留链接。

-f:覆盖已经存在的目标文件而不提示。

-i :和-f选项相反,在覆盖目标文件之前将给出提示要求用户确认。回答y时目标文件将被覆盖,是交互式复制。

-p:除复制源文件的内容外,还将把修改时间和访问权限也复制到新文件中。

-r:若给出的源文件是一目录文件,将递归复制该目录下所有的子目录和文件。此时目标文件必须为一个目录名。

-l:不做复制,只是链接文件。

**例A.7**　将当前目录下的ab.png文件复制到/home/zhs子目录中。

```
# cp  ab.png  /home/zhs
```

7. mv命令

(1) 语法:mv [选项] 源文件或目录 目录文件或目录。

(2) 功能:mv命令根据第二个参数的类型(是文件,还是目录),来选择是执行重命名,还是执行移动操作。当第二个参数是文件时,mv命令执行文件重命名工作,此时,源文件只能有一个(也可以是目录名),它将指定的源文件或目录重命名为指定的目标文件名或目录。当第二个参数是已存在的目录时,源文件或目录参数可以有多个,mv命令将参数指定的源文件全部移至目录中。在跨文件系统中移动文件时,mv先复制,再将原文件删除,而与该文件的连接也将丢失。

(3) 主要选项含义如下。

-i:交互式操作。如果mv操作将导致对已存在的目录或文件的覆盖时,系统会询问是否覆盖,要求回答y或n,这样可以避免出错。

-f:禁止交互操作。在mv操作要覆盖已存在的目录或文件时,不给任何提示,指定此选项后,-i选项将不再起作用。

**例A.8**　将当前目录下的ab.png更名为xyz.png。

```
# mv  ab.png  xyz.png
```

8. pwd 命令

(1) 语法：pwd。

(2) 功能：显示当前工作目录的绝对路径。

9. cat 命令

cat 命令用于将文件内容在标准输出设备(如显示器)上显示。除此之外，还可用来连接两个或多个文件。

(1) cat 命令用于显示文件时的使用方法。

① 语法：cat [选项] 文件。

② 功能：它依次读取文件的内容并将其输出到标准输出设备(显示器)上。

③ 命令的主要选项含义如下。

-v：用一种特殊形式显示控制字符，LFD 与 TAB 除外。加了此选项后-T 和-E 选项才能起作用。

-T：将 TAB 显示为"^I"。该选项需要与-v 选项一起使用。

-E：在每行的末尾显示一个"$"符，该选项需要与-v 选项一起使用。

-u：输出不经过缓冲区。

A：等于-vET。

T：等于-vT。

E：等于-vE。

**例 A.9**　查看文本文件 1234.txt 的内容。

```
#cat 1234.txt
```

(2) cat 命令用于连接两个或多个文件时的使用方法。

① 语法：cat 文件 1　文件 2 … 文件 N > 文件 M。

② 功能：此命令是将"文件 1""文件 2"…"文件 N"的内容合并起来，存放在"文件 M"中。此时在屏幕上并不能直接看到"文件 M"的内容。若想查看连接后的文件内容，可用命令"cat 文件 M"。

**例 A.10**　请将文本文件 33.txt 和 44.txt 两文件的内容合并到 aa.txt 文件中。

```
#cat 33.txt  44.txt > aa.txt
```

执行完成后，可用 cat 命令查看文件 aa.txt 的内容。

## A.1.2　进程、关机和线上查询命令

常用的进程、关机和线上查询命令如附表 A.2 所示。

**附表 A.2　进程、关机和线上查询命令及功能**

| 命　令 | 功　能 | 命　令 | 功　能 |
|---|---|---|---|
| ps | 查看进程 | reboot | 重启计算机 |
| kill | 终止进程 | man | 查询命令的使用方法 |
| shutdown | 关机 | help | 查询 Bash Shell 的内建命令 |

1. ps 命令

(1) 语法：ps [选项]。

(2) 功能：使用该命令可以确定有哪些进程正在运行、进程运行的状态、进程是否结束、进程是否阻塞、哪些进程占用了过多的资源等。ps命令常用于监控后台进程的工作情况，因为后台进程不和屏幕、键盘这些标准输入输出设备进行通信，所以要检测其情况，可用ps命令。

(3) 主要选项含义如下。

-e：查看所有的进程。

-f：全格式。

-h：不显示标题。

-l：长格式。

-w：显示加宽，可以显示较多的资讯。

-a：显示所有包含其他使用者的行程。

-r：只显示正在运行的进程。

**例 A.11**　以root身份登录系统，查看当前进程状况。

```
#ps
PID   TTY    TIME      CMD
1060  pts/2  00:00:00  bash
1087  pts/2  00:00:00  ps
```

显示内容共分4项，依次是PID(进程ID)、TTY(终端名称)、TIME(进程执行时间)、CMD(该进程的命令行输入)。

2. kill 命令

(1) 语法如下。

```
kill [-s 信号 | -p] [-a] 进程号 …
kill -l [信号]
```

(2) 功能：用来终止Linux系统的后台进程。kill送出一个特定的信号 (signal) 给"进程号"指定的进程，根据该信号而做特定的动作，若没有指定信号，默认是送出终止(TERM)信号终止该进程。

(3) 主要选项含义如下。

-s：指定需要送出的信号。其中可用的信号有 HUP (1)、KILL (9)、TERM (15)分别代表着重跑、砍掉、结束。

-p：指定kill命令只显示进程的pid，并不真正送出结束信号。

-l：显示信号名称列表，这也可以在/usr/include/linux/signal.h文件中找到。

**例 A.12**　将pid为323的行程终止 (kill)。

```
#kill -9 323
```

3. shutdown 命令

(1) 语法：shutdown [选项] [时间] [警告信息]。

(2) 功能：关闭系统。

（3）主要选项含义如下。

-k：并不真正关机，而只是发出警告信息给所有用户。

-r：关机后立即重新启动。

-h：关机后不重新启动。

-f：快速关机，重启动时跳过 fsck。

-n：快速关机，不经过 init 程序。

-c：取消一个已经运行的 shutdown。

时间参数表示等待关机的时间，可以有以下多种形式。

hh:mm：表示绝对时间，其中 hh 表示等待关机的小时数，mm 表示等待关机的分钟数，例如，1:30 表示一个半小时后关机。

＋m：表示等待的分钟数，如＋10 表示 10 分钟后关机。

now：表示立即关机。

警告信息将发送给每个正在使用此 Linux 系统的用户，例如执行如下命令。

```
shutdown -h +10 the host is going to close , please shutdown
```

将向各用户发出 the host is going to close，please shutdown 信息，然后在 10 分钟之后开始关机。最后显示以下信息。

```
The system is halted
```

此时用户可以关闭计算机电源。需要特别说明的是，该命令只能由超级用户使用。

4．reboot 命令

（1）语法：reboot。

（2）功能：重新启动计算机。

5．man 命令

（1）语法：man［选项］命令名称。

（2）功能：显示命令帮助手册。使用此命令一般不加选项，按 q 键退出 man 命令。

**例 A.13**　查看 fdisk 命令的使用方法。

```
# man fdisk
```

按 Enter 键，就会显示 fdisk 的帮助手册，如果想退出，按 q 键即可。

6．help 命令

（1）语法：命令名称 -help。

（2）功能：可查看所有 Shell 命令。用户可以通过该命令查看 Shell 命令的用法。

**例 A.14**　查看 fdisk 命令的使用方法。

```
# fdisk -help
```

按 Enter 键，就会显示 fdisk 的使用方法。

### A.1.3　其他常用命令

其他常用命令如附表 A.3 所示。

附表 A.3　其他常用命令及功能

| 命　　令 | 功　　能 | 命　　令 | 功　　能 |
|---|---|---|---|
| fdisk | 创建和查看磁盘分区 | find | 查找文件 |
| mount | 挂载文件系统 | grep | 查找含有某个字符串的文件 |
| umount | 卸载文件系统 | tar | 对文件目录进行打包备份 |
| chmod | 改变文件权限 | adduser | 新建用户 |
| file | 检测文件类型 | su | 切换用户 |

1. fdisk 命令

(1) 语法如下。

```
fdisk [-U][-b sectorsize] device
fdisk -l [-U][-b sectorsize][device]
fdisk -S partition
fdisk -V
```

(2) 功能：用于创建和查看磁盘分区。

(3) 主要选项含义如下。

-b sectorsize：指定磁盘扇区的大小。

-l：列出指定设备的分区表信息。如果没有指定设备，则列出/proc/partition 中的信息。

-U：列出分区信息时，用分区的容量代替柱面。

-S partition：将分区大小从标准设备中输出。

- V：显示 fdisk 的版本。

2. mount

(1) 语法如下。

mount [选项] 设备 存放目录。

mount [选项] ip:/所提供的目录 存放目录。

(2) 功能：把文件系统挂接到 Linux 系统上。

(3) 主要选项含义如下。

-a：挂上/etc/fstab 下的全部文件系统。

-t：指定挂上来的文件系统名称，在/proc/filesystems 这个文件里可以看到系统支持的所有的文件系统。

-n：挂上文件系统时不把文件系统的数据写入/etc/mtab 这个文件。

-w：将文件系统设定为可读写。

-r：将文件系统设定为只读。

mount 不带任何参数，将显示当前系统已挂接的文件系统。

**例 A.15**　将 U 盘挂接到 Linux 系统/mnt/usb 目录上，可输入如下命令。

```
#mount /dev/sda1 /mnt/usb
```

3. umount

(1) 语法：umount 已经挂上的目录或设备名。

(2) 功能：用于卸载文件系统。

4．chmod

(1) 语法：chmod　[选项]　文件名。

(2) 功能：修改文件权限。

**例 A.16**　修改文件 hello.c 的权限，让所有用户都有读写权限。

```
#ls -l
rw-r --r--   root    root                hello.c
#chmod  666 hello.c
#ls -l
rw-r  w-rw-   root    root               hello.c
```

数字修改权限的方法如下。

用 3 位数表示 3 种权限：第一位为用户的权限；第二位为所属组的权限；第三位为其他的权限。

每位数用 3 位二进制表示：分别对应于 rwx。

0 表示无此权限，1 表示有权限。

5．file

(1) 语法：[选项]　[文件或目录]。

(2) 功能：检测文件类型。

**例 A.17**　检测 hello 文件的类型。

```
#file hello
hello :ELF 32-bit LSB executable, Intel 80386, version 1 (SYSV)
```

从显示结果可知：hello 是一个在 x86 平台上的可执行文件。

6．find

(1) 语法：find pathname [选项]。

(2) 功能：查找文件。pathname 是指查找的目录路径。

(3) 主要选项含义如下。

-name：按照文件名查找文件。

-perm：按照文件权限来查找文件。

-user：按照文件属性来查找文件。

-group：按照文件所属的组来查找文件。

-mtime －n ＋n：按照文件的更改时间来查找文件，－n 表示文件更改时间距现在 n 天以内，＋n 表示文件更改时间距现在 n 天以前。

-type：查找某一类型的文件，如 b 代表块设备文件；d 代表目录；c 代表字符设备文件；p 代表管道文件；l 代表符号链接文件；f 代表普通文件。

**例 A.18**　在/root 目录，查找第一个字符为 h 的文件。

```
#find /root -name h*.*
```

7．grep

(1) 语法：grep　[字符串]　[选项]　[文件或目录]。

(2) 功能：查找含字符串的文件。

(3) 主要选项含义如下。

-r：表示进入子目录。

-n：输出第几行。

**例 A.19**　在当前目录下查找文件内容包含 file 字符的文件。

```
#grep "file"  ./  -rn
```

8. tar

(1) 语法：tar [选项] [文件目录列表]。

(2) 功能：对文件目录进行打包归档。

(3) 选项含义如下。

-c：建立新的归档文件。

-r：向归档文件末尾追加文件。

-x：从归档文件中解出文件。

-O：将文件解开到标准输出。

-v：处理过程中输出相关信息。

-f：对普通文件操作。

-z：调用 gzip 来压缩归档文件，与-x 联用时调用 gzip 完成解压缩。

-Z：调用 compress 来压缩归档文件，与-x 联用时调用 compress 完成解压缩。

**例 A.20**　用 tar 解压缩包 qt-x11-opensource-src-4.3.2.tar.gz。

```
#tar zxvf qt-x11-opensource-src-4.3.2.tar.gz
```

9. adduser

(1) 语法：adduser　用户名。

(2) 功能：新建用户。

**例 A.21**　新建一个名为 zhs 的用户，口令是 123456。

```
#adduser zhs
#passwd zhs
New password:123456
```

10. su

(1) 语法：[选项]... [-] [USER [ARG]...]。

(2) 功能：切换用户。

(3)主要选项含义如下。

-l,--login：切换用户时，改变环境变量，让它和用户重新登录时一样。

-f,--fast：不必读启动文件(如 csh.cshrc 等)，仅用于 csh 或 tcsh 两种 Shell。

-m,-p,--preserve-environment：执行 su 时不改变环境变量。

-c command：变更账号为 USER 的使用者，并执行指令(command)后再变回原来使用者。

USER：欲变更的用户。

ARG：传入新的 Shell 参数。

**例 A.22**　切换到超级用户，并在执行 df 命令后还原使用者。

```
#su -c df  root
```

## A.2　网络命令

常用网络命令如附表 A.4 所示。

**附表 A.4　网络命令及功能**

| 命　令 | 功　能 | 命　令 | 功　能 |
| --- | --- | --- | --- |
| ifconfig | 查看或配置网络信息 | traceroute | 显示到达远程计算机所经过的路由 |
| ping | 查看网络是否连通 | netstat | 查看网络的状况 |
| service | 用于管理 Linux 操作系统中服务的命令 | | |

1. ifconfig

(1) 语法：ifconfig [设备] [IP 地址] [子网掩码]。

(2) 功能：用来查看或配置网络信息，如 IP 地址、硬件地址(MAC 地址)、子网掩码和 DNS 等信息。

**例 A.23**　检查计算机的 IP 信息。

```
#ifconfig
eth0 Link encap:Ethernet HWaddr 50:78:1c:15:d6:c1
inet addr:192.168.0.100 Bcast:192.168.255.255 Mask:255.255.0.0
          UP BROADCAST RUNING MULTECAST MTU:1500 Metric:1
          RX packets:5 error:0 dropped:0 overruns:0 frame:0
          TX packets:10 error:0 dropped:0 overruns:0 carrier:0
          Collisions:0 txqueuelen:100
          RX bytes:366(366.0 b) TX bytes:600(600.0 b)
          Interrupt:11 Base address:0x4000
Lo   Link encap:local loopback
inet addr:127.0.0.1 Bcast:127.255.255.255 Mask:255.0.0.0
          UP BROADCAST RUNING MULTECAST MTU:16436 Metric:1
          RX packets:12 error:0 dropped:0 overruns:0 frame:0
          TX packets:12 error:0 dropped:0 overruns:0 carrier:0
          Collisions:0 txqueuelen:0
          RX bytes:892(892.0 b) TX bytes:892(892.0 b)
```

它显示了不同的网络设备(eth0 和 lo)的网络信息，lo 是回送接口；eth0 是第 0 块以太网卡。

2. ping

(1) 语法：ping [选项] 计算机名/IP 地址。

(2) 功能：发送 ICMP ECHO_REQUEST 数据包到网络上的主机，然后接收它的回答信号。

(3) 主要选项含义如下。

-c 数目：在发送完指定的数据包后停止。

-f：大量且快速地将数据包发送给1台计算机，看它的回应。

-I 秒数：设定每隔几秒将1个数据包发送给1台机器，默认值是1秒送1次。

-l 次数：在指定次数内，以最快的方式将数据包发送到指定机器。

-q：不显示任何传送数据包的信息，只显示最后结果。

**例 A.24**　检查本机是否能与IP地址为192.168.0.101的计算机通信。

```
#ping 192.168.0.101
Ping 192.168.0.101 with 32 bytes of data:
Reply from 192.168.0.101:bytes time<10 ms TTL=128
Reply from 192.168.0.101:bytes time<10 ms TTL=128
Reply from 192.168.0.101:bytes time<10 ms TTL=128
```

以上显示的意思是：计算机已经收到了来自192.168.0.101计算机上的回答信号。

3. service

(1) 语法：service <选项> | --status-all | [服务名称　[命令]]。

(2) 功能：用于管理Linux操作系统中服务的命令。主要命令有start(开启服务)、stop(关闭服务)、restart(重启服务)。

**例 A.25**　重新启动nfs服务。

```
#service nfs restart
```

**例 A.26**　查看系统服务器信息。

```
#service --status-all
```

4. traceroute

(1) 语法：traceroute　计算机名/IP地址。

(2) 功能：此命令必须由root的身份运行，命令的功能是显示到达远程计算机所经过的路由。

**例 A.27**　请查找本机到达www.sohoo.com.cn网站所经过的路由。

```
#traceroute   www.sohoo.com.cn
1 192.160.0.188 ( 192.160.0.188 ) 261.823 ms 279.827 ms 269.935 ms
2 10.0.67.254 ( 10.0.67.254 ) 240.333 ms  230.123 ms 345.323 ms
3 202.101.214.10 ( 202.101.214.10 ) 276.553 ms  290.398 ms 356.717 ms
4 202.97.17.21 ( 202.97.17.21 ) 240.133 ms  231.923 ms 345.323 ms
5 202.96..12.2 ( 202.96..12.2 ) 280.379 ms  240.173 ms 389.626 ms
6 168.160.224.188 ( 168.160.224.188 ) 299.333 ms * 540.046 ms
```

从上面的结果可以看出，表示从本机到远程计算机www.sohoo.com.cn一共经过了6个路由器。不过每次运行此命令可能显示不同的结果，这是因为登录此网站，可以通过不同的路径。

5. netstat

(1) 语法：netstat [选项]。

(2) 功能：显示网络连接、路由表和网络接口等信息，可以让用户了解目前有哪些网络连接正在运行。

(3) 主要选项含义如下。

-a：显示所有 socket，包括正在监听的。

-c：每隔 1 秒就重新显示一遍，直到用户中断它。

-i：显示所有网络接口信息，格式同 ifconfig -e。

-n：以网络 IP 地址代替名称，显示出网络连接情况。

-r：显示核心路由表，格式同 route -e。

-t：显示 TCP 协议的连接情况。

-u：显示 UDP 协议的连接情况。

-v：显示正在进行的工作。

**例 A.28**　在用户计算机上使用 netstat 命令。

```
# netstat
Active Internet connections ( w/o servers )
Proto Recv - Q Send - Q Local Address        Foreign Address        State
Tcp    0   0    * :domain        * : *       LISTEN
Tcp    0   0    * :telnet         * : *       LISTEN
Active UNIX domain sockets ( w/o servers)
Proto RefCnt    Flags    Type           State                     I-Node Path
UNIX    2         [ ]      STREAM     CONNECTED    889
UNIX    2         [ ]      STREAM     CONNECTED    1609
UNIX    2         [ ]      STREAM                           1704       /devlog
UNIX    2         [ ]      STREAM     CONNECTED    1744
UNIX    2         [ ]      STREAM                           1755       /tmp/.X11-UNIX/X0
Active IPX sockets
```

其内容可分为两大部分，前一部分为和 Internet 连接的网络状态，后一部分为 Linux 内部的网络状态。其中各主要项目的含义如下。

Proto：是指通信协议，如 TCP、UNIX2 等。

Recv-Q：未被本机接收的传来字节数。

Send-Q：未被远程主机接收的传出字节数。

Local Address：本机地址。

Foreign Address：远端主机地址。

State：连接状态。可以有 10 余种状态，如 CONNECTED(已连接)、CLOSE_WAIT(远程主机已关闭，等态关闭 socket)等。

## A.3　服务器配置

### A.3.1　FTP 服务器

Linux 环境下的文件传输协议(File Transfer Protocol，FTP)服务器软件主要有 Wu-ftpd、ProFTPD 和 vsftpd。下面介绍 vsftpd 服务器的安装、配置。

1. 安装 FTP 服务器

在安装 Linux 系统时，有时会同时安装 vsftpd 软件。可以用以下命令检查是否安装

vsftpd 软件，具体命令如下。

```
# rpm -qa vsftpd
vsftpd-1.1.3-8
```

以上显示的内容表示 vsftpd 软件已安装，如果没有安装，可以在第三张安装盘/RedHat/RPMS 目录下找到文件 vsftpd-1.1.3-8.i386.rpm，然后进行安装，具体命令如下。

```
# rpm -ivh vsftpd-1.1.3-8.i386.rpm
```

安装完成后，系统将会生成一个名为 vsftpd 的服务器。同时还会创建了一个 FTP 目录，它位于/var/ftp，var/ftp 包括四个子目录/var/ftp/bin、/var/ftp/lib、/var/ftp/etc 和/var/ftp/pub。用户只能访问/var/ftp/pub 目录内的内容，不能访问其他三个目录。

2. 设置 FTP 和启动服务器

设置 FTP 服务的方法是：在终端方式下，运行 setup 命令，然后选择 System Services，再选中 vsftpd 服务，最后退出设置。

启动 FTP 服务的具体命令如下。

```
# service vsftpd start
```

可以使用 telnet 测试 vsftpd 是否启动，具体命令如下。

```
# telnet 127.0.0.1 21
Trying 127.0.0.1…
Connected to 127.0.0.1
Escape character is '^]'.
220(vsFTPd 1.1.3)
```

以上提示信息表示：telnet 已连接到本机 vsftpd 服务器的 21 端口。从而可以确认 vsftpd 已启动。这时可以按 Ctrl+]中断对话。

3. 登录 FTP 服务器

如果客户端安装的是 Windows 操作系统，则从“开始”→“运行”对话框中输入命令；如果客户端安装的是 Linux 操作系统，则在终端方式下输入命令。

假设 FTP 服务器的 IP 地址为 192.168.0.100，则输入如下命令。

```
ftp 192.168.0.100
Connected to 192.168.0.100
220 ( vsFTPd 1.1.3)
Name:
```

输入用户名，如果不知道用户名，可以匿名访问，即输入 anonymous。

```
331 Please specify the password.
Password :
```

输入用户口令，如果是匿名访问，则可以输入任何一个 E-mail 地址，如 a@b.c。输入口令后，提示符如下。

```
230 Login successful. Have fun.
Remote system type is UNIX.
```

```
Using binary mode to transfer files.
ftp>
```

如果是以某个用户登录，默认进入用户目录；如果是匿名登录，默认进行/var/ftp 目录。这时就可以使用 Linux 命令和 FTP 命令进行操作。

4. FTP 常用命令

get：下载文件，如 get 1. txt。

put：上传文件，如 put 2. txt。

dete：删除文件，如 dete 1. txt。

!：执行 Shell 命令，如!ls/root。

lcd：查看或更改本地的目录，如 lcd/root。

bye：退出 ftp 服务器。

quit：退出登录并终止连接。

### A. 3. 2 Telnet 服务器

1. 安装 Telnet 服务器

在安装 Linux 系统时，有时会同时安装 telnet 软件。可以用以下命令检查是否安装 telnet 软件，具体命令如下。

```
# rpm -qa telnet-server
telnet-server-0.17-25
```

以上显示的内容表示 telnet 软件已安装，如果没有安装，可以在第三张安装盘/RedHat/RPMS 目录下找到文件 telnet-server-0. 17-25. i386. rpm，然后进行安装，具体命令如下。

```
# rpm -ivh telnet-server-0.17-25.i386.rpm
```

安装完成后，系统将会生成一个名为 telnet 的服务器。

2. 设置和启动 telnet 服务

设置 telnet 服务的方法是：在终端方式下，运行 setup 命令，然后选择 System Services，再选中 telnet 服务，最后退出设置。

启动 telnet 服务的具体命令如下。

```
# service telnet start
```

3. 登录 Telnet 服务器

如果客户端安装的是 Windows 操作系统，则从“开始”→“运行”对话框中输入命令；如果客户端安装的是 Linux 操作系统，则在终端输入命令。

如果 Telnet 服务器的 IP 地址为 192. 168. 0. 100，则命令如下。

```
telnet 192.268.0.100
Trying 192.168.0.100...
Connected to 192.168.0.100
Escape character is '^]'
Red Hat Linux release 8.0 (Psyche)
```

```
Kernel 2.4.18-14 on an i686
Login:
```

在 Login 后输入用户名。如 user1。然后按 Enter 键,显示如下。

```
Password:
```

在 Password 后输入用户的口令,然后按 Enter 键,如果登录成功显示如下。

```
Last Login :Mon Jun 9 15:53:13 from 1-4
[user1@localhost user1] $
```

这个提示说明,用户 user1 已经登录到名为 localhost 计算机上,当前的目录是 user1,这时可以利用命令进行各种操作。

### A.3.3　NFS 服务器

1. NFS 服务器设置

在终端方式下,运行 setup,选择 Firewall Configuration,并选中 no firewall,返回上级目录,再选择 system servers,然后选中 nfs 服务,并去除 iptables 和 ipchains 服务,然后保存设置并退出。

修改 nfs 服务权限,可以通过修改/etc/exports 文件内容来实现。/etc/exports 文件每一行表示一个权限设置,格式如下。

```
提供的目录　(计算机名或 IP 地址)(权限)
```

例如将/arm2410s 目录让所有计算机都可以读写访问,则 etc/exports 文件内容如下。

```
/arm2410s　(rw)
```

2. 重启 NFS 服务

重启 NFS 服务的具体命令如下。

```
#service nfs restart
```

3. 客户机使用 nfs 服务器的目录,可以使用 mount 命令,命令格式如下。

```
#mount -t nfs IP 地址: 目录　挂载目录
```

或

```
#mount -o nolock IP 地址: 目录　挂载目录
```

例如将 NFS 服务器(192.168.0.1)中的/arm2410s 目录,挂载到本机的/mnt/nfs 目录,则可以使用以下命令。

```
#mount -t nfs 192.168.0.1:/arm2410s /mnt/nfs
```

# 附录 B　vi 基本操作

文本编辑器是计算机系统中最常用的一种工具。Linux 系统提供了多种文本编辑器，如 vi、ex、emacs 等，选择哪种文本编辑器取决于个人的爱好。vi 是 Linux 系统中最常用的文本编辑器，下面介绍 vi 编辑的使用。

## B.1　vi 简介

vi 编辑器是 Visual interface 的简称。它在 Linux 上的地位就像 Edit 程序在 DOS 上一样。它可以执行输出、删除、查找、替换、块操作等众多文本操作，而且用户可以根据自己的需要对其进行定制，这是其他编辑程序所没有的。

vi 编辑器并不是一个排版程序，它不能像 Word 或 WPS 那样可以对字体、格式、段落等属性进行编排，它只是一个文本编辑程序。没有菜单，只有命令，且命令繁多。vim 是 vi 的加强版，比 vi 更容易使用。vi 的命令几乎都可以在 vim 上使用。

vi 有 3 种基本的工作模式，分别是命令模式(command mode)、插入模式(insert mode)和底行模式(last line mode)，各模式的功能如下。

(1) 命令行模式的主要功能是：控制屏幕光标的移动，字符、字或行的删除，移动复制某区段。在此模式下，按 i 键进入插入模式，按:键进入底行模式。

(2) 插入模式的主要功能是：只有在此模式下，才可以进行文字输入操作。在此模式下，按 Esc 键可返回命令行模式。

(3) 底行模式的主要功能是：保存文件或退出 vi，也可以设置编辑环境，如查找字符串、显示出行号等信息。在此模式下，按 Esc 键可返回命令行模式。

为了简化描述，可以将 vi 简单分成命令模式和插入模式两种，即将底行模式并入到命令行模式。

## B.2　vi 基本操作

1. 打开文件

打开文件的格式为：vi　[file_name]。

格式中的 file_name 是指文件名。如果文件已经存在，则打开该文件，否则新建一个文件。

例如要新建一个 1234.txt 文本文件。可以输入命令 vi 1234.txt，就会进入 vi 全屏幕编辑画面，显示如下。

```
▌
~
```

```
~
~
"1234.txt"[未命名]          0,0-1          全部
```

屏幕中显示"～"字符的行,表示没有内容。屏幕底行显示的内容分别为:文件名、光标的位置和已显示内容的百分比。

2. 输入文件内容

vi只有在插入模式下才能输入文件内容,而进入vi时,默认为命令模式。如果要输入文件内容,可以按i键进入插入模式。进入插入模式后,在屏幕的底行有"--插入--"提示符。假设向文件输入以下内容。

```
                    Lesson 7   Too Late
The plane was late and detectives were waiting at thee airport all morning.
They were expecting a valuable parcel of diamonds from South Africa.▌
~
~
~
--插入--                    2,203          全部
```

3. 保存文件

当要保存文件时,首先按下Esc键返回命令模式,再输入命令":wq"。命令会显示在屏幕的底行,显示如下。

```
                    Lesson 7   Too Late
The plane was late and detectives were waiting at thee airport all morning.
They were expecting a valuable parcel of diamonds from South Africa.
~
~
~
:wq▌
```

按Enter键后,文件将被保存,并且会退出vi编辑器。

4. 常用文件保存相关命令

在vi编辑器中,常用的文件保存命令如下。

:q:放弃保存,并退出。

:q!:放弃保存,并强行退出。

:w:保存当前文件,但不退出。

:w!:强行保存当前文件,但不退出。

:w file_name:把当前文件的内容保存到指定的新文件名中,而原有文件保持不变。

:wq:保存当前文件,并退出。

:wq!:保存当前文件,并强行退出。

:x:与wq功能一样。

5. 将文件部分内容存为另一个文件

vi编辑器还提供了文件部分内容存档的功能。

例如将文件1234.txt的第2至第6行的内容保存到4567.txt文件中。

实现步骤是:首先用vi打开1234.txt文件,然后在vi命令模式下,输入以下命令。

```
:2  6  w  4567.txt
```

## B.3　基本命令

1. 光标命令

全屏幕文本编辑器中,光标的移动操作是使用最多的操作。用户必须熟练使用移动光标的这些命令。

光标移动既可以在命令模式下,又可在文本输入模式下,但操作方法有些不同。在文本输入模式下,可以直接使用键盘上的4个方向键移动光标。在命令模式下,有很多移动光标的方法。除用4个方向键移动光标外,还可以用h、j、k和l。这样设计的目的是避免由于不同机器使用不同键盘定义所带来的矛盾,而且使用熟练后,可以手不离开字母键盘位置就能完成所有的操作,从而提高工作效率。具体说明如下。

- h:向左移动一个字符;
- j:向下移动一个字符;
- k:向上移动一个字符;
- l:向右移动一个字符。

另外还可以用Spacebar、Backspace、Ctrl+n和Ctrl+p四个键或组合键来移动光标。除此之外,还有一些移动光标的命令。下面分别进行介绍。

- l、Spacebar、右向键:作用是将光标向右移动一个位置。若在向右键前先输入一个数字n,那么光标就向右移动n个位置。例如,10l表示光标向右移动10个位置。注意:若给定的n超过光标当前位置至行尾的字符个数,如果用右向键,光标只能移动到行尾;如果用Spacebar键,光标移动到下一行或几行的适当位置。
- h、Backspace、左向键:作用是将光标向左移动一个位置。若在向左键前先输入一个数字n,那么光标就向左移动n个位置。例如,10h表示光标向左移动10个位置。注意:若给定的n超过光标当前位置至行的开头的字符个数,如果用左向键,光标只能移动到行的开始位置;如果用Backspace键,光标移动到上一行或几行的适当位置。
- j、Ctrl+n、+、向下键:作用是将光标向下移动一行,但光标所在的列不变。若在向下键前先输入一个数字n,那么光标就向下移动n行。vi除了可以用向下键向下移动光标外,还可以用Enter键和+键将光标向下移动一行或若干行,但此时光标下移之后将位于该行的开头。
- k、Ctrl+p、-、向上键:作用是将光标向上移动一行,但光标所在的列不变。若在向上键前先输入一个数字n,那么光标就向上移动n行。若希望光标上移之后,光标位于该行的开头,则使用命令“-”。
- L(移至行首):L命令是将光标移到当前行的开头,即将光标移至当前行的第一个非空白处(非制表符或非空格符)。
- $(移至行尾):$该命令是将光标移到当前行的行尾,停在最后一个字符上。若在$命令之前加上一个数字n,则将光标下移n-1行并到达行尾。
- b:移动到下个字的第一个字母。

- w：移动到上个字的第一个字母。
- e：移动到下个字的最后一个字母。
- ^：移动光标所在列的第一个非空白字符。
- n－：减号表示移动到上一列的第一个非空白字符，前面加上数字可以指定移动到以上n列。
- n＋：加号表示移动到下一列的第一个非空白字符，前面加上数字可以指定移动到以下n列。
- nG：直接用数字n加上大写G移动到第n列。
- fx：往右移动到x字符上。
- Fx：往左移动到x字符上。
- tx：往右移动到x字符前。
- Tx：往左移动到x字符前。
- /string：往右移动到有string的地方。
- ? string：往左移动到有string的地方。
- n(：左括号移动到句子的最前面，加上数字可以指定往前移动n个句子。
- n)：右括号移动到下个句子的最前面，加上数字可以指定往后移动n个句子。
- n{：左括号移动到段落的最前面。
- n}：右括号移动到下一个段落的最前面。
- H命令：该命令将光标移至屏幕首行的行首，也就是当前屏幕的第一行，而不是整个文件的第一行。若在II命令之前加上数字n，则将光标移至第n行的行首。注意：使用命令dH将会删除从光标当前所在行至显示屏幕首行的全部内容。
- M命令：该命令将光标移至屏幕显示文件的中间行的行首。即如果当前屏幕已经满幕时，则移动到整个屏幕的中间行；如果未满屏时，则移到已显示出的行的中间行。注意：使用命令dM将会删除从光标当前所在行至屏幕显示文件的中间行的全部内容。
- Ctrl＋d：光标向下移半页。
- Ctrl＋f：光标向下移一页。
- Ctrl＋u：光标向上移半页。
- Ctrl＋b：光标向上移一页。

2. 编辑命令

- a：用于在光标当前所在位置之后追加新文本。
- A：把光标移到所在行的行尾，从那里开始插入新文本。
- o：在光标所在行的下面新开一行，并将光标置于该行的行首，等待输入文本。
- O：在光标所在行的上面新开一行，并将光标置于该行的行首，等待输入文本。
- x：删除光标所在的字符。
- dd：删除光标所在的行。
- D或d$：都是删除从光标所在处开始到行尾的内容。
- d0：删除从光标前一个字符开始到行首的内容。
- dw：删除一个单词。若光标处在某个词的中间，则从光标所在位置开始删至词尾。

- r：修改光标所在的字符，r后接着要修正的字符。
- R：进入取代状态，新增资料会覆盖原先资料，直到按Esc键回到命令模式下为止。
- s：删除光标所在字符，并进入输入模式。
- S：删除光标所在的行，并进入输入模式。
- d：删除（delete的第一个字母）。
- y：复制（yank的第一个字母）。
- p：粘贴（put的第一个字母）。
- c：修改（change的第一个字母）。

# 参考文献


［1］ 滕英岩.嵌入式系统开发基础——基于ARM微处理器和Linux操作系统［M］. 北京：电子工业出版社，2008.

［2］ 孙天泽，袁文菊.嵌入式设计及Linux驱动开发指南——基于ARM9处理器(第3版)［M］. 北京：电子工业出版社，2005.

［3］ 潘巨龙，黄宁，姚伏天，等.ARM9嵌入式Linux系统构建与应用［M］. 北京：北京航空航天大学出版社，2006.

［4］ 王志英. 嵌入式系统原理与设计［M］. 北京：高等教育出版社，2007.

［5］ 刘艺，许大琴，万福. 嵌入式系统设计大学教程［M］. 北京：人民邮电出版社，2009.

［6］ 孙琼. 嵌入式Linux应用程序开发详解［M］. 北京：人民邮电出版社，2006.

［7］ 刘淼. 嵌入式系统接口设计与Linux驱动程序开发［M］. 北京：北京航空航天大学出版社，2006.

［8］ 杜春雷.ARM体系结构与编程［M］. 北京：清华大学出版社，2003.

［9］ UP-NETARM2410-S Linux实验指导书. 北京博创科技有限公司，2008.

［10］ USER'S MANUAL S3C2410X 32-Bit RISC Microprocessor Revision 1.2. Samsung electronics.

［11］ http://www.up-tech.com.

［12］ http://qt.nokia.com.

［13］ http://www.sqlite.org.

# 图书资源支持

感谢您一直以来对清华版图书的支持和爱护。为了配合本书的使用，本书提供配套的资源，有需求的读者请扫描下方的“书圈”微信公众号二维码，在图书专区下载，也可以拨打电话或发送电子邮件咨询。

如果您在使用本书的过程中遇到了什么问题，或者有相关图书出版计划，也请您发邮件告诉我们，以便我们更好地为您服务。

**我们的联系方式：**

地　　址：北京海淀区双清路学研大厦 A 座 707

邮　　编：100084

电　　话：010－62770175－4604

资源下载：http://www.tup.com.cn

电子邮件：weijj@tup.tsinghua.edu.cn

QQ：883604(请写明您的单位和姓名)

**用微信扫一扫右边的二维码，即可关注清华大学出版社公众号“书圈”。**